合肥工业大学教材出版专项基金项目

现代制造技术创新实践教程

彭　婧　李小蕴　李　伟

朱学伟　周建峰　王　彬　赵　冲　　编著

合肥工业大学出版社

内 容 简 介

　　《现代制造技术创新实践教程》是新工科背景下工程教育改革的创新成果,聚焦智能制造时代人才核心素养的培养。教材构建了"创新思维—先进技术—项目实践"的三维融合体系,通过多个生活化案例启发创新思维,系统解析数控加工、特种加工及智能制造关键技术,并独创全流程实践项目,覆盖创意孵化、工艺设计到工程实施环节。采用"理论可视化＋工艺案例化＋实践项目化"特色模式,配套二维码数字资源实现立体化教学,同步融入团队协作与复杂工程问题解决能力训练。

　　本教材突破了传统工科教材重理论轻实践的局限,依托校企协同开发经验,打造"做中学"开放平台,既可作为新工科通识课程核心教材,亦可为学生创新创业项目提供系统化指导,助力培养具备工程思维、技术整合与创新实践能力的复合型人才。

图书在版编目(CIP)数据

现代制造技术创新实践教程/彭婧等编著. --合肥:合肥工业大学出版社,2025.

ISBN 978 - 7 - 5650 - 6627 - 6

　Ⅰ. TH16

中国国家版本馆 CIP 数据核字第 2025FU6933 号

现代制造技术创新实践教程

彭　婧	李小蕴	李　伟		编著	责任编辑　袁　媛　郑　洁	
朱学伟	周建峰	王　彬　赵　冲				

出　版	合肥工业大学出版社	版　次	2025 年 4 月第 1 版	
地　址	合肥市屯溪路 193 号	印　次	2025 年 4 月第 1 次印刷	
邮　编	230009	开　本	787 毫米×1092 毫米　1/16	
电　话	基础与职业教育出版中心:0551 - 62903120	印　张	15.25	
	营销与储运管理中心:0551 - 62903198	字　数	343 千字	
网　址	press. hfut. edu. cn	印　刷	安徽联众印刷有限公司	
E-mail	hfutpress@163.com	发　行	全国新华书店	

ISBN 978 - 7 - 5650 - 6627 - 6　　　　　　　　　　　　定价:42.00 元

前　言

　　近年来,随着新经济、新产业、新业态的不断涌现以及对新型人才的需求不断增长,孕育了新工科的发展。新工科的出现推动了工科基础课程、实践教学和创新训练课程的改革。作为新工科建设的重要组成部分,工程实践类课程在一流本科教育中尤为重要,特别是在理工科一流本科专业的学生培养中占据着重要地位。然而,当代大学生虽然有许多工程创新的想法,却往往不知道如何实现,因此提升他们对工程创新的兴趣和动力是课程建议的重要内容。

　　本教材是面向普通高等学校学生的创新实践类课程通识教材,涵盖了创新思维与方法的培养训练、现代制造技术、创意设计,以及实践加工一体化项目等内容。在创新思维与方法的培养训练部分,教材着重介绍现代制造业对创新人才的素质要求,并通过具体案例来培养学生的创新能力。同时还从生活逻辑出发逐步分解课程原理,以符合学生的认知发展规律,即从直接经验到间接经验、从归纳思维到演绎思维。现代制造技术部分主要介绍数控车削、数控铣削加工,特种加工及智能制造等工艺的关键技术和实践加工。实践加工一体化部分以创意项目的形式,详细介绍了每个项目的人才培养目标、内容、意义,以及项目的设计与实施方法。本教材的目标是让学生在一个开放、创新的现代制造技术平台上进行多元化创新实践,从而提升学生的动手能力,强化实践意识,培养创新思维。本教材旨在倡导新观念、新能力、新知识的"新三维目标",使学生从"做题人"变成信息时代的"做事人"与创新者。

　　本教材是集体智慧的结晶。本教材各章编写分工如下:第1章由李小蕴编写;第2章由朱学伟、周建峰、彭婧编写;第3章由彭婧、李伟编写;第4章由王彬、赵冲编写;第5章由彭婧、朱学伟、王彬编写。全书由彭婧、李小蕴、李伟修改并统稿,胡友树审稿。

　　本教材注重将现代制造技术与工程实践相结合,尤其在现代制造技术实践项目方面进行了探索,编者们为此投入了大量的心血。在新工科背景下,培养的人才要具备更强的实践能力、创新能力和团队协调能力。本书通过现代制造实践性项目训练,使学生能够在现实的工程项目中应用所学知识和技能,提高实践能力和创新能力,进而培养学生解决复杂工程问题的能力。

　　本教材配有知识拓展二维码,学生通过扫描二维码,可以获取相关的教学视频和章节测试题等数字资源,从而实现了教材的可读、可视和可听的统一。

　　本教材将在使用过程中进一步调整与完善。热忱欢迎广大读者提出宝贵的意见和建议,以便再版时进行修订。

编　者

2024 年 10 月于合肥

目　　录

第1章 绪 论

1.1 制造业

制造业是指在机械工业时代,按照市场要求,通过制造过程,将一定的资源转化为大型工具、工业品和消费品,供人们使用的行业。制造业是国民经济的支柱产业,是国家创造力、竞争力和综合国力的重要体现。制造业为现代工业社会提供了物质基础,为信息和知识社会提供了先进的设备和技术平台。

1.1.1 全球制造业现状

制造业是一个国家的立国之本。制造业发展水平的高低,直接影响到国家各类产品技术水平和经济效益的提高。在发达国家,制造业创造了约 60% 的社会财富,约占国民经济收入的 45%。没有现代化的制造业就不可能有现代化的工业、农业、国防和科学技术。从世界各国的工业化发展历程来看,制造业的优先发展是经济腾飞的必要条件。制造技术的不断创新则是制造业持续发展的技术基础和动力。

从全球来看,制造业较为发达的国家如下。

1. 中国

按照国民经济统计分类,我国制造业有 31 个大类、179 个中类和 609 个小类,是全球产业门类最齐全、产业体系最完整的国家。据统计,2023 年我国制造业产值 4.68 万亿美元,占 GDP 的 26.18%,是第二名美国的 1.67 倍。虽然我国还存在大量中低水平的制造业部门,但随着各地不断进行产业升级,在高精制造领域开始不断取得突破。

2. 美国

美国经济总量全球第一,但在制造业产值方面并不是第一。2023 年,美国制造业产值为 2.8 万亿美元,占 GDP 的 10.25%。造成美国制造业在 GDP 中占比较低的主要原因是全球化运动过程中,收益更高的第三产业不断发展,逐渐占据美国经济的主导地位,制造业则迁往中国等其他成本更低的地区发展,此消彼长之下制造业占比下降。虽然美国制造业总产值不如中国,但高精技术方面仍然领先,特别是在计算机、航空、医疗等高端行业,美国仍具有极大的优势。

3. 日本

日本作为老牌工业大国,第二次世界大战之后,就一直处于制造业强国前列,2023 年日本制造业产值为 0.87 亿美元,占 GDP 的 20%。虽然 1995 年之后日本经济发展态势低迷,但日本制造业发展并没有停滞。在大量尖端领域,日本仍旧保持着领先水平,如电子、半导体、工业机械、机器人等。

4. 德国

德国是老牌工业强国,2023 年德国制造业产值为 0.84 万亿美元,占 GDP 的 18.96%,世界排名第四。德国工业发展历史悠久,历来以产品可靠著称,尤其是重工业与精密机床等高端制造业。例如,在汽车工业方面,德国汽车有奔驰、宝马、大众等多个品牌,还拥有多个豪华汽车品牌,例如布加迪、保时捷、兰博基尼等。

1.1.2 制造业的发展

制造业发展的四个阶段(即四次工业革命),分别被称为工业 1.0、工业 2.0、工业 3.0 和工业 4.0。

1. 第一阶段:机器制造时代(工业 1.0)

18 世纪 60 年代至 19 世纪中期,发生了以蒸汽机的改进为特征的第一次工业革命。这次工业革命的结果是机械生产代替了手工劳动,经济社会从以农业、手工业为基础转型到了由工业以及机械制造带动经济发展的模式,促进了制造企业雏形的形成,企业发展为作坊式的管理模式。

2. 第二阶段:电气化与自动化时代(工业 2.0)

19 世纪 60 年代至 20 世纪初,发生了以电力的发明和广泛应用为主要标志的第二次工业革命。在劳动分工基础上采用电力驱动产品的大规模生产,人类进入由继电器、电气自动化控制机械设备生产的时代。通过零部件生产与产品装配的成功分离,开创了产品批量生产的高效新模式。

3. 第三阶段:电子信息时代(工业 3.0)

20 世纪后半期,发生了以电子计算机、核能、空间技术、生物克隆技术等为主要标志性成果的第三次工业革命。这是一场涉及制造技术、新能源技术、新材料技术等诸多领域的信息控制技术革命。

在此阶段,工厂大量采用由 PC、PLC、单片机等组成的自动化控制的机械设备进行生产,生产组织形式也转变为现代大工厂,生产效率、良品率、分工合作、机械设备寿命等都得到了前所未有的提高。电子信息时代,微电子技术、计算机技术、自动化技术的迅速发展,推动了制造技术朝高质量生产和柔性生产的方向发展。从 20 世纪 70 年代开始,受市场多样化、个性化的牵引及商业竞争加剧的影响,制造技术进入面向市场、柔性生产的新阶段,引发了生产模式和管理技术的革命,出现了计算机集成制造的精益生产模式。

4. 第四阶段:智能化时代(工业 4.0)

21 世纪,伴随着第四次工业革命的进程,制造业将步入“分散化”生产的新时代。互联网、大数据、云计算、物联网等新技术与工业生产相结合,实现工厂智能化生产,工厂直接与消费需求对接。企业的生产组织形式从现代大工厂转变为虚实融合的工厂,建立起柔性生产系统,提供个性化生产。在管理方面,从大生产模式转变为个性化产品的生产组织模式,以柔性化和智能化为最大特点。

从工业 1.0 到工业 4.0,每一次工业革命,制造技术都发生了重大变革。表 1-1 从主要标志、时代特点、生产模式、制造技术特点和主要制造装备及系统等方面,列出了不同工业发展阶段制造技术的特征。

表 1-1　四次工业革命制造技术的特征

名称	主要标志	时代特点	生产模式	制造技术特点	主要制造装备及系统
工业 1.0	蒸汽动力应用	蒸汽时代	单件小批量生产	机械化	集中动力源的机床
工业 2.0	电能和电力驱动	电气时代	大规模生产	标准化，刚性自动化	普通机床，组合机床，刚性生产线
工业 3.0	数字化信息技术	信息化时代	柔性化生产	柔性自动化	数控机床，复合机床
工业 4.0	新一代信息技术	智能化时代	网络化协调，大规模个性化定制	人-机-物互联	智能化装备，增材制造，云制造

　　工业 1.0 到工业 2.0 的变化特点是从依赖工人技艺的作坊式机械化生产，走向产品和生产的标准化以及简单的刚性自动化。如 1908 年的福特 T 型车的巨大成功就来自亨利·福特的数项革新，其中一项最重要的革新是以标准化的流水装配线大规模作业代替传统个体手工制作。

　　标准化和刚性自动化可以提高制造过程的速度，避免重复劳动，缩短生产周期，实现产品长期自动化生产，从而提高经济效益。但是标准化和刚性自动化最大的不足是在设计过程中不关注工艺的柔性，一旦自动化系统完成并投入生产，不能再改变其设定的动作或生产过程。这样会导致改变设计的难度增大，产品多样性降低，市场适应性差。

　　工业 2.0 发展到工业 3.0，则产生了复杂的自动化、数字化和网络化生产。这个阶段相对于工业 2.0 具有更复杂的自动化特征，追求效率、质量和柔性。先进的数控机床、机器人技术、PLC 和工业控制系统可以实现敏捷的自动化，从而允许制造商以合理的响应能力和精度质量，适应产品的多样性和批量大小的波动，实现批量柔性化制造。

　　工业 3.0 的另一个特点是在制造装备（如数控机床、工业机器人等）上开始安装各种传感器和仪表，可采集装备的状态和生产过程数据，用于制造过程的监测、控制和管理。此外，工业 3.0 具有网络化支持功能，通过联网，机器与机器、工厂与工厂、企业与企业之间能够进行实时和非实时通信、连通，从而实现数据和信息的交互和共享。

　　工业 3.0 到工业 4.0，制造技术发展面临四大转变：从相对单一的制造场景转变到多种混合型制造场景；从基于经验的决策转变到基于证据的决策；从解决可见的问题转变到避免不可见的问题；从基于控制的机器学习转变到基于丰富数据的深度学习。

　　总之，伴随着四次工业革命的发展，制造技术实现了从工业 1.0 的机械化，工业 2.0 的标准化、刚性自动化，工业 3.0 的柔性自动化，到工业 4.0 的人-机-物互联的飞跃。

1.2　现代制造技术

　　当今社会发展迅猛，社会需求的多样性和频繁变化，使各种制造技术并行；同时，传统能源及市场竞争的日益紧张，对传统的机械工业提出了严峻的挑战，迫使机械工业必须加快产品的更新和发展，以便能在充分利用现代科学技术最新成就的基础上，按照高效、优质、低成本的要求,不断发展各种节能省料适应大批量生产需要的柔性生产线。智能信息技术的发展以及在机械制造技术中的应用,使机械制造技术产生新的飞跃,出现了由集成复合化、人机一体化、智能信息化组成的制造系统,形成了现代制造技术。

1.2.1 现代制造技术的现状

1. 国外现状

现代制造业是当今世界制造业发展的大趋势,世界各国十分重视发展制造技术。为了占领制造技术发展的制高点,许多国家都提出了现代制造战略计划。

近年来,为了重塑美国制造业的全球竞争优势,美国政府推出了一系列制造业振兴计划。例如,《关键和新兴技术国家战略》《先进制造业国家战略计划》《制造业美国战略计划2024》等,将促进先进制造业发展提高到了国家战略层面。

德国是全球制造业最具竞争力的国家之一,为保持制造业在新一轮科技革命和产业变革中的竞争优势,德国政府不断优化国家创新体系,适时推出并完善制造业相关发展计划,其中最广为人知的就是"德国工业4.0战略"。该战略是德国政府提出的一个高科技战略计划,旨在提升德国制造业的智能化水平,使德国在全球先进制造业领域持续保持领先地位。

此外,法国提出了《新工业法国计划》、英国提出《英国工业2050》、日本提出《社会5.0战略》,通过政府、企业、大学和科研院所的合作实施,这些计划大大促进了各国现代制造技术的发展,提升了各国制造业的国际竞争能力。

2. 国内现状

近年来,我国不断采用先进制造技术,现代机械制造业有了显著的发展,无论是制造总量还是制造技术水平都有很大的提高。

"十三五"时期,中国高技术制造业发展迅速,以高技术、智能化、柔性化为代表的现代制造业不断壮大,涌现出一批重大创新成果,促进了工业体系不断完善、质量加快提升、结构优化升级。2016—2021年,中国高技术制造业增加值占规模以上工业增加值比重呈逐年增长趋势,由12.4%上升到15.1%。我国"十四五"规划提出,要加快发展现代产业体系,巩固壮大实体经济根基,包括深入实施制造强国战略、发展壮大战略性新兴产业。

虽然我国机械制造业在产品研发、技术装备和加工能力等方面都取得了很大的进步,但与工业发达国家相比,仍然存在一定的差距。

(1)设计方面

工业发达国家不断更新设计数据和准则,采用新的设计方法,广泛采用计算机辅助设计技术,大型企业已开始无图纸的设计和生产。而我国企业采用计算机辅助设计技术的比例仍较低。

(2)管理方面

工业发达国家广泛采用计算机管理,重视组织和管理体制、生产模式的更新发展,推出了准时生产、敏捷制造、精益生产、并行工程等新的管理思想和技术。我国只有少数大型企业局部采用了这些相关思想理念和技术,多数小型企业仍处于初始管理阶段。

（3）制造工艺方面

工业发达国家较广泛地采用高精密加工、精细加工、微细加工、微型机械和微米/纳米技术、激光加工技术、电磁加工技术、超塑加工技术以及复合加工技术等新型加工方法,而我国的高精尖新型加工方法普及率不高,有些还处于开发、试验阶段。

（4）自动化技术方面

工业发达国家普遍采用数控机床、加工中心及柔性制造单元、柔性制造系统、计算机集成制造系统等,实现了柔性自动化、知识智能化和集成化。我国还处在单机自动化、刚性自动化阶段,柔性制造单元和系统仅在少数企业中使用。

1.2.2　现代制造技术的特点

1. 先进性
现代制造技术的先进性主要表现在优质、高效、低耗、洁净、灵活（柔性）等方面。

优质:利用现代制造技术,使加工制造出的零部件或整机质量高,性能好。零部件尺寸精确,表面光洁,内部组织致密,无缺陷及杂质,使用性能好;整机的结构合理、色彩美观宜人,可靠性高。

高效:使用现代制造技术,不仅表现在生产过程中,使生产效率得到了很大的提高,大大降低了操作者的劳动强度,而且表现在产品的开发过程中,提高了产品的开发效率和质量,缩短了生产准备时间。

低耗:采用现代制造技术,可以降低整个生产过程中的原材料及能源消耗。

洁净:生产过程不污染环境,实现有害废弃物零排放或少排放。

灵活（柔性）:能快速对市场变化及产品设计的更改作出反应,适应多品种柔性生产。

2. 实用性
现代制造技术是面向工业生产的实用技术,它具有量大面广和讲究实效的特点。现代制造技术内涵极其丰富,同时又是动态发展的,它具有多种不同的模式和层次,可以应用于各种类型的机械工厂。

3. 前沿性
现代制造技术是信息技术及其他高新技术与传统制造技术相结合的产物,是制造技术研究最为活跃的前沿领域。某些现代制造工艺和装备可能目前应用还不广泛,但是它们代表着一定的发展方向,可望得到越来越广泛的应用。

1.2.3　现代制造技术的基本体系结构

现代制造技术所涉及的领域十分广泛,国际上通常采用“技术群”的概念来描述现代制造技术的基本体系结构。一般认为,现代制造技术主要包含五大技术群,如图 1-1 所示。

1. 系统总体技术群

它包括柔性制造、计算机集成制造、敏捷制造、智能制造等先进制造技术的设计规划、集成等总体技术。

2. 管理技术群

它包括与制造企业的生产经营和组织管理相关的各种技术，如计算机辅助生产管理、物料需求计划/制造资源计划/企业资源计划、供应链管理、全面质量管理、准时生产、精良生产、企业管理过程重构等技术。

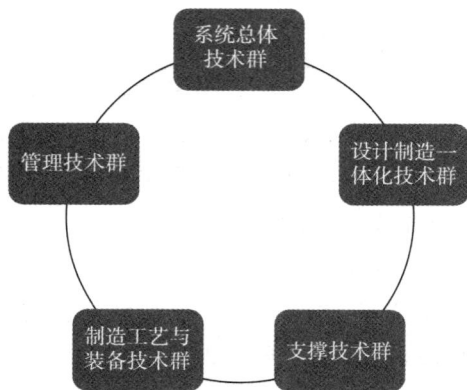

图 1-1　现代制造技术的基本体系结构

3. 设计制造一体化技术群

它包括与产品设计、制造、检测等全过程相关的各种技术，如并行工程、计算机辅助设计、计算机辅助制造、拟实制造、可靠性设计、智能优化设计、质量功能配置、数控技术、物料储运、自动控制、检测监控以及质量保证等技术。

4. 制造工艺与装备技术群

它包括与制造工艺及装备相关的各种技术，如材料生产工艺及装备（冶炼、轧钢等），常规热加工工艺及装备（锻造、铸造、焊接、热处理等），少无切削加工工艺及装备，高速/超高速加工工艺及装备，精密、超精密与纳米加工工艺及装备，特种加工工艺及装备（激光、电子束等）。

5. 支撑技术群

它包括以上技术群赖以生存并不断取得进步的相关技术，如标准化技术、计算机技术、软件工程、数据库技术、多媒体技术、网络通信技术、人工智能、虚拟现实技术、材料科学、人员教育和培训、人机工程学、环境科学等。

由于篇幅有限，本书将重点介绍制造工艺与装备技术群中的现代制造工艺技术，这类技术包括如下内容：

1）高效精密、超精密加工技术，如数控车削加工技术、数控铣削加工技术；

2）特种加工技术，如电火花线切割加工、激光加工、3D打印技术；

3）智能制造技术，如数字孪生技术、智能加工技术。

1.3　现代制造创新实践

回顾人类发展的历史，毫无疑问，工程科学技术在推动人类文明进步中起着发动机的作用，而无数伟大成就的背后，工程教育起着关键性的支撑。工程教育是一种以培养学生工程思维和解决实际问题能力为目标的教育形式。它的核心是将理论知识与实践技能结合起来，让学生在实际的工程项目中应用所学的知识与技能，从而提高学生的综合素质和实践能力,为学生未来的职业发展打下坚实的基础。

首先,工程教育的首要目标是培养学生的创新能力。在工程教育中,学生需要学会如何将理论知识和技术应用到实际项目中。这需要学生具有丰富的想象力和创新思维,并以此来解决工程实际问题。

其次,工程教育注重培养学生的实践能力。学生需要具备将理论转化为实践的能力,能够将设计图纸和模型转化为实际的作品。

再次,工程教育注重培养学生的合作精神。在现代社会中,团队合作是不可或缺的。在工程教育中,通过小组作业和项目合作来培养学生的团队合作能力和领导能力,学会如何与他人协作解决问题和不断创新。

最后,工程教育注重培养学生的综合素质。在工程教育中,学生需要学习如何管理项目和资源,以实现项目的成功;同时,学生还需要具备道德素养和社会责任感,以确保他们的行为符合社会道德和伦理标准。

总之,现代制造技术创新实践课程旨在利用现代制造设备及技术开展创新实践活动,从创新及创新思维、现代制造技术、创意设计及制作等方面为学生介绍现代制造创新实践的相关知识及实践方法。

1.3.1 什么是创新

创新是民族进步的灵魂,是一个国家兴旺发达的不竭动力。创新发展是中华民族伟大复兴的国运所系。实施创新驱动发展战略,推动以科技创新为核心的全面创新,让创新成为推动发展的第一动力,是适应和引领我国经济发展新常态的现实需要。

作为高等教育中规模最大的工科教育,在整个高等教育创新体系中具有举足轻重的地位,高等工程教育应围绕创新教育开展各种有益的探索。2017 年 2 月以来,教育部积极推进新工科建设,就是为了主动应对新一轮科技革命与产业变革,支撑服务"中国制造 2025"等一系列国家战略。《新工科研究与实践项目指南》("北京指南")指出,要持续深化工程教育改革,培养德学兼修的高素质工程人才;要强化工程人才的创新创业能力培养,完善工科人才"创意-创新-创业"教育体系,提升工科学生的创新精神。

那么,什么是创新呢?

案例 1-1

二人分树

山洪暴发,一棵大树被洪水从山上冲到了山下。甲、乙二人同时发现了它,于是二人商量如何分树。

甲很想得到这棵树,但也不能说得太明白,他怕引起乙的不满,便很委婉地对乙说:"树是我们两个同时发现的,你说吧,你说怎么分就怎么分!我家最近要盖新房,分完树我还得回家准备材料去!"

乙听了甲的话自然明白了他的意思,他仔细地看了看那棵树,很大方地对甲说:"你家盖房子需要木料,我要木料也没什么用。这样吧,树根归我,我回去当柴烧,其余的都归你!"

甲听了乙的话非常高兴,他也很佩服乙的大度。讲好了分树的办法,两个人便各自找来家人帮忙,把树按乙说的办法分开了。甲高高兴兴地把树干运回了家,乙也在家人的帮助下把树根抬了回去。

甲的家里根本不准备盖新房,只是为了得到树干他才这样讲的。第二天他就把树干卖给了一个准备盖房的人,得了 2 000 元。乙的家人听说了,都埋怨乙。乙只是笑了笑,没有说话。

过了一段时间,乙把用那个树根做的大型根雕卖了 10 万元。甲听到这个消息后,气得够呛,但也没有什么办法。其实,即使当时把树根给了甲,他也只能把它劈了当柴烧,因为和乙比,他缺乏一种关键的东西,那就是创新能力。正是因为乙的创新能力起到了点石成金的作用,使一个看似没有什么大用处的东西变成了宝贝。

创新是指以现有的思维模式提出有别于常规或常人思路的见解为导向,利用现有的知识和物质,在特定的环境中,改进、创造新的事物(方法、元素、路径或环境),并能获得一定有益效果的行为,如图 1-2 所示。上述案例中乙利用树根做成了根雕就是创新。

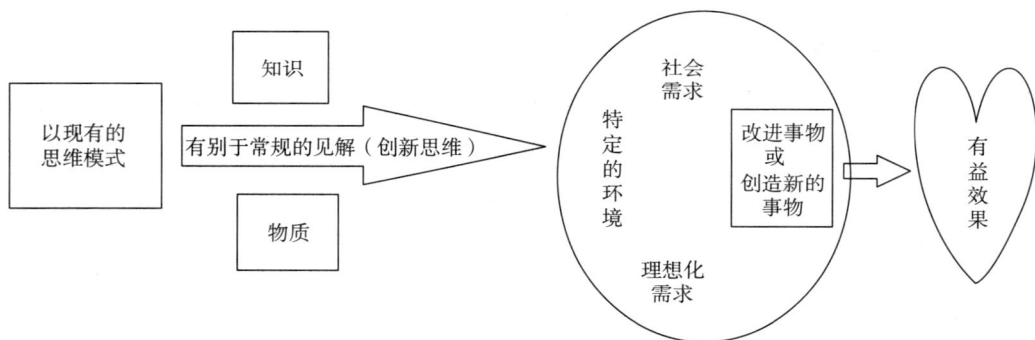

图 1-2 创新的定义

创新是人类特有的认识能力和实践能力,是人类主观能动性的高级表现。创新在经济、技术层面,以及在社会学、建筑学等领域的研究中具有举足轻重的地位。从本质上说,创新是创新思维蓝图的外化、物化、形式化,所以创新至少包括两个方面,即创新思维和创新实践。

第一,创新思维。创新思维孕育创新实践,是创新的发端。创新思维是基于自身或者团队过去的知识经验所获得的一些思路、灵感,即以现有的思维模式为基础,提出有别于常规的思路或有别于常人的见解,并以此为导向确定出发点或目的、目标等。

第二,创新实践。创新实践是创新思维的展现实施阶段。创新实践需要利用现有的知识和物质,在特定的环境中,因理想化需求或为满足社会需求,而改进或创造新的事物(方法、元素、路径或环境)。创新的实施需要把新的理论写出来、把新的创意制作出来变成产品等。

1.3.2　创新思维

1. 什么是创新思维

如果将"思维"两字分开来看,"思"字可从字面上解释为"想"或"思考","维"字可从字面上解释为"序"或"方向"。"思维"就是有一定顺序的想,或是沿着一定方向的思考。

案例 1-2

自动摘收番茄问题的解决思路

20 世纪初,农业机械化开始在发达国家出现。然而,能自动摘收番茄的机器一直以来始终是可望而不可即的。这主要是因为番茄的皮太薄,任何机械都可能因抓得过紧而将番茄夹碎。那么,怎样才能实现自动摘收番茄呢?

解决这个问题有两种不同的思维方式:

一是致力于研究控制机器的抓力,使其既能抓住番茄又不会将番茄夹碎,但是始终未能成功。

二是采用了一种从问题的源头来解决的办法,即研究如何才能培育出韧性十足、能够承受机器夹摘力的番茄,沿此思路人们成功研制出一种"硬皮番茄"。

案例中的第一种思维方式是大多数人所习惯使用的思维方式,即利用现有信息,通过记忆的方式去思考问题。这种思维被称为习惯性思维。

案例中的第二种思维方式是在已有经验的基础上,寻找另外的途径,即从某些事实中探求新思路、发现新关系、创造新方法以解决问题。这就是创新思维。

创新思维是以新颖独创的方法解决问题的思维过程。通过创新思维能突破常规思维的界限,以超常规甚至反常规的方法、视角去思考问题,提出与众不同的解决方案,从而产生新颖的、独到的、有社会意义的思维成果。

常规思维是在常规范围内的思考方式,而创新思维则突破常规思维的限制,思考的范围更加宽泛,思考的方式更加发散,如图 1-3 所示。创新思维更有利于打破固有的形式、状态和习惯的束缚,创造异于常规的新事物。

2. 创新思维的特征

(1)传统的突破性

突破性是创新思维的一个显著特征。创新思维的本质就是打破传统、常规,开辟新颖、独特的思路,发现事物之间的新联系、新规律。司马光砸缸的故事就体现了突破原有的思维定式,将救人模式由"人离水",改为"水离人",从而挽救了小伙伴的生命。这里说的思维定

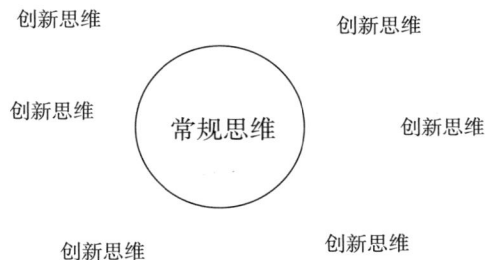

图 1-3　常规思维和创新思维

式,是指对过去某一阶段的经验总结,是经过成功的经验或失败的教训验证的"正确思维"。但是,当事物的内外环境发生变化时,仍然固守"正确的"定式思维就行不通了。"正确的"定式思维常常对创造性思考产生消极影响。如果不突破思维定式,就会被原有的框架所束缚,很难进行创新活动。

(2)思路的新颖性

创新思维往往是新颖的、独特的。思路的新颖性是指在思路的选择和思考的技巧上都具有独特之处,表现出首创性和开拓性。那么达到什么程度才能叫"新"呢?考夫曼和罗纳德把创新思维的结果——创意,分为四个级别。

1)微创意。微创意是指在生活或学习的过程中,对个人的经历或某些现象做出新的解释或者发现了其中细微的新颖之处。微创意属于创意的初级阶段,主要存在于学习、理解、体验和认知阶段。例如在本课程项目式教学中,鲁班锁创意设计、玩具创意设计等就属于微创意。微创意还不能构成新产品的解决方案,但就是这些点点滴滴的积累,可以为形成高级别的创意提供基础。

2)小创意。小创意是指解决日常生活问题的新想法。例如每个人日常生活中都会遇到各种各样的问题,都有过为解决问题而产生新想法的经历。大学生可以从生活问题入手,进行创新思维训练,从而慢慢过渡到进行更加新颖的创新思维活动。

3)专业创意。专业创意是指在工作领域提出具有专业水准和实际应用价值的创意。有专业背景的高年级本科生、硕士研究生、博士研究生或专业人员,在已有技术支持下,可以达到专业创意级别。

4)重大创意。重大创意是指可能引发重大发现或发明,具有深远影响的创意。例如对蒸汽机、电话、计算机、互联网等推动人类社会历史发展进程的发明产生影响的创意,可以称之为重大创意或历史性创意。

(3)视角的灵活性

创新思维表现为视角能随着条件的变化而转变,能摆脱思维定式的消极影响,善于变换视角看待同一个问题,善于变通与转化,能重新解释信息。创新思维会根据不同的对象和条件,具体情况具体对待,灵活应用各种思维方式,具体表现为创新视角是多种多样的,要学会转化视角,从不同的视角出发会得出不同的结论。换一个角度,换一种思维,或许一切都会有所不同。

案例 1-3

电影的发明

19世纪30年代末,摄影术的发明为电影的出现奠定了技术基础。1877年,美国人斯坦福在一场赛马赌博中坚持认为,飞速奔跑的马匹肯定在某一瞬间四蹄是全部腾空的。而与他对赌的人则认为,这种现象是不可能发生的。为此,斯坦福就雇用摄影师把照相机排成一列,顺序拍摄。当把照片叠在一起快速拨动时,马就像奔跑起来一样(图1-4),以此解决了争端。

爱迪生从这个偶然的事情中得到启发,后来发明了最初形式的电影。作为"发明大王",爱迪生就是这样在一次次的刺激和启发中取得了 1 300 多项发明专利。

图 1 - 4 电影的发明

（4）内容的综合性

创新活动是在前人基础上进行的,必须综合利用他人的思维成果。科学技术发展史一再表明,谁能高度综合利用前人的思维成果,谁就能取得更多的突破,做出更多的贡献。在技术领域,综合利用前人的思维结出创新硕果更是到处可见。可以说,综合就是创新。

案例 1 - 4

坦克的发明

第一次世界大战时,有一名叫斯温顿的英国记者随军去前线采访。他亲眼看见英法联军向德军的阵地发动攻击时,牢牢守着阵地的德国士兵用密集的排枪将进攻的英法士兵成片地扫倒。斯温顿非常痛心,他清醒地意识到,肉体是挡不住子弹的。冥思苦想之后,他向指挥官们建议用铁皮将履带式拖拉机"包装"起来,留出适当的枪眼让士兵射击,然后让士兵们乘坐它冲向敌军阵地。他的建议很快被英国政府采纳。履带式拖拉机穿上"盔甲"之后径直冲向敌人,英法士兵的伤亡因此大大减少。履带式拖拉机,即后来的坦克为英法联军最终战胜德军立下汗马功劳,成为第一次世界大战中最有影响的发明。显然,当时的坦克就是履带式拖拉机与枪炮的组合,如图 1 - 5 所示。

图 1-5　坦克的发明

3. 创新思维的过程

创新思维不是偶然的、直觉的、一瞬间的灵感浮现,很多创新思维的过程都是一个个精心设计的复杂而漫长的过程。英国心理学家格林汉姆·沃勒斯提出了"准备-酝酿-明朗-验证"四阶段的创新思维模式,如图 1-6 所示。

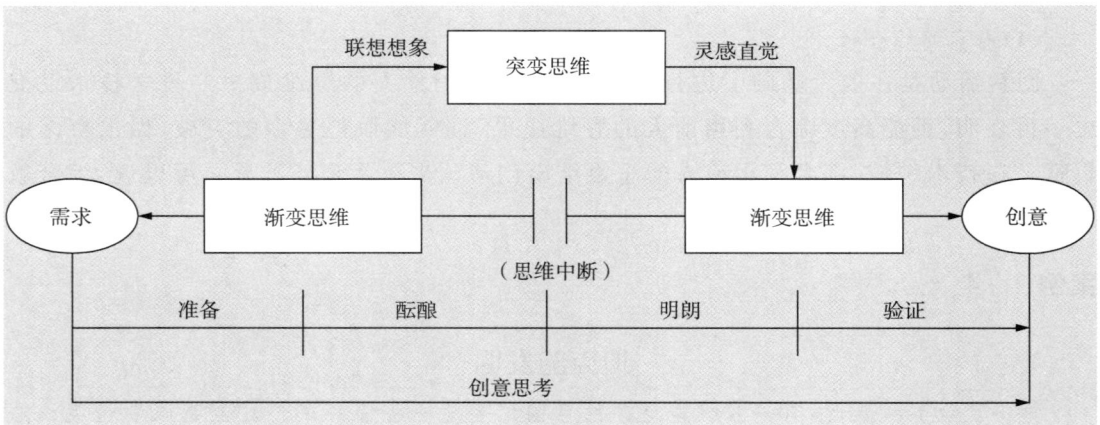

图 1-6　"准备-酝酿-明朗-验证"四阶段的创新思维模式

(1)准备阶段

创新思维从发现问题、提出问题开始。提出问题后必须为着手解决问题做充分的准备,这种准备包括资料的收集、知识和经验的储备、技术和设备的筹集以及其他条件的提供等。准备阶段必须对前人在同一问题上所积累的经验有所了解,对前人尚未解决的问题做深入的分析。这样既可以避免重复前人的劳动,又可以帮助自己从旧问题中发现新问题,从前人的经验中获得有益的启示。准备阶段常常要经历相当长的时间。

（2）酝酿阶段

酝酿阶段是对前一阶段所获得的各种资料和事实进行消化吸收，并进行评估，从而明确问题的关键所在，以及提出解决问题的各种假设和方案。这个阶段可能是短暂的，只需要几分钟；也可能是漫长的，有时甚至延续好多年。有些问题虽然经过反复思考、酝酿，但仍未获得完美的解决，人们的思维常常出现中断、想不下去的现象。这些问题仍会不时地出现在人们的头脑中，甚至转化为潜意识，这样就为第三阶段（明朗阶段）打下了基础。

（3）明朗阶段

经过酝酿阶段对问题的长期思考，创新观念可能突然出现，思考者大有豁然开朗的感觉，真是"山重水复疑无路，柳暗花明又一村"。这一心理现象就是灵感或灵感思维。灵感的来临，往往是突然的、不期而至的。如德国数学家高斯，为证明某个定理，被折磨了两年仍一无所得，可是有一天，正如他自己后来所说，像闪电一样，谜一下子解开了。

（4）验证阶段

思路明朗以后，所得到的解决问题的构想和方案还必须在理论与实践上进行反复论证和试验，验证其可行性。经验证后，有的方案得到确认，有的方案得到改进，有的甚至完全被否定，再回到酝酿期。总之，灵感所获得的构想必须经过验证。

4. 创新思维的形式

（1）发散思维和收敛思维

1）发散思维。发散思维又称辐射思维、多向思维或扩散思维。发散思维追求思维的广阔性，在思维过程中，以一个问题为中心，思维路线向四面八方扩散，形成辐射状，从不同方面思考同一问题，其核心就是对一个问题提出多种解决方案，重点挖掘问题所提供的信息与记忆中信息的各种联系。发散思维视野开阔，呈现出多维发散状，如一题多解、一物多用等方式。

案例 1-5

一只杯子掉下来，碎了……

这个可以是个什么问题呢？

① 物理题。因为这是自由落体运动，但多高才能碎呢？

② 化学题。杯子里装着什么液体，它有毒性或腐蚀性吗？

③ 经济题。那是刚买的，如今碎了还要再买一个，害我损失了多少钱？

④ 语文题。你让我太伤心了，我的心就如同这只杯子一样。

⑤ 社会问题。杯子从大厦高层掉下，可能会砸死或砸伤了一个人，如此高空抛物要受到法律制裁。

⑥ 心理问题。那一声破碎的声音触动了一个女孩，于是她花了一下午的时间去查询"为什么噪声会让人紧张"。

⑦ 情感问题。那是男朋友送给自己的情侣杯，杯子碎了是不是预示着我们要分手？

⑧ 材料问题。杯子摔碎了，这个杯子是什么材料做的，它的强度、硬度是多少？如何改

进杯子的材料让它更耐摔?

⑨ 历史问题。那是乾隆皇帝用过的杯子,有很多关于它的故事,是那些历史的唯一承载,如今碎了,一段历史就这样彻底消失了。

⑩ 政治和宗教问题。那是来我国参展的某宗教的圣杯,结果不小心碎了,那一幕又恰好被国际记者拍到,因此成了一个政治和宗教问题。

……

发散思维有助于摆脱惯性思维的束缚,产生大量的设想,提供更多的选择机会。

发散思维作为一种创新思维方法,不仅是一种运用于科学研究和科技发明的重要思维方式,也是一种运用于经济社会发展和企业经营的重要思维方式,同时又是我们每个人应当掌握和运用的一种重要的思维方式。

2)收敛思维。收敛思维与发散思维相对应,是依据一定知识和事实求得某一问题最佳或最正确答案的聚合性思维方式。

收敛思维与发散思维的特点正好相反,它是以某个思考对象为中心,尽可能运用已有的经验和知识,将各种信息重新进行组织,从不同的角度将思维集中指向这个中心点,从而达到解决问题的目的。这就好比凸透镜的聚焦作用,它可以使不同方向的光线集中到一点,从而引起燃烧。如果说发散思维是"由一到多"的话,那么,收敛思维则是"由多到一"。

案例 1-6

喵星人从哪里来

第一次世界大战期间,法国和德国交战时,法军一个旅在前线构筑了一座极其隐蔽的地下指挥部。指挥部的人员深居简出,行踪诡秘。但不幸的是,有一天,德军的侦察人员在观察战场时发现,每天早上八九点钟,都有一只喵星人在法军阵地后方的一个土包上晒太阳。德军依此判断:

① 这只猫不是野猫,因为野猫白天不会出来,更不会在炮火隆隆的阵地上出没;

② 猫的栖身处就在土包附近,可能是一个地下指挥部,因为周围没有人家;

③ 根据仔细观察,这只猫是相当名贵的波斯品种,在打仗时还有兴致带这种宠物的绝不会是普通的低级别军官。

据此,他们断定那个土包一定是法军高级指挥部的位置。随后德军集中了六个炮兵营的火力,对准那个方位一阵猛击。事后查明,他们的判断完全正确,这个法军地下指挥部的所有人员无一幸免。

这个故事体现了收敛思维的特点,告诉我们在思考问题时,要善于从中找出关键的信息,确定搜寻目标,进行观察并做出判断。

3)发散思维和收敛思维的关系。发散思维和收敛思维是创新思维的两个方面,人们在进行思考、解决困难的过程中,这两种思维方式常常是相互作用、相互促进。发散思维有助于诞生更多新的想法。收敛思维则是在发散思维基础上的集中,是从若干种方案中选出一种最佳方案。

案例 1-7

洗衣机的发明

回顾洗衣机的发明过程,首先是围绕"洗"这个关键问题,人们列出各种各样的洗涤方法,如洗衣板搓洗、用刷子刷洗、用棒槌敲打、在河中漂洗、用流水冲洗、用脚踩洗等,然后再运用收敛思维,对各种洗涤方法进行分析和综合,充分吸收各种方法的优点,结合现有的技术条件,制订出设计方案,并在实践基础上不断改进,结果成功发明了洗衣机。

发散思维和收敛思维各有优缺点,在创新思维中相辅相成,互为补充。只有发散,没有收敛,必然导致混乱。只有收敛,没有发散,必然导致呆板僵化,抑制思维的创新。因此,创新思维的过程,一般是在发散思维的基础上应用收敛思维,这样才能达到事半功倍的效果。

(2)正向思维和逆向思维

1)正向思维。正向思维是指按常规习惯去分析问题,按常规进程进行思考、推测,是一种按照从已知到未知的逻辑顺序来揭示问题本质的思维方法。

正向思维是我们使用最多的思维方式,任何事物都有产生、发展和灭亡的过程,都是从过去走到现在、由现在走向未来。只要我们能够把握事物的特性,了解其过去和现在,就可以在已掌握的材料的基础上,预测事物的未来。

案例 1-8

钢盔的发明

第一次世界大战期间,一个负伤的法国士兵被送往医院治疗,当法国将军亚德里安问起他死里逃生的经过时,他答道:"我当时正在厨房值班,突然德国人开始轰炸,我情急之下拿起一把铁锅顶在自己的头上当成帽子,护住了自己这条小命。"

将军顺藤摸瓜一想:铁锅戴在头上就是保命神器。顿时一拍大腿,决定请后方制作这种保护头的神器,以降低本国士兵的死亡率,第一代军用钢盔就此诞生。

2)逆向思维。逆向思维是指突破常规思考方式的思维模式。逆向思维,也称反向思维,它是对司空见惯的已成定论的事物或观点反过来思考的一种思维方式。通过"反其道而思之",让思维向对立面的方向发展,从问题的相反面深入地进行探索,人们往往会获得意想不到的结果。

案例 1-9

电磁感应定律的发现

1820 年,丹麦哥本哈根大学物理学教授奥斯特,通过多次实验证实存在电流的磁效应。这一发现传到欧洲大陆后,吸引了许多人投身电磁学的研究。英国物理学家法拉第怀着极大的兴趣重复了奥斯特的实验。果然,只要导线通上电流,导线附近的磁针立即会发生偏转,他深深地被这种奇异现象所吸引,同时又在思索:既然电流能产生磁,那么磁能不能产生电流呢?

为了解开这一难题,法拉第开展了一系列的实验。1831 年的一天,法拉第采用一根长为 61.9 米的铜丝,耐心地绕成一个圆筒形的大线圈,又拿出一根长为 21.59 厘米、直径为 19.05 毫米的圆柱形磁铁,试着再次做由磁生电的实验。当他把铜丝线圈与电流计连接后,再把磁铁和铜丝线圈的一端相连,结果电流计的指针依然纹丝不动。难道"由磁生电"是不现实的吗?不!换种方式再试试看。他干脆把整根铁棒都插入铜丝线圈中,突然,他发现电流计上的指针动了一下,他赶紧把磁铁抽出,那指针又动了一下,他连忙把磁棒插进又抽出,电流计上的指针不停地摆动,一种由磁感应的电流产生了!

又经过两个月的奋战,世界上第一台感应发电机问世了! 这台发电机源源不断地产生感应电流! 虽然在今天看来这台发电机未免过于简陋,然而它却是当今各种复杂发电机的"老祖宗"!

法拉第发现电磁感应定律就是运用了逆向思维。既然电能产生磁场,那么磁场也能产生电。这就是运用了逆向思维的原理,实现了科技创新。

运用逆向思维,可以从三点来把握:

一是面对新的问题,可以将通常思考问题的思路反过来,通过用常识看来是对立的,似乎根本不可能的方式去思考问题。

案例 1－10

1 美元的故事

一位犹太商人走进银行的贷款部。见到这位气度非凡的绅士,贷款部的经理不敢怠慢,赶紧招呼:"先生,您有什么事情需要我帮忙的吗?"

"哦,我想借些钱。"

"好啊,您要借多少?"

"1 美元。"

"只需要 1 美元?"

"不错,只借 1 美元,可以吗?"

"当然可以,像您这样的绅士,只要有担保多借点也可以。"

"那这些担保可以吗?"犹太人说着,从皮包里取出一大堆珠宝,堆在写字台上,"喏,这是价值 50 万美元的珠宝,够吗?"

"当然,当然! 不过,您只要借 1 美元?"

"是的。"

"好的,年息 6％,一年后归还,我们就把这些珠宝还给您。"

犹太人接过了 1 美元和抵押凭证,就准备离开银行。

旁观的银行行长十分纳闷,他急忙追上去,对那位犹太人说:"先生,请等一下,您拥有这些珠宝,怎么只借 1 美元呢?"

"啊,是这样的,我来贵行之前,问过好几家金库,他们保险箱的租金都很昂贵。所以,我就把它们以担保的形式存放在贵行,而这最多也不过交 6 美分的利息……"

犹太商人就是运用逆向思维,用低廉的价格为自己的珠宝租用了保险柜。

二是面对长期解决不了的问题或长久困扰的难题,不要沿着前人或自己长久形成的固有思路去思考问题,使思路越来越窄,而应该"迷途知返",即从现有的思路上返回来,在与它相反的方向上寻找解决问题的办法。

案例 1－11

圆珠笔的改进

19 世纪 30 年代,方便而且廉价的圆珠笔开始流行起来,但是当圆珠笔笔芯中的钢珠因长期使用被磨损后,圆珠笔就会出现漏油现象,会把纸弄得满是油渍,从而给工作、书写带来很大的麻烦。

为了解决圆珠笔漏油的问题,科学家和科研人员、设计师做了很多的实验,试了千百种材料,希望能延长钢珠的使用寿命,最后他们找到了钻石这种材料。钻石坚硬不会漏油,但是钻石太昂贵了,一般人用不起,而且当油墨用完后,笔头的钻石怎么办?白白扔掉?

因此,这个圆珠笔的漏油问题多年没有解决。再后来,一个善于运用逆向思维的人将圆珠笔做了改进,解决了漏油的问题。这个人就是日本发明家中田藤山,他的思维路径:如果不能延长钢珠的寿命,那为什么就不能调整下油墨的剂量呢?

他买来大量的圆珠笔在书写中找到最大用油量,然后将每支笔芯都加装到这样的最大用油量,反复地做书写实验。他发现,当圆珠笔写到 20 000 字左右时,就会开始漏油,于是他把笔芯的油量控制在 15 000～18 000 字,超出这个范围,笔芯就没油了,也不会漏油,自然而然地就解决了这个很多人都没法解决的大难题。后来,方便又低廉而且干净卫生的圆珠笔又成为人们喜爱的书写工具!

三是面对那些久久解决不了的特殊问题,可以采取"以毒攻毒"的办法:既然不能采用其他方法来解决这一问题,那么就从这一问题本身来寻找解决它的办法。

案例 1－12

弱毒免疫理论的创立

弱毒免疫理论的创立和付诸实践,就是逆向思维的结果。当时,面对给千百万人的生命带来严重威胁的病毒,许多科学家都在寻找一个能防治病毒的药物。巴斯德沿着和大家相反的方向去思考,采用"以毒攻毒"的办法,给人或动物注射少量的菌苗,以增强其免疫力从而达到防疫的效果。巴斯德获得了成功,从而创立了弱毒免疫理论,挽救了千百万人的生命。

逆向思维是一种科学复杂的思考方法。在运用它时,要依据具体情况具体分析的原则对所思考的对象有全面、深入、细致的了解。决不能犯简单化的毛病,简单化只能产生谬误。

3）正向思维和逆向思维的关系。逆向思维和正向思维密不可分，存在着互为前提、相互转化的关系。许多创造性成果虽然从表面上看是逆向思维所致，但在产生过程中，既需要以正向思维为基础，又需要用逆向思维做参考。逆向思维的运用常常建立在一定的正向思维的基础上，没有正向思维为基础，很难产生逆向思维。

（3）联想思维

联想思维是人们经常用到的思维方法，是由一事物的表象、语词、动作或特征联想到其他事物的表象、语词、动作或特征的思维活动。通俗地讲，联想一般是由于某人或者某事而引起的相关思考，人们常说的"由此及彼""由表及里""举一反三"等就是联想思维的体现。如牛顿从苹果落地，联想到引力；又从引力联系到质量、速度、空间距离等因素，从而推导出力学三大定律。这是最典型的联想思维。

人们运用联想思维可以很快地从记忆里搜索出需要的信息，并通过事物的接近、对比、同化等条件，开阔思路，把许多事物联系起来思考，以加深对事物之间联系的认识，从而形成创意和方案。

案例 1-13

消肿解毒的良药

我国东汉末年医学家华佗，有一次看到蜘蛛被马蜂蜇后，落在一片绿苔上打了几个滚，肿胀便消失了。他由此联想到绿苔可用来为人治病。通过试验，消肿解毒的良药便问世了。

联想思维的形式，一般分为以下三种：

1）接近联想。甲、乙两事物在空间或时间上接近，在人们的日常生活经验中又经常联系在一起，已形成牢固的条件反射，于是由甲联想到乙，而引起一定的表象和情绪反应。如听到蝉声联想到盛暑，看到大雁南去联想到秋天到来等。人们经常见某景、睹某物、游某地，而想到与此景、此物、此地有关的人和事。"昔我往矣，杨柳依依；今我来思，雨雪霏霏。"在中国古代诗词中，可以看到大量的这种联想。同样，在小说创作中，这种联想思维形式也普遍存在。

2）类比联想。类比联想指由对某一事物的感受引起对与其在性质上或形态上相似的事物的联想，如文艺作品中用暴风雨比喻革命，用雄鹰比喻战士，便是运用了联想思维。这种联想带有社会的、时代的、民族的普遍性，但也带有个人思想感情的特殊性。同是大江，有人联想到"大江东去，浪淘尽，千古风流人物"，有人却联想到"问君能有几多愁，恰似一江春水向东流"。

3）对比联想。对比联想指对于性质或特点相反的事物的联想。两种事物在性质、大小、外观等方面存在相反的特点，人们在认知到一种事物时会从反面想到另一种事物。比如由沙漠想到森林，由光明想到黑暗等。

综上，创新思维的形式多种多样，除了上面几种以外，还有纵向思维与横向思维、求同思维和求异思维、左脑思维和右脑思维等。

1.3.3　创新实践

创新实践就是创新思维的展现实施阶段,本书中所涉及的创新实践是指利用现代制造技术将在创新思维阶段形成的创意设计制作出实物产品的过程。

1. 本书涉及的现代制造技术

(1)数控加工技术

数控加工技术是利用数字控制技术控制机床的运转,以实现零件加工的一种切削加工技术。现代制造业中的 FMS(柔性制造系统)和 CIMS(计算机集成制造系统)、敏捷制造和智能制造等,都是建立在数控加工技术之上的集成加工体系。最常用的数控加工技术是数控车削加工和数控铣削加工。

1)数控车削加工。数控车削加工是在数控车床上进行零件加工的一种工艺方法。数控车床不仅具有普通车床的所有加工功能,还具有普通车床所不具有的加工功能,如加工具有复杂几何形状的回转体类零件,如图 1-7 所示。

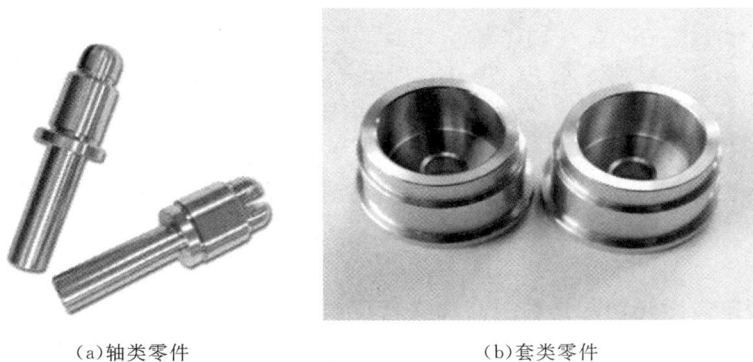

(a)轴类零件　　　　　　　　　　　　　(b)套类零件

图 1-7　数控车削加工的零件

2)数控铣削加工。数控铣削加工是在数控铣床上进行零件加工的一种工艺方法。数控铣床不仅具有普通铣床所具有的加工功能,还具有普通铣床所不具有的加工功能,如加工复杂的平面型腔、外形轮廓和空间曲面等,如图 1-8 所示。带有刀库的数控铣床被称为加工中心,加工中心可以自动换刀,可以实现一次装夹完成多道加工工序。

本书第 2 章将详细介绍数控车削加工和数控铣削加工。

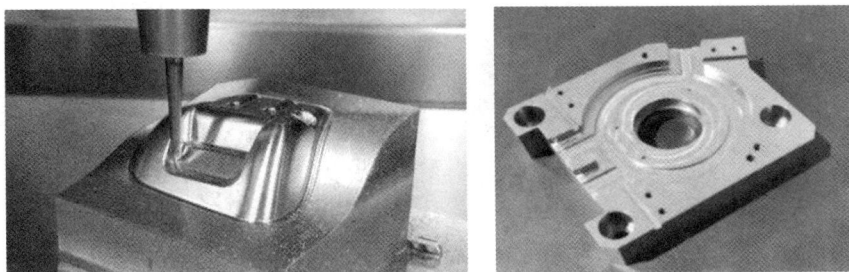

图 1-8　数控铣削加工的零件

（2）特种加工技术

特种加工技术是利用磁、电、光、热、声、化学等各种能源,采用物理、化学的方法对工件材料进行去除、添加、变形或改变性能等非切削加工方法的统称。特种加工技术可以加工传统加工不便或难以加工的材料,且加工中"刀具"和工件之间非接触,工件不承受大的切削力,因此可以进行微细加工、超精加工等。

1）电火花线切割加工。电火花线切割加工是利用连续移动的细金属丝（一般为钼丝或铜丝）做电极,对工件进行脉冲火花放电蚀除金属、切割成型。电火花线切割加工不受材料性能的限制,可以加工任何硬度、强度、脆性的材料（图1-9）,在现阶段的机械加工中占有很重要的地位。

图1-9 电火花线切割加工的零件

2）激光切割。激光切割是利用高功率密度激光束照射被切割材料,使材料很快被加热至汽化温度,蒸发形成孔洞;随着光束对材料的移动,孔洞连续形成宽度很小的切缝,从而完成对材料的切割。大多数激光切割机床都由数控程序进行控制操作。与其他切割方法相比,它切割速度快,切割效率高,切割质量好,切割材料种类多,不仅可以切割各类金属,还可以切割硬度高、脆性大的非金属材料（图1-10）,如氮化硅、陶瓷、石英等,以及切割加工柔性材料,如布料、纸张、塑料板、橡胶等。

（a）金属零件　　　　　　　　　　　（b）塑料零件

图1-10 激光切割的零件

3）3D打印技术。3D打印技术，又称增材制造，是一种以数字模型文件为基础，运用粉末状金属或塑料等可黏合材料，通过逐层打印的方式来构造物体的技术。3D打印技术可以打印复杂的几何形状和结构（图1-11），具有很高的自由度。与传统制造方法相比，3D打印技术可以更容易地定制产品，以满足客户个性化需求。同时，3D打印技术为设计师、工程师和创意人士提供了更大的创新空间，通过3D打印技术可以制造出复杂的结构和组件，便于探索新的设计理念和制造方法。当前，3D打印技术在珠宝、鞋类、工业设计、汽车、航空航天、医疗产业、教育、地理信息系统、土木工程等诸多领域都有广泛应用。

图1-11 3D打印作品

本书第3章将详细介绍特种加工技术，如电火花线切割加工、激光切割及3D打印技术。

（3）智能制造技术

智能制造是指利用先进的信息技术、自动化技术、网络技术和人工智能等手段，控制和管理制造过程中的各个环节，以实现生产过程的智能化、网络化和数字化。它是数字智能技术与传统制造技术深度融合的产物，是智能化与制造业深度融合的一种新型制造模式。智能制造技术包括多个关键技术和应用领域。

1）物联网技术。物联网技术通过传感器、无线通信技术等手段，在生产设备、产品和工厂间建立起连接，以实现设备之间的信息共享和协同工作。

2）人工智能技术。人工智能技术包括机器学习、深度学习、图像识别等技术，可以通过对大量数据的分析和模式识别，实现生产过程的优化和智能决策。

3）大数据分析技术。大数据分析技术是指通过对生产过程中海量数据的收集和分析，提取其中有价值的信息和知识，来支持生产过程的监控、预测和改进。

4）虚拟仿真技术。虚拟仿真技术是指通过建立虚拟的工厂环境和生产过程模型，可以在虚拟环境中进行试验和优化，以提高生产效率和产品质量。

5）云计算和边缘计算技术。云计算和边缘计算技术是指通过云平台和边缘设备的结合，实现数据的存储、处理和共享，以支持跨地域和跨组织的协同合作。

智能制造技术的应用范围广泛,涵盖各个制造行业,如汽车制造、电子制造、机械制造等。它不仅可以提高生产效率和产品质量,还可以支持定制化生产、灵活生产和可持续发展。同时,智能制造技术也是推动制造业转型升级和实现工业4.0的关键手段之一。

2. 创意设计

现代制造创意设计属于微创意,是应用现代制造设备及技术所做的细微创新。

创意设计来自哪里呢?一般来自日常的学习、工作及生活中。当我们学会观察身边的环境和事物时,就能从中发现许多可以借鉴的创意点子。

(1)鲁班锁

鲁班锁又称孔明锁,是中国古老的儿童益智玩具,相传是三国时期诸葛亮(字孔明)根据鲁班的发明、结合八卦玄学的原理发明的一种玩具,曾广泛流传于民间。图1-12中的创意作品采用铝合金材质,是用数控铣床加工出来的。该作品就是学生在看到鲁班锁后得到启发,进行了创意设计而成。

(a)创意原型　　　　　　　　　　　　　　(b)创意作品

图1-12　鲁班锁

(2)航天模型

中国航天事业近年来发展迅猛,从神舟五号载人飞船首次成功飞行,到神舟十八号再次顺利将三名航天员送入太空,从嫦娥一号到嫦娥五号的探月飞行取得了"绕、落、回"三阶段的圆满胜利,再到中国空间站的顺利组建,中国航天事业取得了世界瞩目的成就。在进行创意设计时,学生以中国航天器为参考,进行了一组创意模型的设计与制作。

1)人造卫星。人造卫星用途广泛,可分为科学卫星、技术试验卫星和应用卫星三大类。随着我国科技实力的日益提升,卫星导航产业也迎来良好的发展机遇。

1970年4月24日,我国自行设计、制造的第一颗人造地球卫星"东方红一号"由"长征一号"运载火箭成功发射,送入预定轨道。中国人的航天梦从一颗小小的卫星开始。学生借鉴人造卫星,进行了创意设计与制作,如图1-13所示。

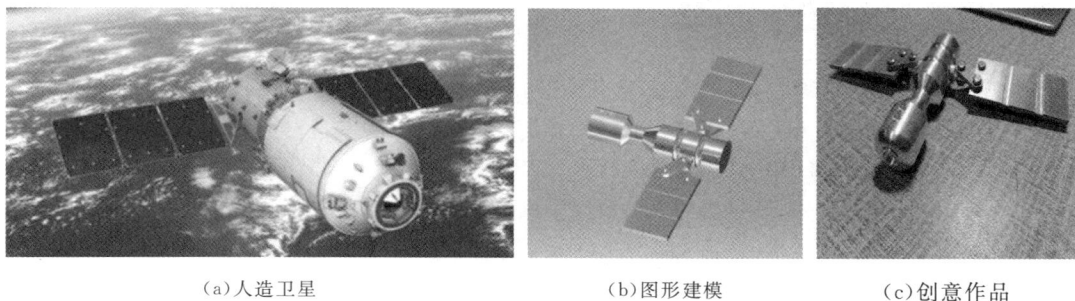

（a）人造卫星　　　　　　　　（b）图形建模　　　　　　　　（c）创意作品

图 1-13　人造卫星模型

2）火箭模型。中国长征系列运载火箭的研制起步于 20 世纪 60 年代，半个多世纪以来，已发展出 4 代 20 多种型号。可以说，长征系列运载火箭为我国航天事业的发展立下了汗马功劳。学生以长征二号运载火箭为原型进行火箭模型的创意设计，该模型由火箭主体、尾座、助推器三个部分组成，总共有 19 个零件，其中有 11 个回转体，还有 8 个线切割小块，如图 1-14 所示。

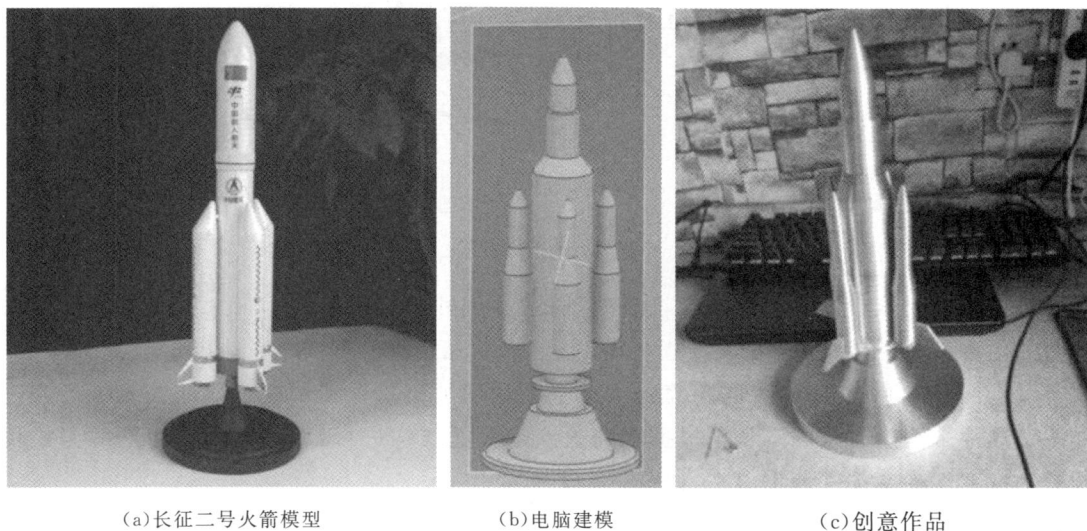

（a）长征二号火箭模型　　　　　（b）电脑建模　　　　　　　（c）创意作品

图 1-14　火箭模型

3）中国空间站模型。2021 年 4 月，中国空间站的首舱——天和核心舱发射升空。2021 年 5 月，天舟二号货运飞船发射并与天和核心舱对接，带去了航天员进入空间站所需要的吃穿用度。2021 年 9 月，天舟三号发射升空并与核心舱对接，带去的是为神舟十三号航天员的太空工作、生活准备的物资。2022 年 5 月，天舟四号发射升空，并与核心舱对接。随后，问天实验舱、梦天实验舱发射成功并与核心舱对接与转位。中国空间站在经历十多次变形后，形成三舱"T"字构型组合体，这也是未来中国空间站的基本构型。学生根据中国空间站的构型，进行创意设计，并用所学的加工技术制造出作品，如图 1-15 所示。

(a)中国空间站　　　　　　　(b)电脑建模　　　　　　　(c)创意作品

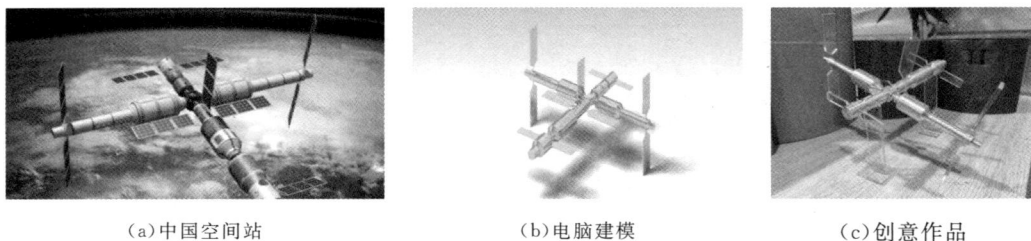

图 1 – 15　中国空间站模型

（3）创意玩具

1）月亮船。这里所提到的玩具月亮船的设计灵感来源于伽利略斜面实验与益智玩具的结合。伽利略斜面实验是在斜面轨道的一边释放一颗钢珠,如果忽略摩擦力带来的影响,会发现钢珠从左边滚下后,再滚上右边的斜面,且钢珠将上升到与左边释放高度相同的点。图1 – 16 是利用伽利略斜面实验原理设计的益智类玩具——月亮船。

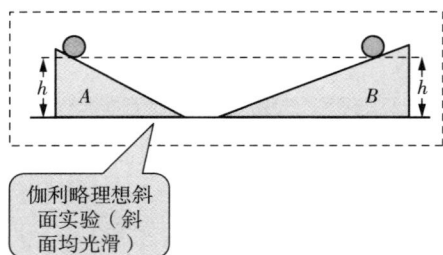

(a)伽利略实验原理　　　　　　(b)电脑建模　　　　　　(c)创意作品

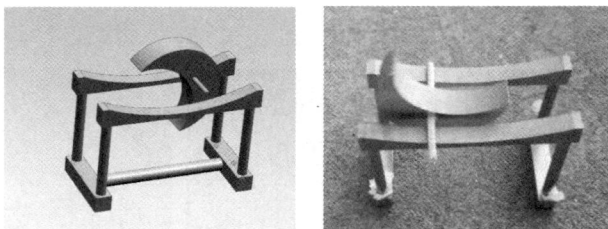

图 1 – 16　月亮船

2）八音盒。八音盒是人们非常喜欢的玩具,其美妙的音乐给人们带来听觉的享受。八音盒的主要部分由动力源(发条或摇把等)、音筒、音板、阻尼、底板、传动机构等部分组成。八音盒有圆盘式和圆筒式两种,圆筒式八音盒是利用圆筒装置和调好旋律的金属梳齿通过弹拨金属片来演奏音乐的。学生根据圆筒式八音盒的结构进行设计,运用线切割的方式将玩具八音盒的主要部件加工出来,如图1 – 17 所示。

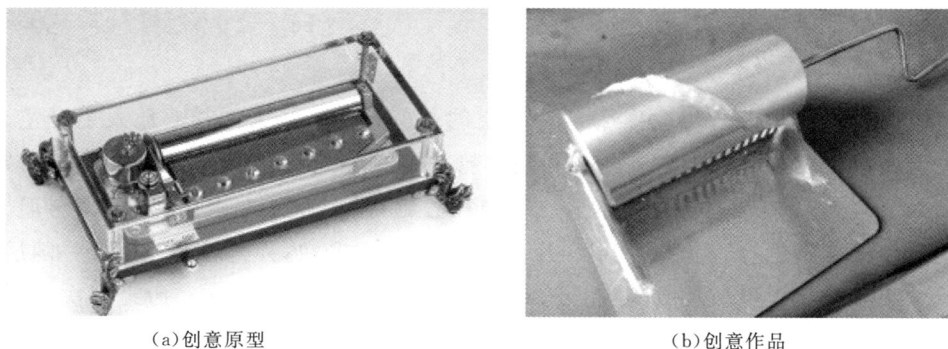

(a)创意原型　　　　　　　　　　　　(b)创意作品

图 1 – 17　八音盒

3)玩具枪。玩具枪是孩子们非常喜欢的玩具。通过对玩具枪结构的分析及对主要构件的简化,学生设计了玩具枪的模型。这把玩具枪主要由两个圆柱、一个长方体和一个 L 型部件组成,圆柱可以通过数控车削加工出来,长方体可以通过数控铣削加工出来,L 型部件可以通过线切割加工出来,如图 1-18 所示。

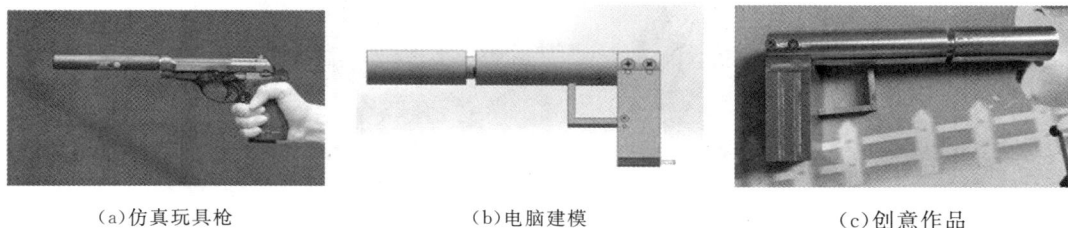

(a)仿真玩具枪　　　　　　　　(b)电脑建模　　　　　　　　(c)创意作品

图 1-18　玩具枪

4)风车。风车是一种不需燃料、以风为能源的动力机械。学生根据风车的结构,设计了一个简化的风车模型,如图 1-19 所示。

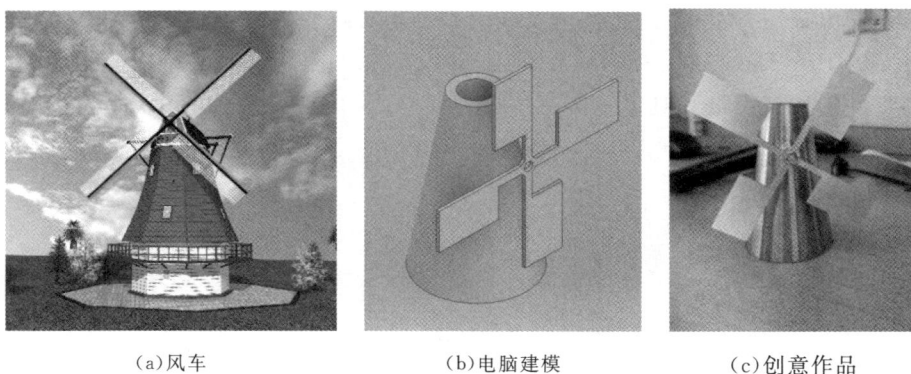

(a)风车　　　　　　　　(b)电脑建模　　　　　　　　(c)创意作品

图 1-19　风车

(4)无碳小车

随着人们节能环保意识的提升,"无碳"理念也越来越多地成为人们研究的课题,更洁净、更环保、更节能、更高效的理念愈发深入人心。无碳小车是对"无碳"理念的探索与开发,同时也是对未来"无碳"世界的憧憬。无碳小车是以焦耳重力势能为唯一能量,具有连续避障功能的三轮小车,实现了真正意义上的无碳。无碳小车是全国大学生工程训练综合能力竞赛(2021 年,该竞赛更名为中国大学生工程实践与创新能力大赛)的赛题。无碳小车的工作原理是利用砝码产生的重力势能克服摩擦力做功,从而实现小车的运动,如图 1-20 所示。这个摩擦力包括车轮与地面间的摩擦阻力和小车机构间的摩擦力,同时无碳小车在设计时,还应考虑外部环境的约束条件,如小车是直线行驶,还是 S 曲线或 8 字曲线行驶。

无碳小车的整体设计包括车身设计、底盘设计、动力系统设计、控制系统设计等。在进行产品设计时可能有多个方案,应对可能的方案进行分析、比较、模拟仿真和评价,从中选择最优或次优的方案。

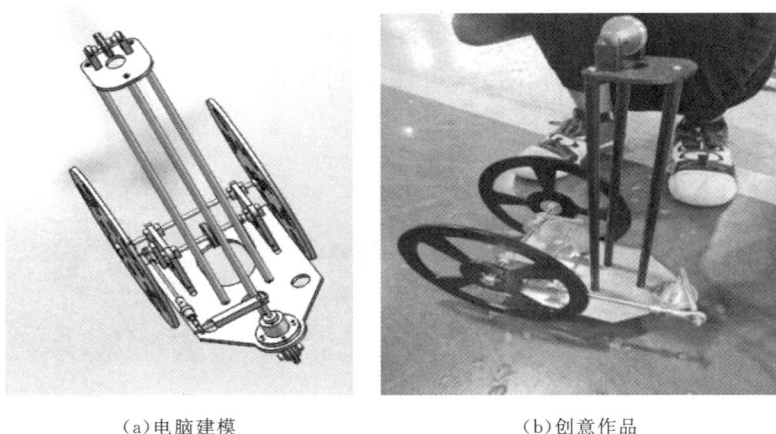

(a)电脑建模　　　　　　　　　　(b)创意作品

图 1-20　无碳小车

3. 创新实践

(1)建模及成图

创意设计出来后,就可以进行创新实践了。创新实践的第一步是建模及成图,建模所用的软件有 UG、Pro/Engineer、SolidWorks、Inventor 等。图 1-21 为鲁班锁的建模,根据建模导出各零件的加工图纸。具体示例见本书第 5 章。

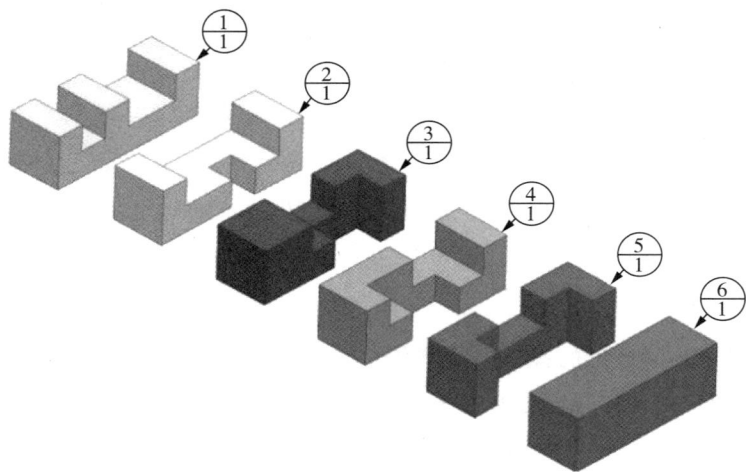

图 1-21　鲁班锁的建模

(2)选材

合理地选择和使用材料是工程师非常重要的一项能力,选择材料时,不仅要考虑到材料的性能需要满足零件的使用要求,使零件正常工作,而且要求材料具有较好的加工工艺性能和经济性,以便提高机械零件的生产率、降低成本等。

材料选用的一般原则包括:使用性原则、工艺性原则及经济性原则。

使用性原则:指所选择的材料能否满足零件功能和寿命的要求。

工艺性原则:指所选用的工程材料能否顺利地加工成合格的机械零件。工艺性好,说明选择的材料易于进行各类加工。

经济性原则:指所选用的材料加工成零件后,应使零件生产和使用的总成本最低,经济效益最好。

(3)制定加工工艺

机械加工中所说的加工工艺,主要指利用机械加工的方法,直接去除原材料或毛坯的加工余量,使之成为达到图纸所要求的形状、尺寸和精度要求的零件的全过程。加工工艺由四个部分组成,即工序、安装、工步、走刀。

在制定加工工艺过程卡时,主要需制定工序和工步。表 1-2 为六柱鲁班锁的机械加工工艺过程卡。由表 1-2 可知,该鲁班锁的选材、工序及所用设备、刀具等。

表 1-2 机械加工工艺过程卡示例

机械加工工艺过程卡		项目名称	六柱鲁班锁			班级	
						零件名称	后檐
毛坯	材料	6061 铝合金	种类	长方形型材		外形尺寸	62 mm×25 mm×25 mm
序号	工序名称	工序内容				设备	工艺装备
1	锯削	下料:同上梁				锯床	
2	铣削	毛坯加工:同上梁				立式铣床 X5032	φ63 mm 面铣刀、外径千分尺
3	划线	1)以 A 面为基准,高度尺划线 F 面槽深; 2)以 C 面为基准,高度尺划线 F 面槽宽				钳工台	划线平板、高度尺
4	铣削	以 A 面为基准紧贴平口钳固定钳口,C 面与等高垫块上平面紧贴并夹紧,手工对线铣削加工凹槽,保证尺寸和表面粗糙度的要求				铣床 X5032	φ8 mm 立铣刀、游标卡尺、外径千分尺

(4)零件的加工

零件的加工一般按照机械加工工艺过程卡的要求进行。其涉及的加工设备一般是数控车床、数控铣床、数控线切割机床、3D 打印设备、激光切割机等。学生首先要学习这些设备的使用方法,能够正确操作机床、安装工件并正确编制加工的程序,确定无误后才可加工零件。

(5)产品的装配和调试

产品的装配和调试是产品开发过程的后期工作。装配工作对产品质量有重大影响,若装配不当,即使所有零件都合格,也不一定能够成为合格的、高质量的产品。学生在进行装配时,应按照产品样图和装配工艺规程进行,遵循装配基本原则,反复进行调试后,才能得到合格的产品。

以上就是创新实践的所有步骤,具体示例见本书第 5 章。

第 2 章　数控切削加工

2.1　概述

随着科学技术特别是计算机技术的突飞猛进,社会经济发展对制造业的要求不断提高。在此背景下,传统制造业已发生了根本性的变革,数控加工技术在制造业中起到了越来越重要的作用,业已成为装备制造业的关键核心技术。现代制造业中的 FMS(柔性制造系统)和 CIMS(计算机集成制造系统)、敏捷制造和智能制造等,都是建立在数控加工技术基础上的集成加工体系。制造工业的发展历程充分说明,现代数控加工技术已成为制造业实现自动化、柔性化、集成化生产的基础技术,数控加工机床也成为高端制造业必不可少的装备之一。

2.1.1　数控加工

数字控制(Numerical Control,简称 NC)是一种利用数字、字符或其他符号对某一工作过程(如加工、测量、装配等)进行可编程控制的自动化方法。

数控技术(Numerical Control Technology,简称 NCT)是通过数字控制的方法对某一工作过程实现自动控制的技术。

数字控制系统(Numerical Control System,简称 NCS)即数控系统,是实现数控技术相关功能的软硬件模块的有机集成系统。数字控制是相对模拟控制而言的。数字控制系统中的信息是数字量,模拟控制系统中的信息是模拟量。由于微电子技术的发展,数控系统以计算机硬件、软件资源为核心,又称为计算机数控(Computer Numerical Control,简称 CNC)系统。

数控机床(Numerical Control Machine Tools,简称 NCMT)是通过数字控制技术对机床的加工过程进行自动控制的一类机床,是数字设备的一种,由于它在加工领域的数量大、种类多,因而应特别重视。

数控加工(The NC Machining)是指在数控机床上进行零件加工的一种工艺方法。数控机床加工与传统机床加工的工艺规程从总体上说是一致的,但也有了明显的区别(图2-1)。数控加工是采用数字信息控制零件和刀具位移的机械加工方法,是解决零件品种多变、批量小、形状复杂、精度高等问题,并实现高效化和自动化加工的有效途径。

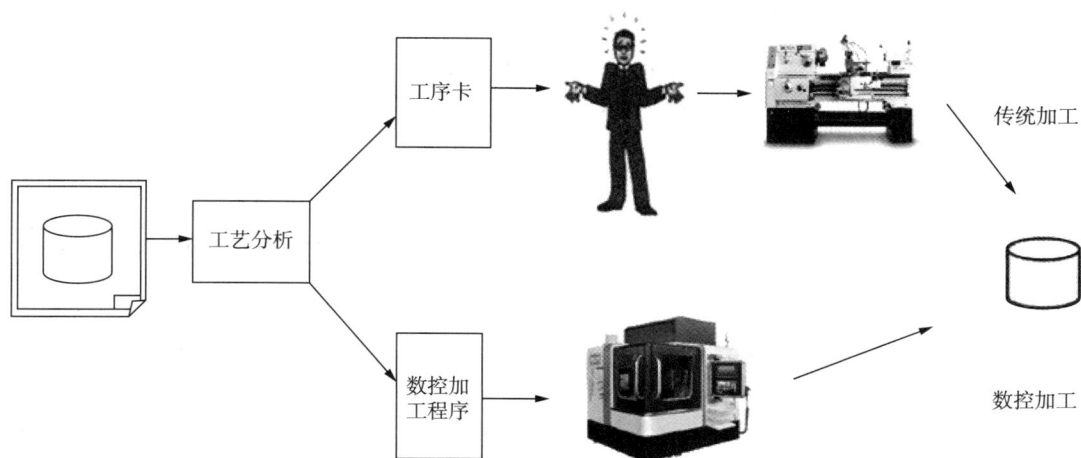

图 2-1 数控加工与传统加工比较

2.1.2 数控加工的优点

1. 数控加工有利于提高生产效率

数控机床上可以优化切削用量,有效节省加工工时,还具有多工作台、多主轴,复合加工、自动变速、自动换刀和其他辅助操作自动化等功能,使辅助时间大为缩短,生产效率比普通机床高 3～4 倍,特别是对于大型、复杂型面零件的加工,其生产效率可提高十几倍甚至几十倍。

2. 数控加工有利于提高产品质量

数控机床本身的精度较高,加上利用软件进行精度补偿,可使机床保持较高精度的稳定运行。同时,机床是根据预先编制程序自动进行加工的,可以避免人为的误差,保证加工质量稳定、加工精度高。

3. 数控加工有利于产品的升级

数控机床是按照被加工零件的数字化程序进行自动加工的,当被加工零件的形状、参数发生改变时,只要改变程序,不必更换凸轮、靠模、样板或钻镗模等专用工艺装备,因此缩短了生产周期,加快了产品的升级换代,提升了市场反应的速度。

4. 数控加工有利于提高经济效益

数控机床在一次装夹的情况下,可以完成零件的部分或全部加工。现代化的数控复合机床具有一机多用的特点,可以代替数台数控机床,大大减少工序之间的运输、测量和装夹等辅助时间,节省机床的占地面积,从而带来较高的经济效益。

2.1.3 数控加工的分类

数控加工大致分成以下三大类。

1. 金属切削类数控加工

与传统的车、铣、钻、磨、齿轮加工相对应的数控机床有数控车床、数控铣床、数控钻床、数控磨床、数控齿轮加工机床等,还有工艺范围更大的车削中心、加工中心、柔性制造单元(FMC)等。

2. 特种加工

具有特种加工功能的机床,如数控电火花线切割机床、数控电火花成形机床、数控等离子弧切割机床、数控火焰切割机床以及数控激光加工机床等。

3. 其他类数控加工

板材类数控加工,可应用于金属板材加工,如数控压力机、数控剪板机和数控折弯机等。此外,还有数控多坐标测量机、自动绘图机及工业机器人等。

2.1.4 数控切削机床分类

数控切削机床的分类方法有很多,大致有以下五种。

1. 按工艺用途分类

按工艺用途分类,分为数控车床、数控钻床、数控铣床、数控磨床、数控镗床及加工中心等。

2. 按运动方式分类

按运动方式分类,分为点位控制数控切削机床、直线控制数控切削机床和轮廓控制数控切削机床。

点位控制数控切削机床的特点是机床的运动部件只能够实现从一个位置到另一个位置的精确运动,在运动和定位过程中不进行任何加工工序,如数控钻床、数按坐标镗床等。

直线控制数控切削机床的特点是机床的运动部件不仅要能实现从一个坐标位置到另一个位置的精确移动和定位,而且要能实现平行于坐标轴的直线进给运动或控制两个坐标轴实现斜线进给运动。

轮廓控制数控切削机床的特点是机床的运动部件能够实现两个坐标轴同时进行联动控制。它不仅要能控制机床运动部件的起点与终点坐标位置,而且要能控制整个加工过程每一点的速度和位移量,即能控制运动轨迹,将零件加工成直线、曲线或曲面。

3. 按控制方式分类

按控制方式分类,分为开环控制数控切削机床、半闭环控制数控切削机床和闭环控制数控切削机床。

开环控制是不带位置反馈装置的控制方式。

半闭环控制指在开环控制伺服电动机轴上装有角位移检测装置,通过检测伺服电动机的转角,间接地检测出运动部件的位移并反馈给数控装置的比较器,与输入的指令进行比较,用差值控制运动部件。

闭环控制是在机床最终的运动部件的相应位置直接安装直线或回转式检测装置,将直接测量到的位移或角位移值反馈到数控装置的比较器中与输入指令的位移量进行比较,用差值控制运动部件,使运动部件严格按实际需要的位移量运动。

4. 按数控机床的性能分类

按数控机床的性能分类,分为经济型数控切削机床、中档数控切削机床和高档数控切削机床。

5. 按所用数控装置的构成方式分类

按所用数控装置的构成方式分类,分为硬线数控系统的数控切削机床和软线数控系统的数控切削机床。

2.2　数控车削加工

2.2.1　概述

数控车削加工是数控加工中应用较为广泛的加工方法之一。数控车床加工以其高精度、高效率和高柔性化等特点,在国内外得到了广泛的应用。数控机床的技术水平高低及其在金属切削加工机床中的占比,是衡量一个国家工业制造水平的重要标志之一。

1. 数控车削加工原理

数控车削是利用先进制造技术和自动化控制技术,加工具有复杂几何形状的回转体工件(例如圆柱体、圆锥体和螺纹)的一种工艺方法。加工时,先将零件的加工工艺路线、工艺参数、刀具的运动轨迹、位移量、切削参数以及辅助功能,按照数控车床规定的指令代码及程序格式编写成加工程序单,再输入数控车床的数控装置中,控制机床自动地进行加工。数控车削利用计算机控制精确定位切割工具,控制工具运动,调整切割参数,并实时监控加工过程,具有精确性、高效性和可重复性特点,消除了人为错误,提高了生产效率和加工零件的整体质量。

2. 数控车床的分类

数控车床的分类方法有很多,表 2-1 列出了四种分类方法。

表 2-1　数控车床的分类

分类方法	机床种类
按数控车床主轴位置进行分类	立式数控车床简称数控立车,其车床主轴垂直于水平面;一个直径很大的圆形工作台,用来装夹工件。这类机床主要用于加工径向尺寸大、轴向尺寸相对较小的大型复杂零件
	卧式数控车床又分为数控水平导轨卧式车床和数控倾斜导轨卧式车床。倾斜导轨结构可以使车床具有更大的刚性,并易于排除切屑
按加工零件的类型进行分类	卡盘式数控车床没有尾座,适用于车削盘类(含短轴类)零件。夹紧方式多为电动或液动控制。卡盘结构多具有可调卡爪或不淬火卡爪(即软卡爪)
	顶尖式数控车床配有普通尾座或数控尾座,适用于车削较长的零件及直径不太大的盘类零件
按刀架数量进行分类	单刀架数控车床一般配置有各种形式的单刀架,如四工位卧动转位刀架或多工位转塔式自动转位刀架
	双刀架数控车床的双刀架可以是平行分布,也可以是相互垂直分布

（续表）

分类方法	机床种类
按功能 进行分类	经济型数控车床是采用步进电动机和单片机对普通车床的进给系统进行改造后形成的简易型数控车床,成本较低,但自动化程度和功能都比较差,车削加工精度也不高,适用于要求不高的回转类零件的车削加工
	普通数控车床是根据车削加工要求,在结构上进行专门设计并配备通用数控系统而形成的数控车床。数控系统功能强,自动化程度和加工精度较高,适用于一般回转类零件的车削加工
	车削加工中心在普通数控车床的基础上,增加了动力头,更高级的数控车床带有刀库,可控制三个坐标轴。由于增加了铣削动力头,这种数控车床的加工功能大大增强,除进行一般车削外,还可以进行径向和轴向铣削、曲面铣削、中心线不在零件回转中心的孔和径向孔的钻削等加工

数控车床还有其他分类方法:按照数控系统的不同控制方式等指标,可以分为直线控制数控车床、两主轴控制数控车床等;按照特殊或专门工艺性能,可分为螺纹数控车床、活塞数控车床、曲轴数控车床等。

3. 数控车床的应用

数控车床是使用较为广泛的数控机床之一。它主要用于轴类零件或盘类零件的内外圆柱面、任意锥角的内外圆锥面、复杂回转内外曲面和圆柱、圆锥螺纹等切削加工,并能进行切槽、钻孔、扩孔、铰孔及镗孔等。除加工普通车床所能够加工的零件外,数控车床还可以加工一些普通车床无法加工的零件,具体可分为以下几类。

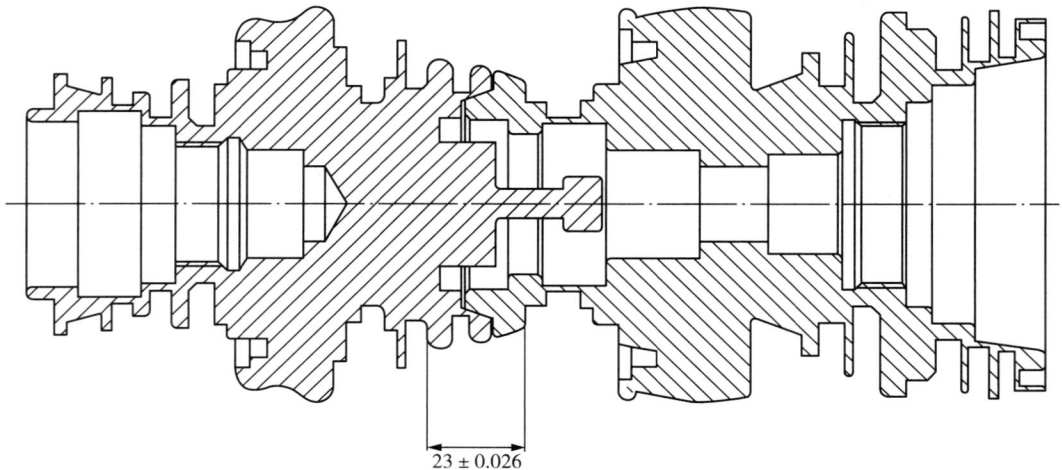

图 2-2 复杂曲面类零件

（1）轮廓形状复杂或难以控制尺寸的回转体零件

由于数控车床具有直线和圆弧插补功能、宏程序功能、非圆曲线插补功能（如椭圆、抛物线等）,因而能加工由直线和平面曲线轮廓组成的形状复杂的回转体零件。组成零件轮廓的曲线可以是数学方程式描述的曲线,也可以是列表曲线。对于由直线或圆弧组成的轮廓,可直接利用机床的直线或圆弧插补功能。对于由非圆曲线组成的轮廓,可以用宏程序编程或非圆曲线插补功能。图 2-2 中的组合零件外形轮廓复杂,尺寸控制难度大,其中在圆弧段还分布有异形槽,普通车床是无法加工的,而在数控车床上则容易加工。

（2）精度要求高的回转体零件

数控车床加工过程中,车刀运动是通过高精度插补运算和伺服驱动来实现的,能方便且精确地进行人工补偿和自动补偿。数控车床的零件加工精度远高于普通车床,尤其在圆弧及其他曲线轮廓的加工上,优势更为明显。数控车床加工的尺寸精度通常为 $0.05 \sim 0.1 \mathrm{~mm}$,表面粗糙度数值 Ra 可以达到 0.8 甚至更小,因此可以实现以车代磨,节约设备投入并提高生产效率。在特种精密数控车床上,甚至可以加工出几何轮廓精度极高（达 $0.000\ 1 \mathrm{~mm}$）、表面粗糙度数值极小（Ra 为 0.02）的超精零件。

（3）表面粗糙度要求高的回转体零件

在普通车床上切削直径变化较大的零件（如锥面、球面和端面等）时,随着切削点（车刀刀尖处）工件直径的不断变化,其切削点处的线速度也会随之变化,从而导致车削后的表面粗糙度不一致。数控车床具有较高的切削速度和恒线速度切削功能,在加工时可以根据零件精度及其表面粗糙度的要求,选择合适的切削速度并使用数控系统的恒线速度功能来实现加工过程切削点线速度的恒定,使车削后的表面粗糙度值小而均匀。

（4）带特殊螺纹的回转体零件

普通车床只能车削等导程的圆柱或端面米制、英制螺纹。数控车床不但能加工等导程的圆柱、圆锥和端面螺纹,而且能加工各种非标准螺距或变螺距等特殊螺旋类零件。变螺距螺纹如图 2-3 所示,加工时,数控车床主轴回转与刀架进给可实现多种功能同步,主轴转向不必像普通车床那样正反向交替变换,刀具依照程序确定的轨迹不停地自动循环加工直到完成。

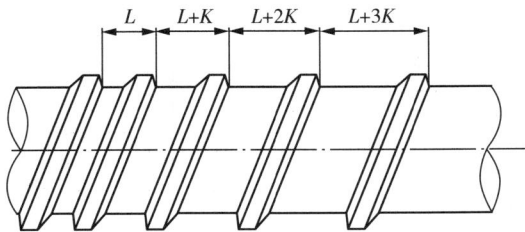

图 2-3　变螺距螺纹

2.2.2　数控车削加工工艺

数控车削加工工艺流程的基本内容包括:确定加工的内容;加工工艺分析;加工工序的划分及加工顺序的安排;加工路线的确定;刀具的选择;对刀点与换刀点的确定;切削用量的选择等。

1. 选择适合数控车削加工的零件,确定数控加工的内容

当选择并决定对某个零件进行数控加工后,并非将全部加工内容都采用数控加工,数控加工可能只是零件加工工序中的一部分。

不适合选择数控加工的内容:

1)需要用较长时间来调整机床的单件或小批量的加工内容。

2)加工余量极不稳定且在数控机床上又无法自动调整零件坐标位置的加工内容。

3)加工内容零星分散,不能在一次安装中加工完成,可以安排普通机床补充加工。

2. 数控车削加工工艺分析

零件的工艺性是指所设计的零件在满足使用要求的前提下制造的可行性和经济性。良好的结构工艺性可以使零件加工更容易,节省工时和材料;而较差的零件结构工艺性会使加工困难,浪费工时和材料,有时甚至无法加工。因此,零件各加工部位的结构工艺性应符合数控加工的特点。

(1)结构工艺性分析

零件的结构工艺性是指零件对加工方法的适应性,即所设计的零件结构应便于数控编程加工。在数控车床上加工零件时,应根据数控车床的特点,认真审视零件结构的合理性。

如图 2-4(a)所示的零件,三个槽宽度不一样,增加了编程工作量,如无特殊需要,显然是不合理的,应改成图 2-4(b)所示的结构。图 2-4(c)所示的零件,车螺纹时较为紧张,车至根部容易打刀,可改为图 2-4(d)所示的结构,留有退刀槽,避免打刀,清理螺纹根部。

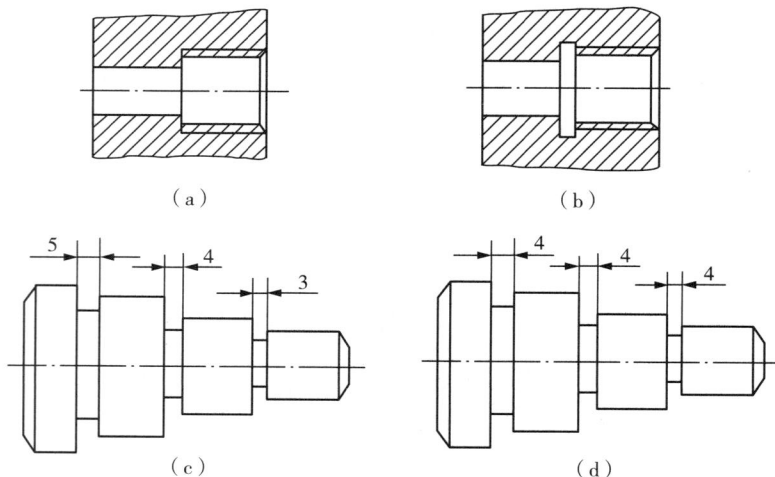

图 2-4 结构工艺分析

(2)零件的变形情况分析

零件在数控加工时的变形不仅会影响加工质量,而且当变形较大时,将导致加工不能继续进行下去。应当考虑采取一些必要的工艺措施进行预防,比较常见的措施是在零件粗加工后通过应力退火或时效处理来消除零件的内应力,从而达到防止零件变形的目的。对不能用热处理方法解决的情况,可考虑自然时效处理或分多次粗、精加工及对称去余量等常规方法。在加工时进行分层切削,一般应尽量做到各个加工表面的切削余量均匀,以减少内应力所致的变形。

(3)毛坯的装夹适应性分析

主要考虑毛坯在加工时定位与夹紧的可靠性和方便性,以便在一次安装中加工出尽量多的表面。对于不便装夹的毛坯,可考虑在毛坯上另外增加装夹余量或工艺凸台、工艺凸耳等辅助基准。图 2-5 中的轴类零件,为了方便装夹,在工件的左端留有工艺台阶。

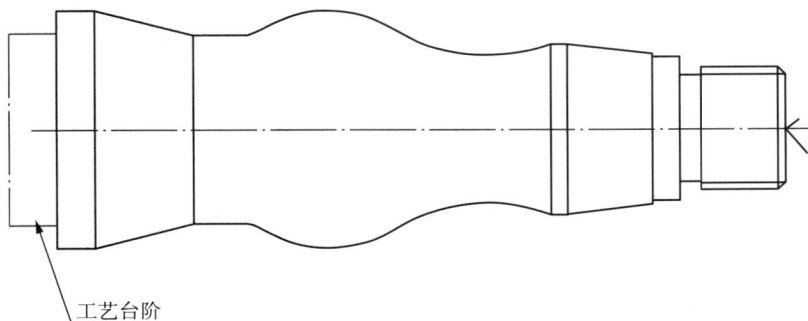

工艺台阶

图 2-5　复杂曲面类零件

(4)尺寸精度、形状和位置精度、表面粗糙度要求分析

分析图样上零件尺寸精度的要求,确定数控车削精度能否达到图样要求,若达不到,需要采取其后续加工工艺,并给后续工序留有余量。有位置精度要求的表面应尽量在一次安装下完成其加工内容。在此基础上,进一步规划好能够保证零件尺寸精度的数控工艺方法,如选用合适的刀具类型及切削用量,确定好进给路线等。

(5)轮廓几何要素分析及零件图的数学处理

零件图的数学处理主要是计算零件加工轮廓的基点和节点的坐标,为后续零件加工程序的编制做好准备工作。

1)基点坐标的计算。构成零件轮廓的不同几何要素的交点或切点称为基点,基点坐标计算的目的是确定组成零件轮廓的各几何要素的起点和终点坐标值。对于轮廓要素为直线和圆弧的零件来说,其基点坐标计算的方法比较简单,一般可依据零件图样上给定的尺寸运用代数、三角、几何或解析几何的有关知识,直接计算出数值。

2)节点坐标的计算。对于一些平面轮廓由非圆曲线组成的零件,如渐开线、椭圆线、抛物线、阿基米德螺线等,当采用不具备非圆曲线插补功能的数控机床来加工时,在加工程序的编写过程中,常用多个微小线段和圆弧段去近似代替非圆曲线,即拟合处理。这些微小线段和圆弧段称为拟合线段,拟合线段的交点或切点称为节点。节点坐标的计算难度和工作量都较大,通常由计算机完成,必要时也可由人工计算完成。常用直线逼近法(等间距法、等步长法和等误差法)与圆弧逼近法。在精度允许的范围内,也可用 CAD 绘图捕获节点的坐标值。

3. 加工工序的划分及加工顺序的安排

数控加工工序的划分一般尽可能地采用工序集中原则。利用数控车床加工零件时,通常按照工序集中原则划分工序,一次安装下尽量完成较多表面加工。这样不但能确保各个加工表面之间的相互位置精度,还能减少工序间的工件运输量以及装夹工件的辅助时间,提高生产效率,减少工序数,缩短工艺路线,简化生产计划和组织工作。

(1)按零件加工表面划分

将位置精度要求较高的表面安排在一次装夹下完成,以免多次装夹所产生的安装误差影响位置精度。图2-6中的轴承内圈,其内孔对小端面的垂直度、滚道和挡边对内孔回转中心的角度差及滚道与内孔间的壁厚差均有严格的要求,加工时可划分成两道工序。工序一,采用以大端面和大外径装夹的方案,将滚道、挡边、小端面及内孔等安排在一次安装下车出,保证上述的位置精度;工序二,采用以内孔和小端面装夹的方案,车削大外圆和大端面。

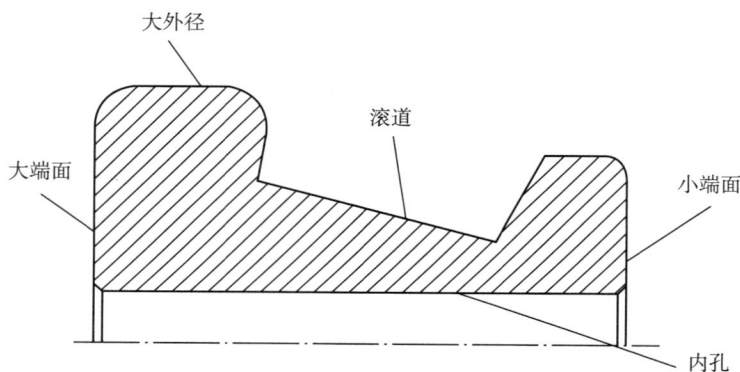

图 2-6 轴承内圈加工装夹方式

(2)按粗、精加工划分

对零件的加工质量要求较高时,可划分为粗加工阶段、半精加工阶段和精加工阶段。如果零件要求的精度特别高,表面粗糙度值很小,还应增加光整加工或超精加工阶段。粗加工去除材料多,切削速度小,进给量和吃刀量大,尺寸精度低,表面质量低;精加工去除材料少,切削速度大,进给量和吃刀量小,保证最终尺寸精度和粗糙度。

(3)以一把刀具加工的内容为一道工序

为了减少换刀次数,缩短空行程,对于加工内容较多的零件,按零件结构特点将加工内容分成若干部分,每一部分用一把典型刀具加工,将组合在一起的所有部位作为一道工序。

4. 加工路线的确定

加工路线是指数控机床在加工过程中,刀具中心相对于工件运动的轨迹方向,即刀位点在加工中的运动轨迹和方向。确定加工路线就是确定程序编制的轨迹和运动方向。数控系统提供了多种形式的循环(功能)指令以简化编程。编程时根据制定的加工路线,合理选用这些循环指令可以极大地优化程序结构并缩短编程时间。

(1)确定加工路线的原则

1)加工路线应保证被加工工件的尺寸精度和表面粗糙度。

2)设计的加工路线要减少空行程时间,提高加工效率。

3）简化数值计算并减少程序段，降低编程工作量。

4）根据工件的形状、刚度、加工余量、机床系统的刚度等情况，确定循环加工次数。

5）合理设计刀具的切入与切出的方向，避免传动系统反向间隙而产生定位误差。

（2）粗加工进给路线

图 2-7(a)为采用单一形状横向固定循环指令 G90 的矩形循环路线。刀具从循环起点开始按矩形 1R—2F—3F—4R 循环，图中虚线 R 表示快速移动，实线 F 表示按进给速度切削加工。该指令可简化编程，在加工余量较大的圆柱面时，可完成多次切削循环，如图 2-7(b)所示。第一次循环轨迹 A—C—G—E—A，第二次循环轨迹 A—D—H—E—A，第三次循环轨迹 A—F—J—E—A。根据切削深度，合理选择每次循环的被吃刀量，确定走刀次数，完成粗加工。

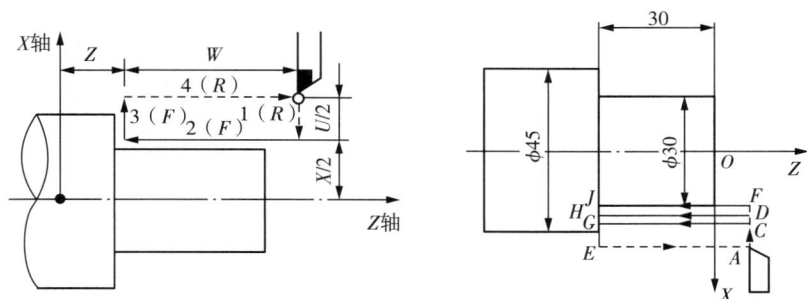

（a）采用单一形状横向固定循环指令G90的加工轨迹　　（b）加工余量较大的圆柱面的加工轨迹

图 2-7　台阶轴加工轨迹

图 2-8 为较复杂轴类零件加工路线图，其组成要素较多，采用单一形状固定循环指令来编程不太方便，可采用粗加工复合循环指令 G71。循环指令 G71 适用于内、外径粗加工。应用该指令时，只需指定粗加工每次背吃刀量、精加工余量和精加工路线等参数，系统便可自动计算出粗加工走刀路线和走刀次数，自动进行多次循环，完成内外轮廓表面的粗加工。

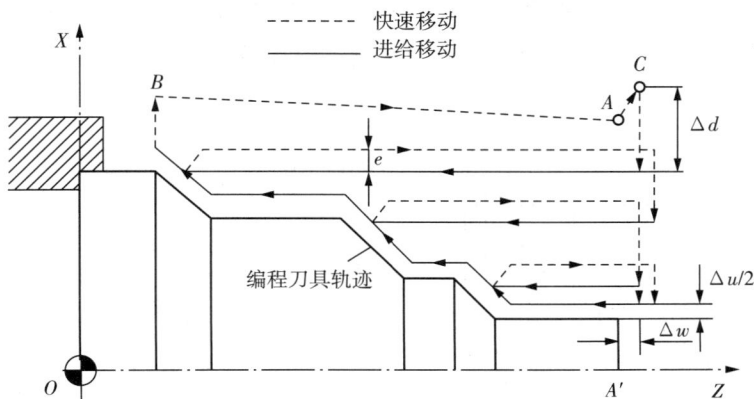

图 2-8　G71 指令粗加工轨迹

（3）精加工进给路线

在规划精加工工序时，零件的完整轮廓应由最后一刀连续加工完成，这时尽量不要安排切入、切出和停顿，以免切削力变化造成弹性变形，致使光滑连续的轮廓表面产生划伤、形状突变或滞留刀痕等缺陷。

（4）确定退刀路线（图 2-9）

斜线退刀是加工外圆的退刀方式，如图 2-9（a）所示。切槽刀退刀是在切槽完毕后，刀具先径向退刀到指定位置，再斜线退刀，如图 2-9（b）所示。镗孔刀退刀是刀具先轴向退刀到指定位置，再斜线退刀，如图 2-9（c）所示。

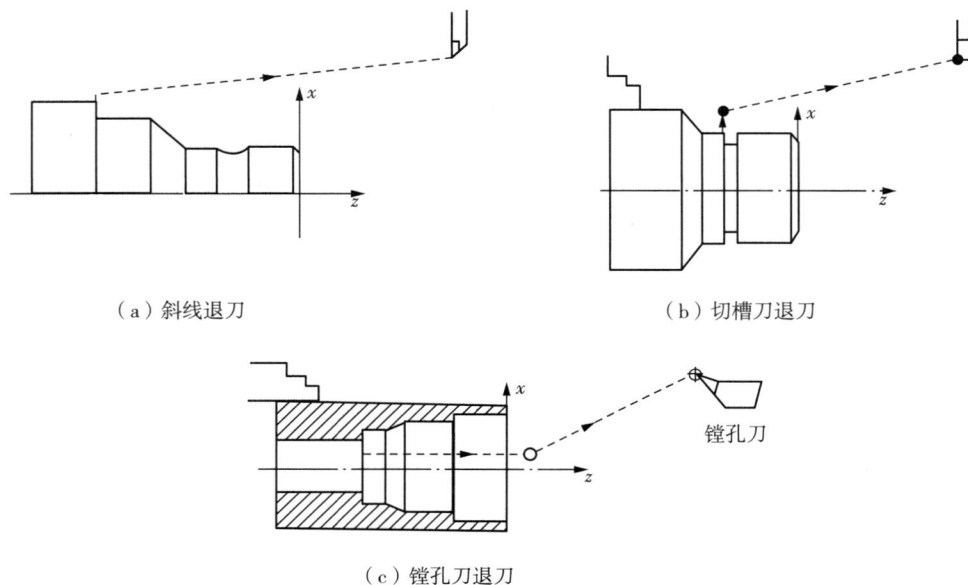

（a）斜线退刀　　　　　　　　　　　　　　　（b）切槽刀退刀

（c）镗孔刀退刀

图 2-9　退刀路线

（5）车螺纹时的加工路线

数控车床上加工螺纹时，沿螺距方向的 Z 向进给应和工件旋转（即主轴）转动保持严格的传动比关系，否则就会导致螺纹螺距的不正确，俗称"乱扣"。因此，应避免在进给机构加速或减速的过程中切削螺纹。实际加工螺纹的进给距离 W 应包括切入 δ_1 和切出 δ_2 的空行程量，如图 2-10 所示。

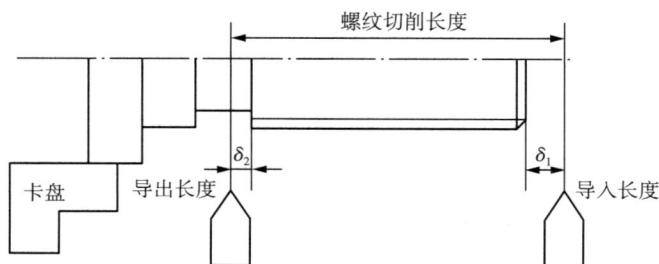

图 2-10　螺纹刀走刀轨迹

5. 刀具的选择

数控车削主要用于回转表面的加工,如内/外圆柱面、圆锥面、圆弧面、螺纹等的切削加工。数控可转位车刀根据其用途,可分为外圆车刀、切槽车刀、外螺纹车刀、内孔车刀、内螺纹车刀等,如图 2 - 11 所示。

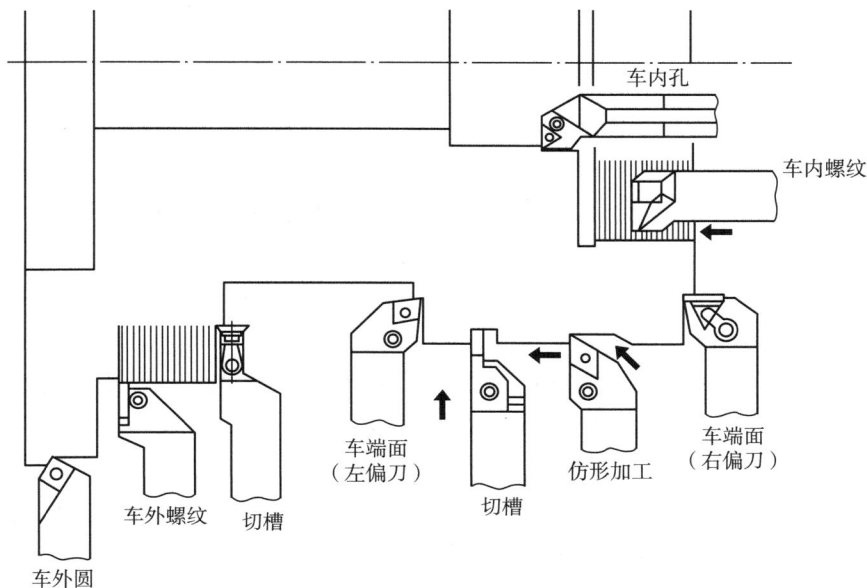

图 2 - 11　数控车刀的种类和用途

6. 刀位点、对刀点和换刀点的确定

(1) 刀位点

刀位点是指在编制程序和加工时,用于表示刀具特征的点,也是对刀和加工的基准点。对于尖形刀具,刀位点为刀具刀尖;对于圆弧刀具,刀位点为圆心。图 2 - 12 为常见车刀具的刀位点。图中的外圆刀、镗孔刀和圆弧刀等,刀位点并不是刀具上具体的点,其位置由对刀方法和刀具特点决定。

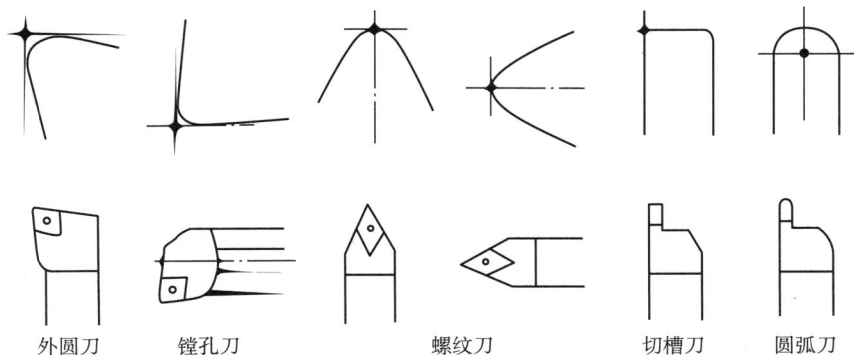

图 2 - 12　车刀刀位点

（2）对刀点

对刀点是在机床上加工零件时，刀具刀位点相对于工件原点在机床坐标系上的位置点。对刀点通过对刀操作来获得，它的坐标值称为刀补值。对刀点应选在对刀方便的位置，便于观察和检测；应尽量选在零件的设计基准或工艺基准上，以提高零件的加工精度。为便于数学处理和简化程序编制，对于建立了绝对坐标系的数控机床，对刀点最好选在该坐标系的原点上，或者选在已知坐标值的点上。

（3）换刀点

换刀点是指加工过程中需要换刀时，刀具与工件的相对位置点。该点可以是某一固定点，也可以是任意的一点。换刀点应设在工件或夹具的外部，以刀架转位时不碰工件及其他部件为准，并力求换刀移动路线最短。其设定值可通过实际测量或计算来确定。

7. 切削用量的选择

切削用量包括切削速度、背吃刀量和进给量。切削用量的合理选择将直接影响加工精度、表面质量、生产率和经济性。

选择切削用量的原则是：粗加工时一般以提高生产率为主，但也应考虑经济性和生产成本，在工艺系统刚度允许的情况下，充分利用机床功率，刀具切削性能选取较大的背吃刀量和进给量，但不宜选取较高的切削速度；半精加工和精加工时，应在保证加工质量（即加工精度和表面粗糙度）的前提下，选取较小的背吃刀量和进给量，以及尽可能高的切削速度。具体数据应根据机床使用说明书、切削用量手册，并结合实际经验加以修正确定。表 2-2 为数控车削用量参考表。

表 2-2 数控车削用量参考表

工件材料	加工内容	背吃刀量 α_p/mm	切削速度 V_C(m·min^{-1})	进给量 f/(mm·r^{-1})
碳素钢 $\sigma_b >$ 600 MPa	粗加工	5～7	60～80	0.2～0.4
	半精加工	2～3	80～120	0.2～0.4
	精加工	0.2～0.6	120～150	0.1～0.2
	钻中心孔		500～800(r·min^{-1})	
	钻孔		～30	0.1～0.2
	切断(宽度<5 mm)		～30	0.1～0.2
铸铁 200HBS 以下	粗加工		50～70	0.2～0.4
	精加工		70～100	0.1～0.2
	切断(宽度<5 mm)		50～70	0.1～0.2

（1）切削速度的确定

主轴转速应根据零件上被加工部位的直径，零件、刀具的材料、加工性质等条件所允许的切削速度来确定。切削速度除了计算和查表选取外，还可根据实践经验确定。切削速度确定之后，可用下式计算主轴转速。表 2-3 所列为硬质合金外圆车刀切削速度的参考数值。

计算公式为

$$n = \frac{1\,000\,V_C}{\pi d}$$

式中:n——主轴转速(r/min);

V_C——切削速度(m/min);

d——切削刃上选定点所对应的工件或刀具的直径(mm),车削加工中,即工件上所对应的工件直径。

表 2-3 硬质合金外圆车刀切削速度参考表

工件材料	热处理状态	$a_p = 0.3 \sim 2.0$ mm $f = 0.08 \sim 0.30$ mm/r	$a_p = 2 \sim 6$ mm $f = 0.3 \sim 0.6$ mm/r	$a_p = 0.3 \sim 2.0$ mm $f = 0.6 \sim 1.0$ mm/r
		(m/min)		
低碳钢、易切割	热轧	140~180	100~120	70~90
中碳钢	热轧	130~160	90~110	60~80
	调质	100~130	70~90	50~70
合金结构钢	热轧	100~130	70~90	50~70
	调质	80~110	50~70	40~60
工具钢	退火	90~120	60~80	50~70
灰铸铁	HBS<190	90~120	60~80	50~70
	HBS=190~225	80~110	50~70	40~60
高锰钢 Mn13%			10~20	
铜、铜合金		200~250	120~180	90~120
铝、铝合金		300~600	200~400	150~200
铸铝合金		100~180	80~150	60~100

(2)背吃刀量

背吃刀量是在与主运动方向相垂直的方向上测量的已加工表面与待加工表面之间的垂直距离,单位为 mm,如图 2-13 所示。车外圆时背吃刀量可由下式计算:

$$a_p = \frac{d_w - d_m}{2}$$

式中:d_w——工件待加工表面直径;

d_m——工件已加工表面直径。

背吃刀量根据机床、工件和刀具的刚度来确定,在刚度允许的条件下,应尽可能选择较大的背吃刀量,这样可以减少走刀次数,提高生产效率。通常粗加工一般选择 1~5 mm。对于表面粗糙度和精度要求较高的零件,要留有足够的精加工余量,数控加

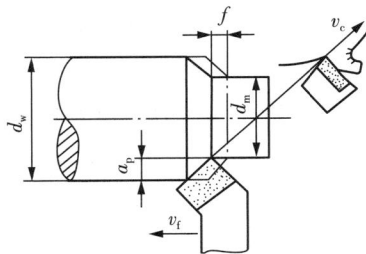

图 2-13 背吃刀量示意图

工的精加工余量可比通用机床加工的余量小一些,一般为 0.1~0.5 mm。粗车和精车的背吃刀量的选择,可以参考表 2-2 和表 2-3。

(3)进给量

如图 2-13 所示,进给速度是指在单位时间内刀具沿进给方向移动的距离,主要根据零件的加工精度和表面粗糙度要求以及刀具、工件的材料性质选取。当加工精度、表面粗糙度要求较高时,进给量数值应小一些,一般在 20~50 mm/min 范围内选取。

确定进给速度的原则主要包括以下几点:

1)当工件的质量要求能够得到保证时,为了提高生产效率,可选择较高的进给速度,一般在 100~200 mm/min 范围内选取。

2)在切断、加工深孔或用高速钢刀具加工时,宜选择较低的进给速度,一般在 20~50 mm/min范围内选取。

3)当加工精度、表面粗糙度要求较高时,进给速度应小一些,一般在 20~50 mm/min 范围内选取。

4)刀具空行程时,特别是远距离"回零"时,可以设定为该机床数控系统设定的最高进给速度。

粗车和精车时应根据工件材料、刀具的背吃刀量等选择不同的进给量。粗车和精车的进给量选择可以参考表 2-2 和表 2-3。

2.2.3　数控车床基本功能指令与编程

1. G00——快速定位

该指令使刀具以机床厂家设定的最快速度,按点位控制方式从刀具当前点快速移动至目标点。用于刀具趋进工件或在切削完毕后使刀具撤离工件。该指令没有运动轨迹要求,也不需规定进给速度(F 指令无效)。

指令格式:G00 X_ Z_ ;绝对坐标编程
　　　　　G00 U_ W_ ;增量坐标编程

绝对坐标编程指令中的 X、Z 坐标值为终点坐标值,增量坐标编程指令中的 U、W 为刀具移动的距离,即终点相对于起点的坐标增量值,其中 X(U) 坐标以直径值输入。当某一轴坐标位置不变时,可以省略该轴的指令坐标字。

2. G01——直线插补

插补是指加工时刀具沿着构成工件外形的直线和圆弧移动,机床数控系统采用轮廓控制的方法,即通过插补来控制刀具以给定的速度沿着编程轨迹运动,实现对零件的加工。该指令用于使刀具以指定的进给速度 F 从当前点直线或斜线移动到目标点,可使刀具沿 X 轴方向或 Z 轴方向做直线运动,也可以两轴联动的方式在 XZ 平面内做任意斜率的直线运动。

指令格式:G01 X_ Z_ F_;绝对坐标编程
　　　　　G01 U_ W_ F_;增量坐标编程

指令中的 X、Z 坐标值为终点坐标值;U、W 分别代表 X、Z 坐标的增量坐标值,即终点相对于起点的坐标增量值;F 为刀具的进给速度(进给量)。

例 2 - 1

编制如图 2 - 14 所示零件的精加工程序,工件坐标系原点在 O 点。

O0001 (程序号)
S500 M03;(主轴正转、转速 500 rpm)
T0101;(调用 1 号刀具和刀补)
G00 X30.0 Z1.0;(快速进刀)
G01 Z - 20.0 F0.2;(车 ϕ 30 外圆)
G01 X60.0;(车 ϕ 60 端面)
G01 X80.0 Z - 40.0;(车锥面)
G01 Z - 70.0;(车 ϕ 80 外圆)
G00 X200 Z100;
M30;(程序结束)

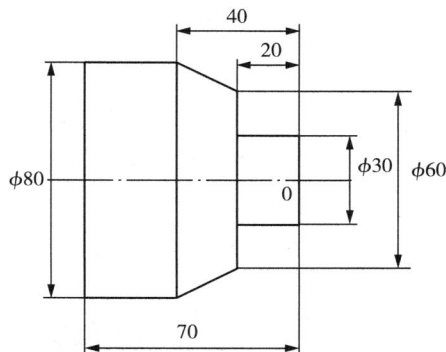

图 2 - 14 G01 指令运用

3. G02、G03——圆弧插补

该指令用于指令刀具做圆弧运动,以 F 指令所给定的进给速度,从圆弧起点沿着指定圆弧向圆弧终点进行加工。

(1)圆弧插补的顺逆判断

圆弧插补指令分为顺时针圆弧插补指令(G02)和逆时针圆弧插补指令(G03),如图 2 - 15 所示。

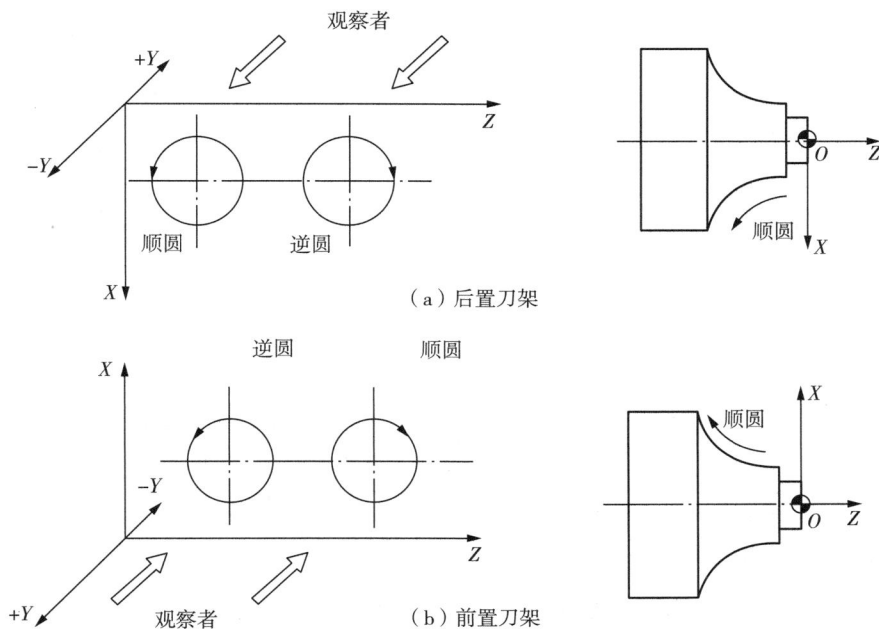

图 2 - 15 圆弧顺逆判断

（2）G02/G03 编程格式

1）用 I、K 指定圆心位置：

指令格式：G02(G03) X(U)_ Z(W) _ I_K_ F_;

2）用圆弧半径 R 指定圆心位置：

指令格式：G02(G03)X(U)_ Z(W) _ R_ F_;

采用绝对值编程时，圆弧终点坐标为圆弧终点在工件坐标系中的坐标值，用 X、Z 编程；当采用增量编程时，圆弧终点坐标为圆弧终点相对于圆弧起点的增量值。I、K 分别为圆弧中心坐标相对于圆弧起点坐标在 X 方向和 Z 方向的坐标。

4. G90、G92 单一固定循环指令

用指令 G90 或 G92 可以将一个固定循环程序简化，例如可以将"切入→切削→退刀→返回"四个程序段简化为一个程序段。零件的加工如图 2-16 所示，用指令 G90 编程比常规编程的程序简洁，可用一段程序代替四段程序。

采用常规编程程序：

```
G00 X50.0;
G01 Z-30.0 F0.2;
    X65.0;
    G00 Z2.0;
```

采用 G90 编程程序可分层多次切削。

```
G00 X65.0 Z2;
G90 X58.0 Z-30.0 F0.2;
    X56.0;
    X54.0;
    X52.0;
    X50.0;
```

G90——外圆或内孔加工固定循环

指令 G90 可以进行外圆或内孔直线和锥面

图 2-16　台阶形状零件加工

加工循环。刀具从起始点经由固定的路线运动，以 F 指令的进给速度进行切削，而后快速返回到起始点。

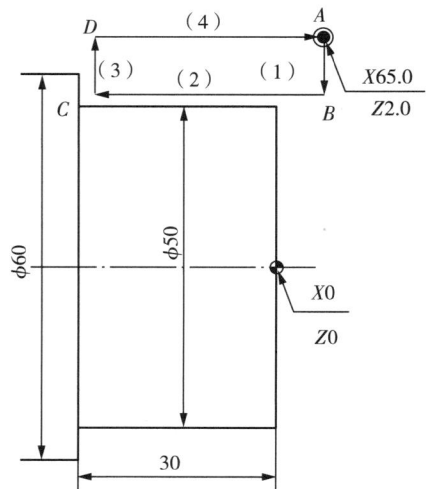

指令格式:G90 X(U)_ Z(W)_ F_;

　　　　　式中 X(U)、Z(W)为终点的绝对坐标值(相对坐标值)。

G92——螺纹加工固定循环

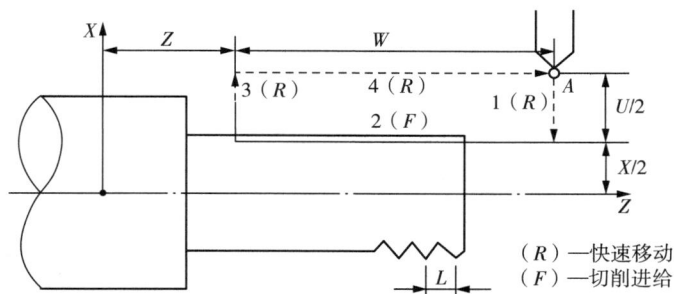

图 2-17　螺纹加工固定循环

　　指令 G92 可加工圆柱螺纹、锥螺纹(图 2-17),刀具从循环起点开始按梯形循环,最后又回到循环起点。图中 R 代表刀具快速移动、F 代表刀具按指令 F 的工件螺距进给速度移动。

指令格式:G92 X(U)_ Z(W)_ F_;

　　　　　式中 X(U)、Z(W)为终点的绝对坐标值(相对坐标值),U、W 后面的数值的符号取决于起点和终点的相对位置,F 为螺纹螺距。

例 2-2

编制工件的螺纹加工程序,如图 2-18 所示。
螺纹尺寸为 M 45×1.5。

```
O1000
S400  M03;
T0101;
G00 X55.0 Z7.0;
G92 X44.5 Z-15.0 F1.5;
X44.0;
X43.7;
X43.5;
X43.35;
G00 X150.0 Z100.0;
M30;
```

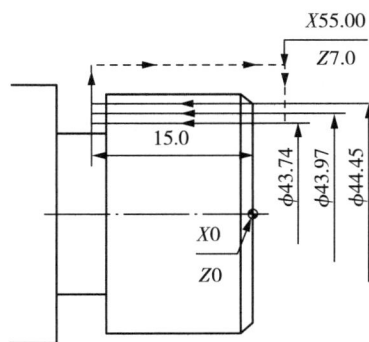

图 2-18　螺纹加工实例

　　应用单一固定循环功能编程有效地简化程序,但简化得还不够。对于外形复杂的轴类零件,可应用多重复合循环指令 G71、G73、G70 等,只需指定精加工路线和粗加工的背吃刀量,系统就会自动计算出粗加工路线和加工次数,从而进一步地简化编程,完成粗、精加工。

2.2.4 数控车床基本操作

1. 数控车床基本结构

数控车床由机床主体、数控装置、驱动装置及辅助装置四部分组成,如图 2-19 所示。

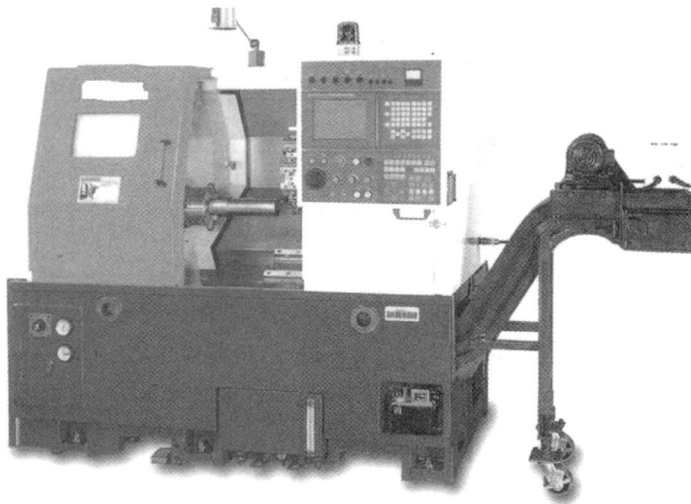

图 2-19 数控车床

（1）机床主体

数控车床的主体是完成各种切削加工的机械部件,包括机床身、立柱、主轴、进给机构等。

（2）数控装置

数控装置是数控车床的核心,包括硬件(印刷电路板、CRT 显示器、键盒、纸带阅读机等)以及相应的软件,用于输入数字化的零件程序,并完成输入信息的存储、数据的变换、插补运算以及实现各种控制功能。

（3）驱动装置

驱动装置是数控车床执行机构的驱动部件,包括主轴驱动单元、进给单元、主轴电机及进给电机等。它在数控装置的控制下通过电气或电液伺服系统实现主轴和进给驱动。当多个进给联动时,可以完成定位、直线、平面曲线和空间曲线的加工。

（4）辅助装置

辅助装置是指数控车床的一些必要的配套部件,用以保证数控机床的运行,如冷却、排屑、润滑、照明、监测等。它包括液压和气动装置、排屑装置、交换工作台、数控转台和数控分度头,还包括刀具及监控检测装置等。

2. 数控车床的基本操作

（1）开机

检查确认机床电气箱、电气柜的门是否已关闭,润滑油箱油位是否正常后,将机床侧面总电源开关从 OFF 挡旋至 ON 挡,接通机床电源→按 NC 开(白色)按键,打开系统→等待系统界面初始化完成→旋开紧急停止按钮(机床面板和手轮),开机完成。开机一般是先开机床再开系统,有的设计是机床和系统互锁,机床不通电就不能在 CRT 上显示信息。

(2)回零(建立机床坐标系)

将"方式选择"旋钮转到回零方式+Z、+X。

(3)调加工程序

若是简单程序可直接采用键盘在 CNC 控制面板上输入。若程序非常简单,只加工一件零件且程序没有保存的必要时,采用 MDI 方式输入,外部程序通过 DNC 方式输入数控系统内存。

(4)程序编辑

输入的程序若需要修改,则要进行编辑操作。此时,将方式选择开关置于编辑位置,利用编辑键进行增加、删除、更改。

(5)空运行校验

机床锁定,机床后台运行程序。此步骤是对程序进行检查,若有错误,则需重新进行编辑。

(6)对刀并设定工件坐标系 OFS/SEF

采用手动进给移动机床,使车刀刀尖位于工件外圆母线与端面交点处,测量该点直径,以程序原点与工件原点重合(这点也是对刀点)为原则将 X、Z 偏置值输入系统。

设定工件坐标系:OFS/SEF→坐标系→光标移至机床坐标(G54)→X0→测量→Y0→测量→Z0→测量→确定。

(7)自动加工

加工中可以按进给保持按钮,暂停进给运动,观察加工情况或进行手工操作。

(8)关机

关闭电源前,需注意检查数控机床的状态及机床各部件位置,保证安全后,再关闭电源。

3. 数控车床安全操作规程

操作机床前必须按规定穿戴用品,不准穿短裤、裙子、拖鞋、高跟鞋,女生戴好工作帽,不准戴手套。

(1)加工前的准备工作

1)机床开始工作前要先预热,认真检查润滑系统工作是否正常,如机床长时间未开动,可先采用手动方式向各部分供油润滑;

2)使用的刀具应与机床允许的规格相符,有严重破损的刀具要及时更换;

3)调整刀具所用工具不要遗忘在机床内;

4)检查大尺寸轴类零件的中心孔是否合适,中心孔如果太小,工作中易发生危险;

5)刀具安装好后应进行一两次试切削;

6)检查卡盘夹紧工作的状态;

7)机床开动前,必须关好机床防护门。

(2)加工过程中的安全注意事项

1)禁止用手接触刀尖和切屑,切屑必须用铁钩子或毛刷来清理;

2）禁止用手或其他任何方式接触正在旋转的主轴、工件或其他运动部位；

3）禁止加工过程中量活、变速，不能用棉丝擦拭工件，更不能清扫机床；

4）车床运转中，操作者不得离开岗位，发现机床有异常现象须立即停止；

5）经常检查轴承温度，温度过高时应找有关人员进行检查；

6）在加工过程中，不允许打开机床防护门；

7）严格遵守岗位责任制，机床由专人使用，他人使用须经本人同意；

8）工件伸出车床 100 mm 以外时，须在伸出位置设防护物。

（3）加工完成后的注意事项

1）清除切屑、擦拭机床，使机床与环境保持清洁状态；

2）注意检查或更换机床导轨上磨损坏了的油察板；

3）检查润滑油、冷却液的状态，及时添加或更换；

4）依次关掉机床操作面板上的电源和总电源。

2.2.5 数控车削加工实例——轴类零件加工

图 2-20 为一轴类零件，其数控车削加工工艺如下：

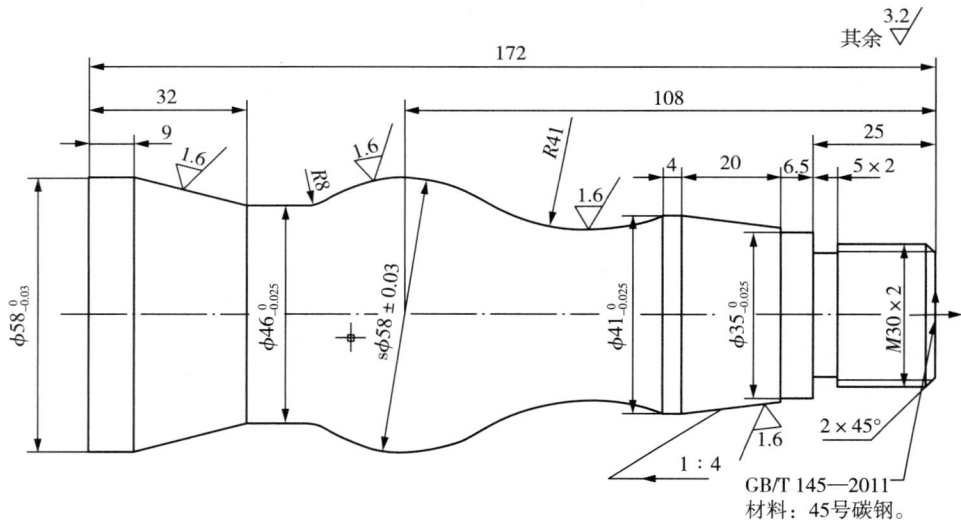

图 2-20 复杂曲面类零件

1. 零件图工艺分析

轴类零件主要用来支承传动零件和传递扭矩。该零件表面由圆柱、圆锥、圆弧及螺纹等要素组成。其中多个要素的直径尺寸有较高的尺寸精度和表面粗糙度等要求；球面 58 mm 的尺寸公差还兼有控制该球面形状（线轮廓）误差的作用。尺寸标注完整，轮廓描述清楚。零件材料为 45 号碳钢，无热处理和硬度要求。该零件为单件生产，通过上述分析，可采用以下几点工艺措施。

1）对图样上给定的几个精度要求较高的尺寸，因其公差数值较小，故编程时不必取平均值，而全部取其基本尺寸即可。

2)根据该轴的结构特点和技术要求,在数控车床上加工。因该轴为单件小批量生产,宜遵循工序集中原则。

3)为了便于装夹,棒料左端留有夹持余量,在一道工序内能完整地加工出工件外形轮廓。

4)毛坯选用 $\phi 60 \times 177$ mm 的棒料。

2. 确定零件的定位基准和装夹方法

定位基准:以零件回转轴线和左端大端面为定位基准。

装夹方法:采用一夹一顶的装夹方式,左端采用三爪自定心卡盘定心夹紧,右端采用活动顶尖支承。

3. 确定加工顺序及进给路线

加工顺序按由粗到精、由近到远、由右到左的原则确定。先采用循环指令 G71 进行粗加工,留 0.3 mm 精车余量,再采用精车指令 G70 从右到左进行精车,然后加工螺纹退刀槽,最后车削螺纹。图 2-21、图 2-22 分别为该零件从右到左粗加工和精加工的工艺路径。

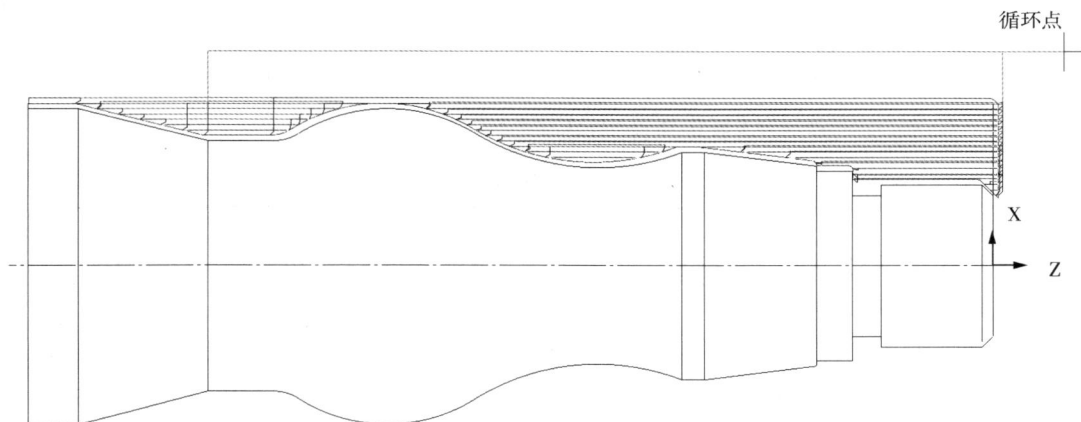

图 2-21 外圆粗加工工艺路径

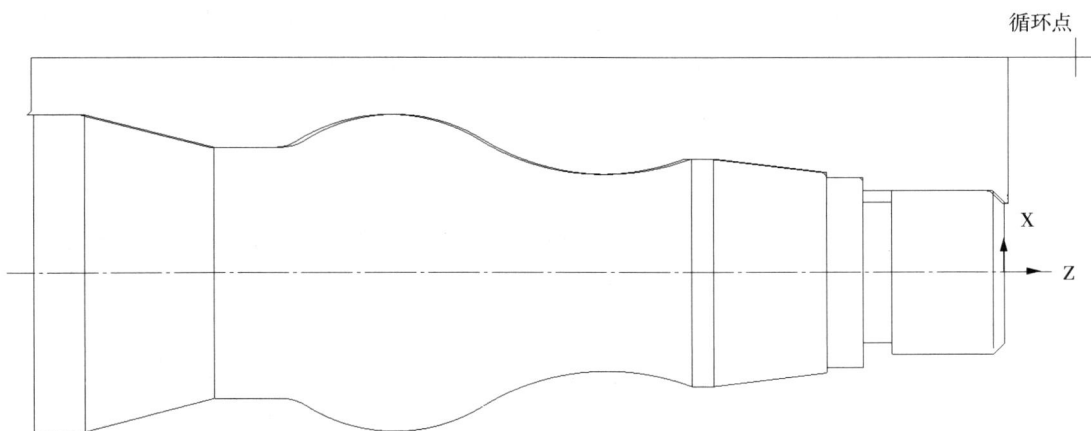

图 2-22 外圆精加工工艺路径

4. 刀具选择

1）选用 ϕ 4 mm 的中心钻钻削中心孔。

2）粗车及平端面选用 90°硬质合金右偏刀，为防止副后刀面与工件轮廓干涉（可用作图法检验），副偏角不宜太小，选 $K'_r = 30°$。

3）为减少刀具数量和换刀次数，精车选用 90°硬质合金右偏刀，刀尖圆弧半径应小于轮廓最小圆角半径，粗车刀刀尖圆弧半径 0.8 mm，精车刀刀尖圆弧半径 0.4 mm。选用硬质合金切槽刀，刀宽 4 mm。车螺纹选用 60°硬质合金外螺纹车刀，将所选定的刀具参数填入数控加工刀具卡片中，详见表 2-4，以便编程和操作管理。

表 2-4　数控加工刀具卡片

产品名称		传动轴	零件名称	传动轴	零件图号	Z-45-ϕ60×180-A
序号	刀具号	刀具名称规格	数量	加工内容	备注	
1	T0101	90°硬质合金右偏刀	1	车端面及粗车轮廓	刀尖半径 0.8 mm	
2	T0202	90°硬质合金右偏刀	1	精车轮廓	刀尖半径 0.4 mm	
3	T0303	硬质合金切槽刀	1	车螺纹退刀槽	刀宽 4 mm	
4	T0404	60°硬质合金螺纹刀	1	车螺纹		
编制			审核		日期	

5. 切削用量选择

（1）背吃刀量的选择

轮廓粗车循环时选 $a_p = 2$ mm，轮廓精车循环时选 $a_p = 0.3$ mm。加工螺纹时，螺距为 2 mm，牙型高度为 1.299 mm，分 5 次走刀，被吃刀量分别为 0.9 mm、0.6 mm、0.6 mm、0.4 mm、0.1 mm。

（2）切削速度的选择

车圆柱面和圆弧时，查表 2-1 所列，选粗车切削速度＝90 m/min、精车切削速度＝120 m/min，然后利用公式 $v = rdn/1000$ 计算主轴转速 n（粗车直径 $d = 60$ mm，精车工件直径取平均值）：粗车为 600 r/min、精车为 1 200 r/min。车螺纹时，参照公式，计算主轴转速 $n = 1 000$ r/min。

（3）进给速度的选择

查表 2-1 所列，选择粗车、精车每转进给量，再根据加工的实际情况确定粗车每转进给量为 0.2 mm/r，精车每转进给量为 0.1 mm/r。

6. 填写数控加工工艺文件

综合前面分析的各项内容，并将其填入表 2-5 所列的数控加工工艺卡片中。此表是编制加工程序的主要依据和操作人员配合数控程序进行数控加工的指导性文件，主要内容包括：工步顺序、工步内容、各工步所用的刀具及切削用量等。

表 2-5　典型轴类零件数控加工工艺卡片

单位名称		产品名称或代号		零件名称	零件图号			
				传动轴				
工序号	程序编号	夹具名称		使用设备		车间		
001		三爪卡盘和活动顶尖		CKA6140		数控车间		
工步号	工步内容	刀具号	刀具类型/规格	主轴转速/ $r \cdot min^{-1}$	进给量/ $mm \cdot r^{-1}$	被吃刀量/mm	备注	
1	车端面	T01	90°硬质合金右偏刀	600		1	手动	
2	车工艺台阶	T01	90°硬质合金右偏刀	600		2	手动	
3	车端面	T01	90°硬质合金右偏刀	600		1	手动	
4	钻中心孔		$\phi 4$ mm 中心钻	1 200			手动	
5	粗车外轮廓	T01	90°硬质合金右偏刀	600	0.2	2	自动	
6	精车外轮廓	T02	90°硬质合金右偏刀	1 200	0.1	0.3	自动	
7	切退刀槽	T03	硬质合金切槽刀	800	0.05	0.1	自动	
8	车螺纹	T04	外螺纹刀	1 000			自动	
9	车端面	T01	90°硬质合金右偏刀	600				
编制		审核		批准				
年　月			共　页			第　页		

2.3　数控铣削加工

2.3.1　概述

1. 数控铣削加工原理

数控铣床是在普通铣床的基础上集成了数字控制系统(CNC 系统),可以在程序指令的控制下进行自动铣削加工的机床。其中具有刀库和自动换刀装置的数控铣床被称为加工中心。

2. 数控铣床的分类

数控铣床的分类方法有很多,表 2-6 列出了三种分类方法。

表 2-6　数控铣床的分类

分类方法	机床种类
按数控系统的功能进行分类	经济型数控铣床,一般采用开环控制的经济型数控系统,可以实现三坐标联动。这种数控铣床成本较低,功能简单,加工精度不高,适用于一般复杂零件的加工
	全功能数控铣床,通常采用半闭环控制或闭环控制,其数控系统功能丰富,一般可以实现四坐标以上的联动,加工适应性强,应用最广泛
	高速数控铣床,这种数控铣床采用全新的机床结构、功能部件和功能强大的数控系统,并配以加工性能优越的刀具系统,加工时主轴转速一般为 8 000～40 000 r/min,切削进给速度为 10～30 m/min,可以对大面积的曲面进行高效率、高质量的加工,但这种机床价格昂贵,使用成本比较高
按主轴的布置形式及机床的布局特点进行分类	立式数控铣床,主轴垂直于机床工作台面的数控铣床,加工时便于观察,但不便于排屑,一般可进行三坐标联动加工,是目前使用最为广泛的数控铣床
	卧式数控铣床,主轴平行于机床工作台面的数控铣床,加工时不便于观察,但排屑顺畅,常用于箱体类零件的加工
	立卧两用数控铣床,这类铣床的主轴可以更换,可在一台机床上进行立式加工或卧式加工,同时具备立式数控铣床、卧式数控铣床的功能,使用范围更大,功能更全
按控制轴数以及是否具有刀库和自动换刀装置进行分类	三轴数控铣床,一般指经济型数控铣床,具备常规的 X、Y、Z 三个坐标轴,加工过程中需要手动更换刀具
	三轴加工中心,是指带有刀库和自动换刀装置的三轴数控铣床,具备自动换刀功能,属于入门级加工中心,也是目前使用最为广泛的数控铣床。可以在一次装夹中完成单个面的铣、钻、扩、镗、铰、攻螺纹等工序内容的加工
	四轴加工中心,是在三轴加工中心基础上增加一个回转轴(A 轴或 B 轴)。通过旋转可实现多面加工,加工过程中装夹次数减少,可提高加工效率。四轴加工中心属于进阶型加工中心,价格略高于三轴加工中心
	五轴加工中心,是在三轴加工中心基础上增加两个回转轴(AB 轴、AC 轴或 BC 轴),可以对工件固定面以外的任意一面进行加工。五轴加工中心科技含量高、精密度高,专门用于加工复杂曲面,属于尖端型加工中心。这类机床对一个国家的航空、航天、军事、科研、精密器械、高精医疗设备等行业有着举足轻重的影响,是国家军事实力和综合国力的体现

3. 数控铣削的应用

数控铣床除了能加工普通铣床所能加工的各种零件外,还可以加工普通铣床无法加工的各种复杂的平面型腔、外形轮廓及空间三维曲面,具体可加工以下几类零件:

(1)平面类零件

平面类零件是指加工面与水平面平行或垂直,以及加工面与水平面的夹角为一定值的零件。这类零件的特点是所有加工面都是平面,且可展开为平面,如图 2-23 所示。平面类零件是数控铣削加工中最简单的一类,也是最主要的一类,通常只需要采用三轴数控铣床的两轴联动(即两轴半加工)即可加工出来。

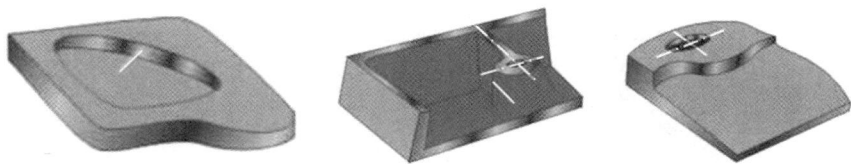

图 2-23　平面类零件

(2)变斜角类零件

变斜角类零件是指加工面与水平面的夹角连续不断变化的零件。这类零件的特点是变斜角加工面不能展开为平面,同时在加工中,加工面与铣刀圆周接触的瞬间为一条直线,如图 2-24 所示。这类零件多采用加工中心进行加工,若条件不允许,也可以采用三轴数控铣床的两轴联动(即两轴半加工)进行逼近加工。

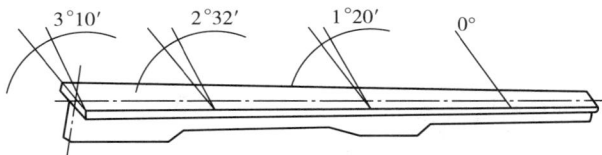

图 2-24　变斜角类零件

(3)空间曲面类零件

空间曲面类零件的特点是加工面不能展开为平面,且加工面与铣刀始终为点接触,如图 2-25 所示。这类零件通常采用三轴数控铣床的两轴联动(即两轴半加工)进行加工,如图 2-25(a)所示。当曲面较为复杂、流道狭窄、易产生刀具干涉时,可采用多轴加工中心进行加工,如图 2-25(b)所示。

(a)电极模具三维模型　　　　(b)整体式叶轮三维模型

图 2-25　空间曲面类零件

(4)箱体类零件

箱体类零件一般需要进行平面、孔系、轮廓的多工序加工,精度要求较高,通常要经过铣、钻、扩、镗、铰、锪、攻螺纹、铣螺纹等工序,如图 2-26 所示。箱体类零件在普通机床上加工,工艺复杂,工装套数多,加工难度大、加工周期长、加工成本高,且精度不易保证。这类零件通常采用加工中心进行加工，一次装夹可以完成普通机床60％～95％的工序内容，零件各项精度一致性好，质量稳定，生产周期短。

（a）发动机缸体一　　　　（b）发动机缸体二　　　　（c）发动机缸体三

图2-26　常见的箱体类零件

（5）异形类零件

异形类零件是指支架、拨叉这一类外形不规则的零件，如图2-27所示。异形类零件大多需进行点、线、面多工位混合加工，刚性较差，夹紧及切削变形难以控制，加工精度也难以保证。普通机床通常只能采取工序分散的方法进行加工，需用工装套数较多，加工周期较长。这类零件通常采用加工中心进行多工位点、线、面混合加工，一次装夹可以完成大部分甚至全部工序的内容。

（a）轴承座支架　　　　　　　　　（b）拨叉

图2-27　常见外形不规则的异形类零件

2.3.2　数控铣削加工工艺

1. 数控铣削加工工艺特点

（1）三轴加工中心的工艺特点

三轴加工中心与数控铣床的工艺特点基本相同，它们除具有普通铣床的工艺性能外，还具有加工形状复杂的二维轮廓及三维复杂曲面的功能。这些复杂零件的加工有的只需二轴联动（如二维曲线、二维轮廓和二维型腔加工），有的则需三轴联动（如三维曲面加工），它们所对应的加工一般相应称为两轴半加工与三轴加工。

由于三轴加工中心具有自动换刀装置，能完成自动换刀动作，所以它适用于多工序加工。三轴加工中心零件加工的适应性强、灵活性好，能加工轮廓形状特别复杂或难以控制尺寸的零件，如箱体等需要进行钻削、镗削、铰削、铣削、攻螺纹及铣削螺纹等多工序加工的零件。特别是在卧式加工中心上，加装数控分度头后，可实现四面加工；若主轴带动力头装置，可立卧转换，则可实现五面加工，因而能够一次装夹并完成更多表面的加工，特别适用于加工复杂的箱体、泵体、阀体、壳体类等零件。

（2）四轴加工中心的工艺特点

四轴加工中心是指在 X、Y 和 Z 三个平动坐标轴基础上增加一个旋转轴（A 或 B），且四个轴通常可以联动。其中，旋转轴既可以作用于刀具（刀具摆动型），也可以作用于工件（工作台回转/摆动型）；机床既可以是立式的也可以是卧式的；旋转轴既可以是 A 轴（绕 X 轴转动）也可以是 B 轴（绕 Y 轴转动）。由此可以看出，四坐标数控机床可具有多种结构类型，但除大型龙门式机床上采用刀具摆动外，实际中多以工作台旋转/摆动的结构居多。不管是哪种类型，其共同特点都是相对于静止的工件来说，刀具的运动位置不仅是任意可控的，而且刀具轴线的方向在刀具摆动平面内也是可以控制的，从而可根据加工对象的几何特征按照保持有效切削状态或根据避免刀具干涉等需要来调整刀具相对零件表面的姿态。因此，四轴加工中心可以获得比三轴加工中心更广的工艺范围和更好的加工效果。

（3）五轴加工中心的工艺特点

五轴加工中心是指在 X、Y 和 Z 三个平动坐标轴基础上增加两个旋转轴，主要有双摆头、双转台、一摆头一转台三种结构形式，如图 2-28 所示。相对于静止的工件来说，运动合成可使刀具轴线的方向在一定的空间内（受机构结构限制）任意控制，从而具有保持最佳切削状态及有效避免刀具干涉的能力。

（a）双摆头结构　　　（b）双转台结构　　　（c）一摆头一转台结构

图 2-28　五轴联动加工机床结构形式

因此，五轴加工中心又可以获得比四轴加工中心更广的工艺范围和更好的加工效果，特别适用于复杂三维曲面零件的高效高质量加工以及异形复杂零件的加工。采用五轴加工中心加工三维曲面零件，可使刀具在最佳几何角度进行切削，不仅加工表面质量高，而且加工效率大幅度提高。一般认为，一台五轴加工中心的效率相当于两台三轴数控铣床，特别是在使用立方氮化硼等超硬材料铣刀进行高速铣削淬火钢零件时，五轴加工中心可实现更高的效率。

2. 数控铣削加工工艺分析

零件的数控加工工艺分析是编写数控加工程序中十分重要且极为复杂的环节，也是制定数控加工方案的核心内容，必须在数控加工方案制定前完成。数控铣削加工工艺分析的基本内容包括加工的内容选择、零件结构工艺性分析、零件安装与夹具选择、加工工序与工步的划分、加工顺序的安排、加工路线的设计、刀具的选择、切削用量的选择等。在应用过程中，编程人员可根据实际需要合理选用，进行工艺分析，为提高数控加工程序质量和零件加工效率提供重要保障。

（1）选择加工内容

制定零件的数控铣削加工方案时，首先是分析零件图，选择数控铣削加工内容。数控铣床加工的工艺范围比普通铣床广,但其加工成本比普通铣床高得多。因此,选择数控铣床加工时,应从实际需要和经济性两个方面考虑。通常选择下列加工部位为数控铣床加工内容:

1)零件上的曲线轮廓,特别是由数学表达式描绘的非圆曲线和列表曲线轮廓;

2)已给出数学模型的空间曲面或通过测绘数据建立起来的空间曲面;

3)形状复杂、尺寸精度要求较高,零件划线和检测都比较困难的加工部位;

4)用普通铣床加工难以观察、测量和控制进给的内外凹槽、凸台;

5)能在一次装夹中完成多工序内容加工;

6)零件的切削加工量小,切削加工时间短,能成倍提高生产率,大大减轻体力劳动强度的一般加工内容。

(2)分析零件的结构工艺性

零件的结构工艺性是指根据加工工艺特点,对零件的设计所产生的结构设计要求。它与零件生产成本、生产周期、经济效益息息相关,也就是说零件的结构设计会影响或决定工艺性的好坏。根据数控铣削加工特点,可以从以下几方面来考虑结构工艺性。

1)保证获得要求的加工精度。虽然数控铣床具有很高的加工精度,但对一些特殊的加工元素,例如薄壁、薄板和肋板,加工时产生的切削拉力及薄板的弹性退让极易产生切削面的振动,难以保证薄板厚度尺寸精度,其表面质量也会变差。当薄板厚度小于 3 mm 时,就应当在工艺设计上着重考虑零件的结构设计。

2)尽量统一零件轮廓内圆弧的有关尺寸:

① 零件的内腔和外形的几何类型和尺寸尽量统一,这样可以减少刀具种类和换刀次数,简化编程内容和过程,提高加工效率。

② 零件轮廓内圆弧半径 R 直接决定着刀具直径的大小,因此轮廓内圆弧半径不应过小。如图 2-29 所示,零件工艺性的好坏与被加工轮廓的高度、转接圆弧半径的大小等有关。图 2-29(a)与图 2-29(b)相比,图 2-29(b)转接圆弧半径较大,可以采用较大直径的铣刀来加工。加工平面时,走刀次数减少,表面质量也会相应好一些,所以工艺性较好。通常 $R < 0.2H$(H 为被加工零件轮廓面的最大高度)时,可以判定零件的该部位工艺性差。

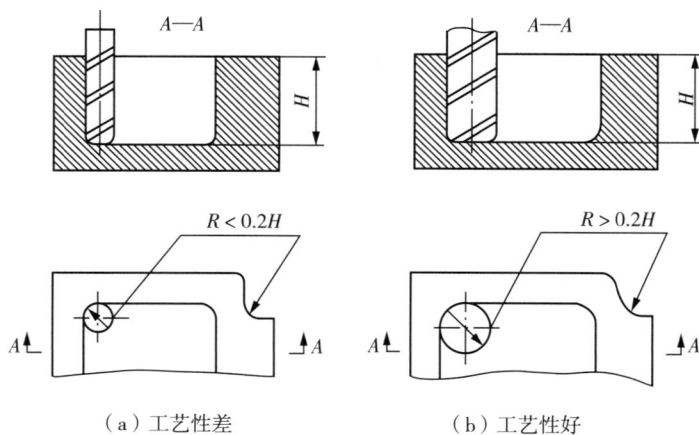

（a）工艺性差   （b）工艺性好

图 2-29 零件的内圆弧半径 R 与零件高度对加工工艺性的影响

③ 铣削槽底面圆角或底板与肋板相交处的圆角半径 r 越大,铣刀底刃铣削平面的能力越差,效率越低,如图 2-30 所示。当 r 值大到一定程度时,只能用球头铣刀加工,这是应当避免的。因为铣刀与铣削平面接触的最大直径 $d=D-2r$(D 为铣刀直径),当 D 值越大而 r 值越小时,铣刀底刃铣削平面的面积越大,加工平面的能力越强,铣削工艺性越好。有时,当铣削的底面面积较大,且底部圆弧 r 值也较大时,只能用两把 r 值不同的铣刀,一把刀的 r 值小,另一把刀的 r 值符合零件图样的要求,分成两次进行铣削。

一个零件上的这种凹圆弧半径,在数值上的一致性,对于数控铣削的工艺性显得相当重要。一般来说,即使不能寻求完全统一,也要力求数值相近的圆弧半径分组靠拢,达到局部统一。尽量减少铣刀数量与换刀次数,避免因频繁换刀增加零件加工面上的接刀痕迹,从而降低表面质量。

3)保证基准统一。有些零件需要在铣削完一面后,再重新装夹铣削另一面。由于数控铣削时,不能使用通用铣床加工常用的试切法来接刀,往往会因为零件的二次装夹而造成接

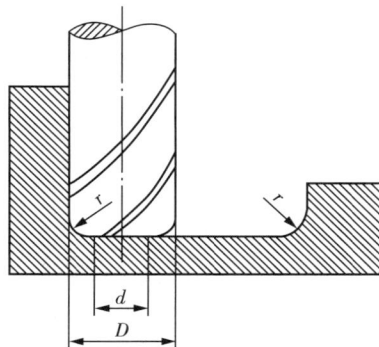

图 2-30　零件底面圆弧对加工工艺性的影响

刀错位偏差。这时,最好采用统一基准定位,零件上应有合适的孔作为定位基准孔。如果零件上没有基准孔,也可以专门设置工艺孔作为定位基准,如可在毛坯上增加工艺凸台,或在后续工序要铣去的余量上设基准孔。若无法设置工艺孔,至少也要用精加工表面作为统一基准。

4)分析零件的变形情况。零件在数控铣削加工时的变形,不仅影响加工质量,而且当变形较大时,将会导致不能继续加工。这时就应当考虑采取一些必要的工艺措施进行预防,如对钢件进行调质处理,对铸铝件进行退火处理,对不能用热处理方法解决的,也可以考虑粗、精加工及对称去余量等常规方法。

除了要考虑上述有关零件的结构工艺性外,有时还要考虑到毛坯的结构工艺性。在数控铣削加工零件时,加工过程是自动的,必须在选择毛坯时仔细考虑好毛坯余量的大小、如何装夹等,否则,一旦毛坯不适合数控铣削,将很难继续加工。确定毛坯的余量和装夹应注意以下两点:

① 针对锻件、铸件毛坯,加工余量应充足和尽量均匀。锻造时的欠压量与允许的错模量会造成余量的不等;铸造时会因砂型误差、收缩量及金属液体的流动性差、不能充满型腔等,造成余量的不等。此外,锻造、铸造后毛坯的挠曲与扭曲变形量的不同也会造成加工余量不充分、不稳定。因此,除板料外,无论是锻件、铸件还是型材,只要准备采用数控加工,其加工面均应有充分的余量。

对于热轧中、厚铝板,经淬火时效后很容易在加工中与加工后出现变形现象,需考虑在加工时要不要分层切削。如果需要分层切削,不管要分几层切削,一般都应尽量做到各个加工表面的切削余量均匀,以减少内应力导致的变形。

② 分析毛坯的装夹适应性。主要考虑毛坯在加工时定位和夹紧的可靠性与方便性,以便在一次装夹中加工多个表面。对于图 2-31(a)中的这种不便装夹的毛坯,可考虑在毛坯上另外增加装夹余量或工艺凸台、工艺凸耳等辅助基准,如图 2-31(b)所示。

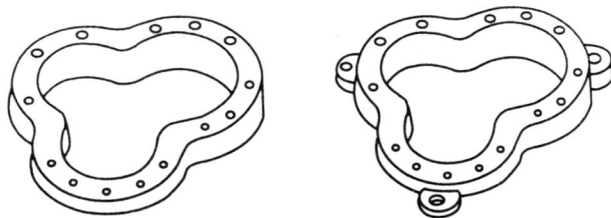

(a)不便装夹的毛坯　　(b)增加工艺凸耳的毛坯

图 2-31　增加毛坯工艺凸耳

(3)选择夹具

在选择夹具时,通常需要考虑产品的生产批量、生产效率、质量保证及经济性。常用的数控铣床工装夹具包括以下类型,如图 2-32 所示。

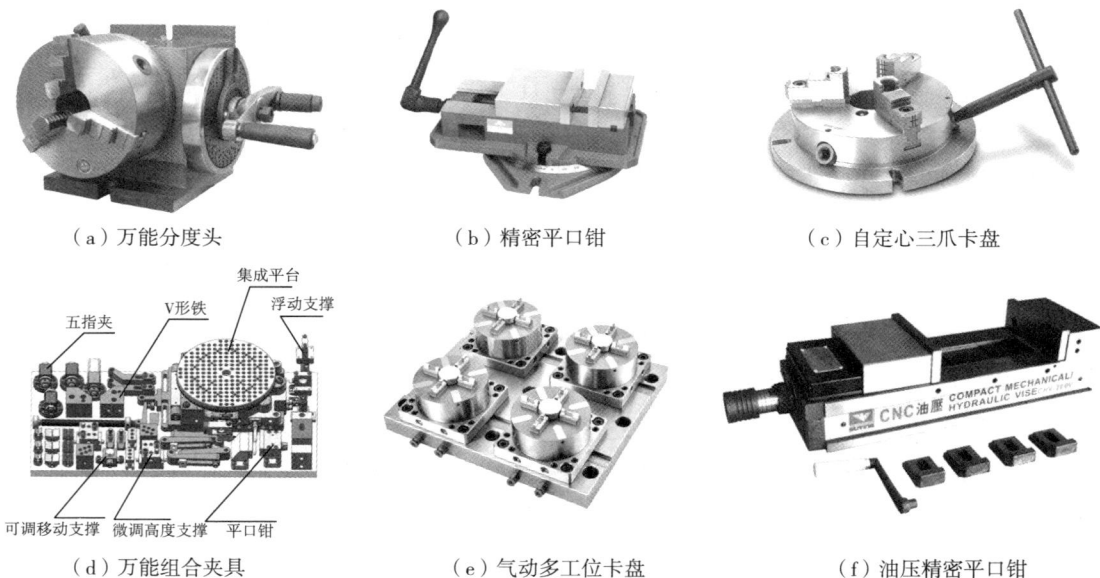

(a)万能分度头　　(b)精密平口钳　　(c)自定心三爪卡盘

(d)万能组合夹具　　(e)气动多工位卡盘　　(f)油压精密平口钳

图 2-32　常用的数控铣床工装夹具

1)平口钳、万能分度头和自定心三爪卡盘等通用夹具,适用于大部分产品加工,是使用最为广泛的夹具。

2)万能组合夹具,适用于小批量生产或产品研制加工。

3)专用铣削夹具(根据零件加工需求设计制作的专用夹具),适用于小批量或成批生产。

4)多工位夹具,适用于中批量生产。

5)气动或液压夹具,适用于大批量生产。

（4）划分加工工序与工步

1）加工工序的划分。工序是完成产品生产加工的基本组成单元。它是指一个或一组工人，在一个工作地对一个或几个生产对象进行生产活动的工艺过程。

在数控机床上加工零件，工序应比较集中，在一次装夹中应尽可能完成全部或大部分工序。首先应根据零件图样，考虑被加工零件是否可以在一台数控铣床上完成整个零件的加工作业。若不能，则应对零件进行工序划分。常用的工序划分方法有以下几种：

① 刀具集中分序法。这种方法按所用刀具划分工序，用同一把刀具加工完零件上所有可以完成的部位。再用第二把刀、第三把刀完成它们可以完成的其他部位。这样可减少换刀次数，压缩空程时间，减少不必要的定位误差。

② 加工部位分序法。对于加工内容很多的零件，可按其结构特点将其加工部位进行分解，如分解为内腔、外形、曲面或平面等。一般先加工平面、定位面，后加工孔；先加工简单的几何形状，再加工复杂的几何形状；先加工精度要求较低的部位，再加工精度要求较高的部位。

③ 粗、精加工分序法。对于易发生加工变形的零件，由于粗加工后可能发生的变形而需要进行形状校正。一般来说，凡要进行粗、精加工的都要将工序分开。

综上所述，在划分工序时，一定要结合零件的结构与工艺性、零件的技术要求、零件数控加工内容的多少、装夹次数、机床的功能及本单位生产组织状况灵活掌握，合理安排。

2）加工工步的划分。工步是划分工序的单元，可以简单理解为一个工序的若干步骤，即在同一个工序内，要完成一系列作业过程时，把可以归类成某一独立的作业过程叫作一个工步。

工步的划分主要从加工精度和效率两方面考虑。在一个工序内往往要采用不同刀具和切削用量，对不同表面进行加工。在数控铣削加工中，工步划分应遵循以下原则：

① 先粗后精。数控加工经常是将加工表面的粗、精加工安排在一个工序完成。为了减小热变形和切削力引起的变形对加工精度的影响，应先将工件各加工表面全部依次进行粗加工，然后再全部依次进行精加工。这样在一个表面的粗加工和精加工之间的间断时间内，加工表面可得短暂的时效和散热。

② 先面后孔。对于既有面又有孔的零件，可先加工面，后加工孔。按此方法划分工步，可以提高孔的精度。因为铣削时切削力较大，工件易发生变形，先加工面，后加工孔，可使其有一段时间恢复，减小由变形引起的对孔的精度的影响。

③ 先大后小。按所用刀具划分工步，先安排用大直径刀具加工表面，后安排用小直径刀具加工表面，这与"先粗后精"的原则是一致的。大直径刀具切削用量大，适用于粗加工，小直径刀具适用于精加工。同时，某些机床工作台的回转时间比换刀时间短，按使用刀具的不同划分工步，可以减少换刀次数和辅助时间，提高加工效率。

总之，工步的划分与工序划分同等重要，一定要根据具体零件的结构特点、技术要求等情况综合考虑。

（5）安排加工顺序

零件是由多个表面或元素构成的，这些表面或元素都有自己的精度要求，各表面或元素之间也有相应的精度要求。为了达到零件的设计精度要求，应根据零件的结构和毛坯状况以及定位与夹紧的需要来考虑,重点要使工件的刚度不被破坏。加工顺序的安排通常应遵循"基准先行,先粗后精,先主后次,先内后外,先面后孔"的工艺原则。

1)基面先行原则:先加工精基准表面。这是由于定位基准表面越精确,装夹误差就越小。

2)先粗后精原则:对于工件表面,按照粗加工、半精加工、精加工、光整加工的顺序加工,这样的方式可以逐步提高工件加工精度,减小表面粗糙度。

3)先主后次原则:先加工工件表面、装配基面,以便及时发现工件表面缺陷。

4)先内后外原则:首先加工内腔,以外形夹紧;接着加工工件外形,以内腔中的孔夹紧。

5)先面后孔原则:适用于支架类、箱体类等零件。首先加工平面,然后加工孔。由于工件平面大且平整,作为基准稳定、可靠,可以保证孔、平面的位置精度。

6)工序集中原则:就是把工件加工集中在少数几道工序内完成。这样做,可以有效地减少工件装夹次数,保证表面间的位置精度,减少换刀次数,缩短加工辅助时间,提高生产效率。

7)在同一次装夹中进行的多道工序,优先安排对工件刚性破坏较小的工序。

(6)选择加工方法与设计加工路线

加工方法的选择与加工路线的设计是否合理,会直接影响零件的加工质量与生产效率。加工方法的选择与加工路线的设计应仔细分析零件图、毛坯图,结合数控加工的特点灵活运用数控铣削加工工艺的一般原则。

1)加工方法的选择:

① 平面加工方法的选择。在数控铣床和加工中心上加工平面,主要采用端铣刀和立铣刀加工,且尽量采用顺铣,这样可以减少切削变形,降低切削力和功率消耗,获得较好的表面质量。经粗铣的平面,尺寸精度为 IT12~14(指两平面之间的尺寸),表面粗糙度 Ra 值为 12.5~25 μm;经粗、精铣的平面,尺寸精度为 IT7~9,表面粗糙度 Ra 值为 1.6~3.2 μm。

② 平面轮廓加工方法的选择。平面轮廓多由直线、圆弧或各种曲线构成,通常采用三轴数控铣床进行两轴半坐标加工,且尽量从轮廓切线方向切入和切出。图 2-33 为由直线和圆弧构成的零件平面轮廓 $ABCDEA$,采用半径为 R 的立铣刀沿轮廓加工,双点划线 $A'B'C'D'E'A'$ 为刀具中心的运动轨迹。为保证加工面光滑,刀具沿 PA' 切入,沿 $A'K$ 切出。

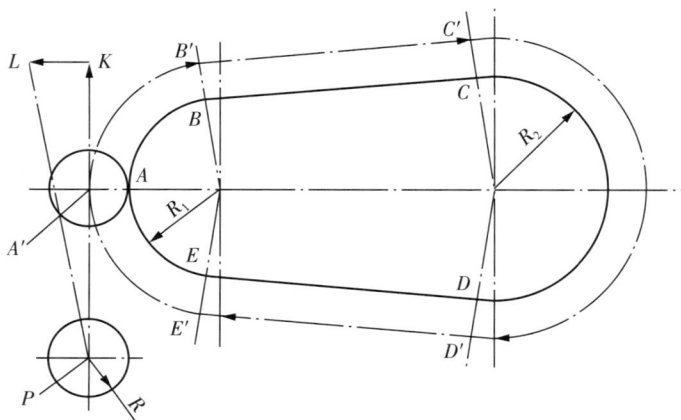

图 2-33 平面轮廓铣削

　　③ 固定斜角平面加工方法的选择。固定斜角平面是与水平面成一固定夹角的斜面。当工件尺寸不大时,可用斜垫板垫平后加工;当零件尺寸很大,斜面斜度又较小时,常用行切法加工,加工后可能会在加工面上留下残留面积,需要钳工用手工修磨方法加以清除。如果零件精度要求非常高,可直接采用五轴加工中心,通过主轴摆角后加工,可以不留残余面积,如图 2 - 34 所示。

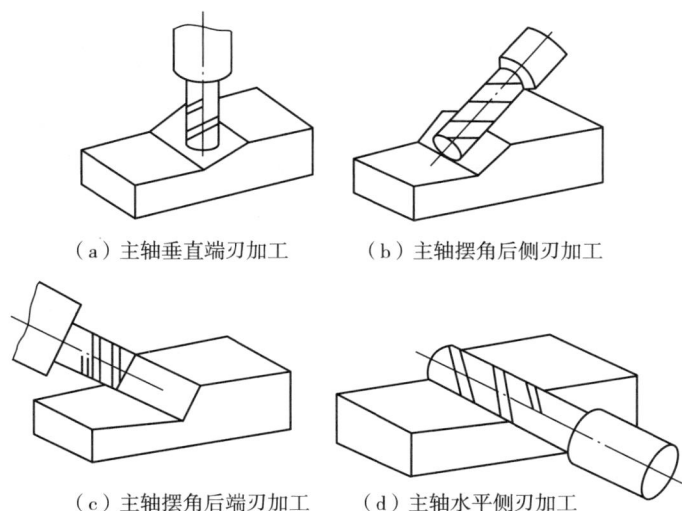

（a）主轴垂直端刃加工　　　　（b）主轴摆角后侧刃加工

（c）主轴摆角后端刃加工　　　　（d）主轴水平侧刃加工

图 2 - 34　主轴摆角加工固定斜角平面

　　④ 变斜角面加工方法的选择:

　　(a)对于曲率变化小的变斜角斜面,选用 X、Y、Z 和 A 的四坐标的四轴加工中心,采用立铣刀以插补方式摆角加工,如图 2 - 35(a)所示。加工时,为了保证刀具始终与零件型面全刃贴合,刀具始终绕 A 轴摆角度 α。

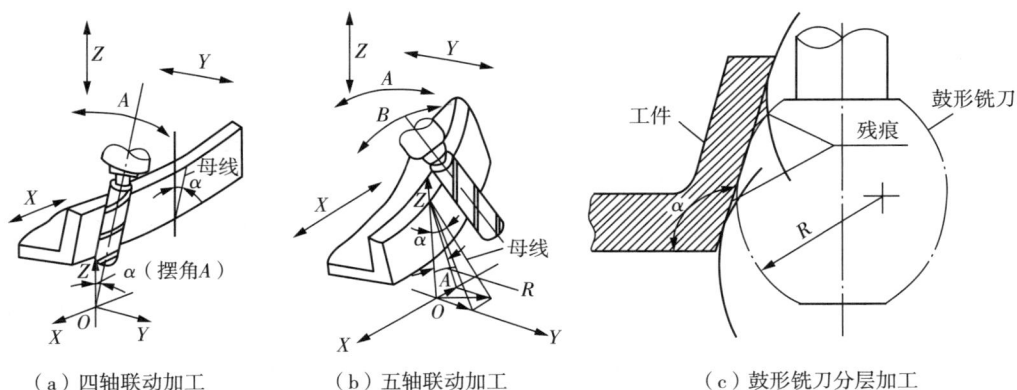

（a）四轴联动加工　　　　（b）五轴联动加工　　　　（c）鼓形铣刀分层加工

图 2 - 35　变斜角斜面铣削加工

　　(b)对于曲率变化大的变斜角斜面,用四轴加工中心难以满足加工要求,最好用 X、Y、Z、A 和 B(或 C 转轴)的五坐标的五轴加工中心,以圆弧插补方式摆角加工,如图 2 - 35(b)

所示。图中夹角 A 和 B 分别是零件斜面母线与 Z 轴夹角 α 在 YOZ 平面上和 XOY 平面上的分夹角。

（c）采用三轴数控铣床两坐标联动加工变斜角斜面时,利用球头铣刀和鼓形铣刀,以直线或圆弧插补方式进行分层铣削加工。图 2-35（c）为用鼓形铣刀加工变斜角斜面的示意图。由于鼓形铣刀的鼓径可以比球头铣刀的球头半径大,因此加工后的残留面积高度较低,零件的加工表面质量会更好。

⑤ 曲面轮廓加工方法的选择。空间曲面的加工需要根据曲面形状、刀具形状以及精度要求选用不同的铣削方法。

（a）对曲率变化不大且精度要求不高的曲面的粗加工,常用两轴半行切法加工,即 X、Y、Z 三个轴中任意两轴做联动进给,第三轴做周期性的单独进给。如图 2-36 所示,将 X 向分成若干段,球头铣刀沿 YOZ 平面所截的曲线进行铣削,每一段加工完后进给 ΔX,再加工另一相邻曲线,如此依次切削即可加工出整个曲面。在行切法中,要根据轮廓表面粗糙程度的要求及刀头不干涉相邻表面的原则选取 ΔX。行切法中通常选用球头铣刀加工,且球头铣刀的刀头半径应选得大一些,有利于散热,但刀头半径应小于内凹曲面的最小曲率半径。

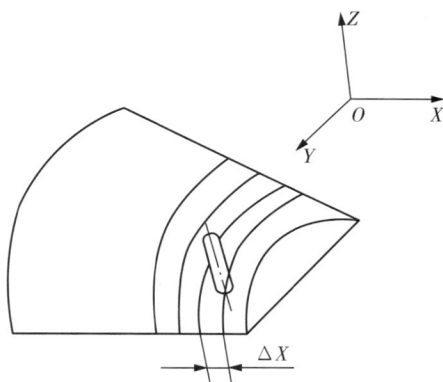

图 2-36 两轴半行切法加工曲面

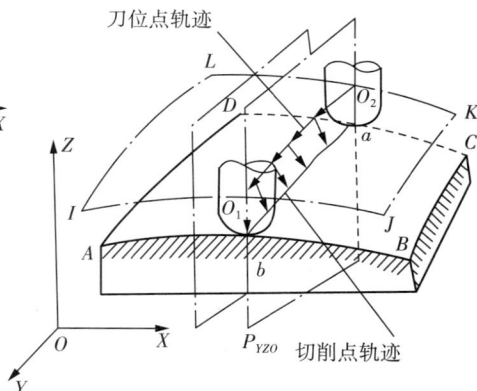

图 2-37 两轴半坐标行切法加工曲面的切削点轨迹

用球头铣刀加工曲面时,是按照刀位点（即球刀球心点）的轨迹进行编程。图 2-37 为两轴半加工曲面的球头铣刀的刀位点轨迹 O_1O_2 和切削点轨迹 ab。图中 $ABCD$ 为被加工曲面,P_{YOZ} 为平行于 YZ 坐标平面的一个行切面,其刀位点轨迹 O_1O_2 为曲面 $ABCD$ 的等距面 $IJKL$ 与行切面 P_{YOZ} 的交线,显然 O_1O_2 是一条平面曲线。由于曲面的曲率变化,改变了球头铣刀与曲面切削点的位置,使切削点的连线成为一条空间曲线,从而在曲面上形成扭曲的残留沟纹。由于两轴半加工的刀位点轨迹是一条平面曲线,且编程相对简单,所以常用于曲率变化不大且精度要求不高的粗加工。

（b）对曲率变化较大且精度要求较高的曲面的精加工,常用三轴联动的行切法加工。如图 2-38 所示,P_{YOZ} 平面为平行于坐标平面的一个行切面,它与曲面的交线为 ab。由于是三坐标联动,球头铣刀的刀位点轨迹与曲面的切削点轨迹始终处在平面曲线 ab 上,可获得较规则的残留沟纹。显然,这时球头铣刀的刀位点轨迹 O_1O_2 不在 P_{YOZ} 平面上,而是一条空间曲线,因此机床必须具备三轴联动功能。

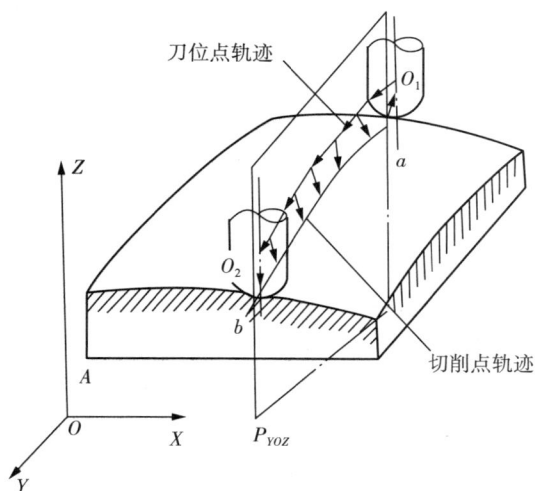

图 2-38　三轴联动行切法加工曲面的切削点轨迹

(c)对叶轮、叶片、螺旋桨等这类零件,因其多为自由曲面,形状复杂,刀具容易与相邻表面发生干涉,常用五轴联动加工,其加工原理如图 2-39 所示。半径为 R_1 的圆柱面与叶面的交线 AB 为螺旋线的一部分,螺旋角为 ψ_i,叶片的径向叶形线(轴向割线)EF 的倾角 α 为后倾角,螺旋线 AB 用极坐标加工方法,并且以折线段逼近。逼近段 mn 是由 C 轴旋转 $\Delta\theta$ 与 Z 轴位移 ΔZ 的合成。当加工完 AB 后,刀具径向位移 ΔX(改变 R_1),再加工相邻的另一条叶形线,依次加工即可形成整个叶面。由于叶面的曲率半径较大,所以常采用立铣刀加工,以提高生产率并简化程序。为保证铣刀端面始终与曲面贴合,铣刀还应做由坐标 A 和坐标 B 形成的 θ_1 和 α_1 的摆角运动。在做摆角运动的同时,还应做直角坐标的附加运动,以保证铣刀端面中心始终位于编程值所规定的位置,即切削成形点上。铣刀端平面与被切曲面相切,铣刀轴心线与曲面该点法线一致,所以需要用五轴联动加工。五轴联动加工的编程计算相当复杂,一般采用 CAM 软件辅助自动编程。

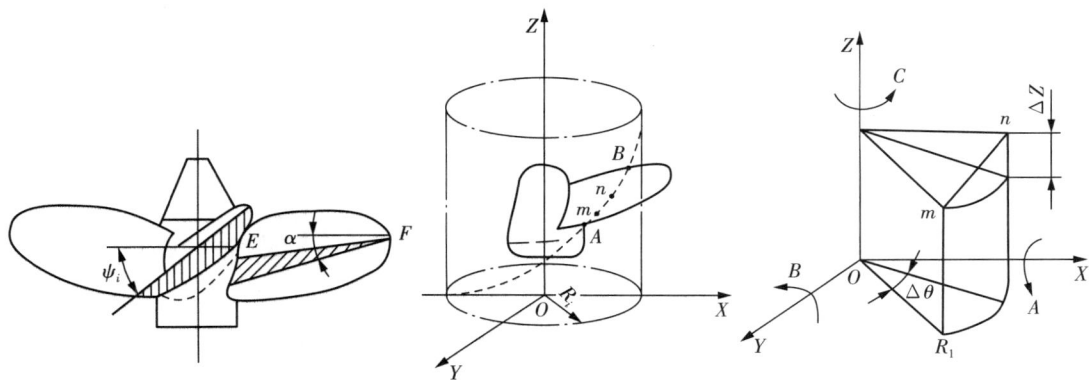

图 2-39　螺旋桨零件的五轴联动加工原理

⑥ 孔系加工：

(a) 直径小于 $\phi 30$ mm 的无毛坯孔的孔加工顺序：铣平端面→钻中心孔→钻孔→扩孔→孔口倒角→铰孔。有同轴度要求的加工顺序：铣平端面→钻中心孔→钻孔→半精镗孔→孔口倒角→精镗孔(或铰孔)。

(b) 直径大于 $\phi 30$ mm 的已铸出或锻出毛坯孔的孔加工顺序：粗镗孔→半精镗孔→孔口倒角→精镗孔加工方案。孔径较大的可采用立铣刀，先粗铣孔，后精铣孔。

⑦ 螺纹加工：

(a) 直径为 $M6$ mm 以下的螺纹，完成钻底孔加工，可通过手工丝锥攻螺纹或数控攻丝加工螺纹。

(b) 直径为 $M6 \sim M20$ mm 的螺纹，可采用数控攻丝加工螺纹。

(c) 直径为 $M20$ mm 以上的中大直径螺纹，可采用螺纹铣刀铣削加工。

2) 加工路线的设计。在数控加工中，刀具(刀位点)相对于工件运动的轨迹称为加工路线，即刀具从对刀点起开始运动，直至结束加工所经过的路径，包括刀具切入、切出等非切削空行程。确定加工路线，通常要综合以下几个方面来设计：

① 力求最短进给路线，尽可能减少刀具空行程的时间，以节省加工时间、提高生产效率。

② 选择合理的切入、切出方向。

③ 选择使工件在加工后变形小的加工路线。

④ 零件的最终轮廓应安排一次走刀连续加工完成，中途不要停刀，避免因切削力变化而造成弹性变形，致使光滑轮廓上产生表面划伤、形状突变或滞留刀痕等缺陷。

数控铣削加工常见的零件加工路线设计如下：

① 平面类零件的铣削。铣削平面类零件的轮廓时，一般采用立铣刀侧刃进行切削。为了减少接刀痕，保证零件表面质量，对刀具的切入和切出程序需要精心设计。

(a) 铣削平面类零件外轮廓时，刀具切入和切出零件时，应沿零件轮廓曲线的延长线切入和切出零件表面，而不应沿法向直接切入零件，以避免加工表面产生切痕，保证零件轮廓表面光滑，如图 2-40 所示。

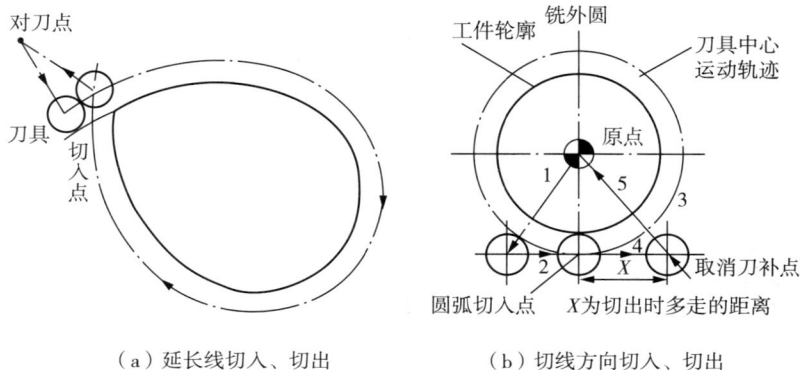

(a) 延长线切入、切出   (b) 切线方向切入、切出

图 2-40　铣削平面零件外轮廓加工路线

　　(b)铣削平面类零件封闭的内轮廓时,因内轮廓曲线无法设置外延长线,此时刀具可设计一过渡圆弧切入和切出零件轮廓,以提高内轮廓表面的加工精度和质量。如图 2-41 所示,若刀具从工件坐标原点出发,其加工路线为 1→2→3→4→5,这样可提高内孔表面的加工精度和质量。

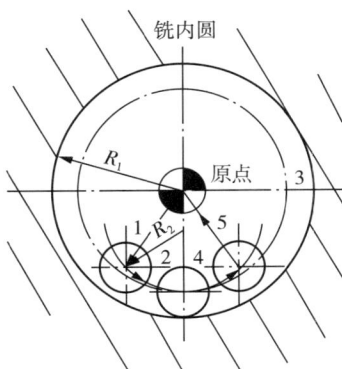

图 2-41　铣削平面零件内轮廓加工路线

　　(c)铣削平面类零件型腔(型腔是指以封闭曲线为边界的平底凹槽)时,采用键槽铣刀加工,且刀具半径应符合型腔的图纸设计要求。加工型腔通常用行切法和环切法。图 2-42(a)和图 2-42(b)分别为采用行切法和环切法加工型腔的走刀路线。若轮廓由直线、圆弧组成,宜采用环切法,刀具轨迹计算较为便捷;若轮廓由曲线组合而成,则宜采用行切法,以简化轨迹计算。

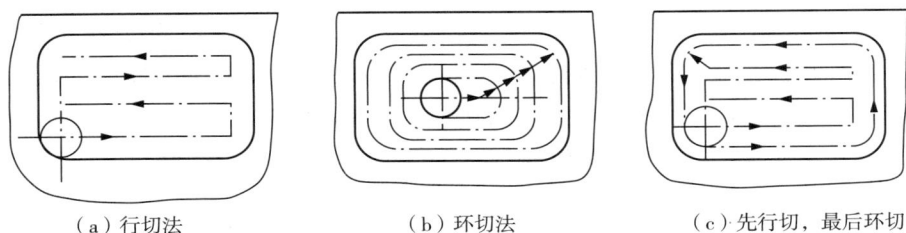

（a）行切法　　　　　　　　（b）环切法　　　　　　　（c）先行切,最后环切

图 2-42　铣削平面类零件型腔的加工路线

　　行切法和环切法的共同点是都能切除干净内腔中的全部面积,不留死角,不伤轮廓,同时可尽量减少重复走刀的搭接量。不同点是行切法加工路线比环切法短,但行切法会在每次进给的起点与终点间留下残留量,致使表面质量较差,而用环切法可获得较好的表面质量,但环切法需要逐次向外扩展轮廓线,刀位点计算稍复杂。若既要保证较短的走刀路线,又要获得较好的表面质量,可采用图 2-42(c)走刀路线,先用行切法加工去除大部分材料,最后用环切法光整轮廓表面。

　　② 空间曲面类零件的铣削。在机械加工中,常会遇到各种空间曲面及曲面轮廓,如凸轮、模具、叶片螺旋桨等。由于这类零件型面复杂,多采用四轴加工中心、五轴加工中心等多轴联动数控机床进行加工。

　　对于边界敞开的曲面,加工时常用球头刀,采用行切法进行加工,行间距根据零件加工精度要求而确定。如航空发动机大叶片,可采用如图 2-43 所示的两种加工路线。采用图 2-43(a)的加工方案时,每次沿直线加工,刀位点计算简单,程序简洁,加工过程符合直纹面的形成,可以保证母线的直线度准确。采用图 2-43(b)所示的加工方案时,符合这类零件数据的给出情况,便于加工后检验,叶形的准确度较高,但程序较多。由于曲面零件的边界是敞开的,没有其他表面限制,所以,曲面边界可以延伸,球头刀应由边界外开始加工。

　　③ 孔系加工。对于孔系加工,只要求定位精度高,定位过程尽可能快,应按空走刀行程

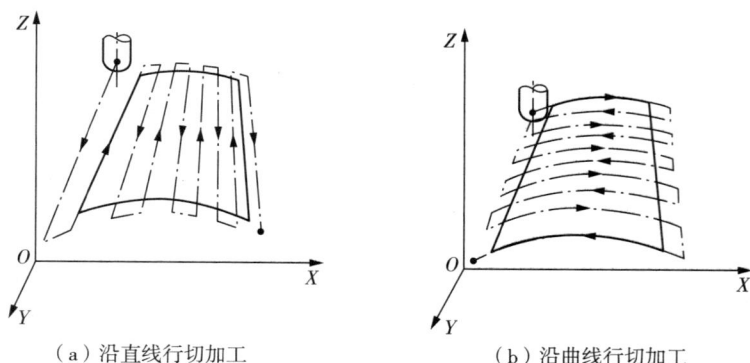

（a）沿直线行切加工　　　　　（b）沿曲线行切加工

图 2-43　铣削曲面类零件两种加工路线

最短来安排加工路线。对位置精度要求较高的孔系加工,在安排孔加工顺序时,还应注意各孔定位方向的一致,即采用单向趋近定位的方法,以避免将机床进给机构的反向间隙带入而影响孔的位置精度。图 2-44 为在零件上加工 6 个尺寸相同的孔的两种加工路线。当按图 2-44(a)所示路线加工时,由于 5、6 孔与 1、2、3、4 孔定位方向相反,Y 轴方向反向间隙会使定位误差增加,而影响 5、6 孔与其他孔的位置精度。按图 2-44(b)所示路线,加工完 4 孔后往上多移动一段距离到 P 点,然后再折回来加工 5、6 孔,这样方向一致,可避免反向间隙的引入,提高了 5、6 孔与其他孔的位置精度。

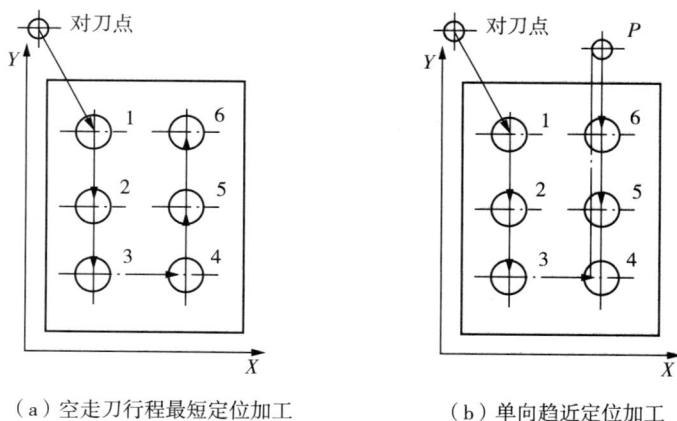

（a）空走刀行程最短定位加工　　　　　（b）单向趋近定位加工

图 2-44　孔系的两种加工路线

④ 完工轮廓精加工。零件完工轮廓的精加工通常可以安排一刀或多刀进行铣削,且由最后一刀连续加工而成。此时需要考虑加工刀具的切入、切出位置,尽量不要在连续轮廓中安排切入和切出或换刀及停顿,以免因切削力突然变化而打破加工系统的平衡状态,致使刀具产生弹性变形,从而在光滑连续的轮廓上产生表面划伤或刀痕等缺陷。

（7）加工刀具的选择

数控铣床加工刀具主要分为铣削刀具和孔加工刀具两大类。零件加工时,需要根据机床的加工性能、工件材料的性能、图纸设计要求、加工工序、切削参数及其他相关因素来正确选用。其选择总原则一般是安装调整方便、刚性好、耐用度和精度高。在满足加工要求的前提下,尽量选择较短的刀柄,以提高刀具加工的刚性。

1)铣削刀具包括盘铣刀、键槽铣刀、立铣刀、圆鼻刀、球头铣刀、环形铣刀、锥形铣刀及螺纹铣刀等。在进行铣削加工时,选择刀具要考虑刀具形状和尺寸与加工零件形状和尺寸相适应,具体如下:

① 加工大平面时,应尽量选用盘铣刀。

② 加工平面零件轮廓时,常选用立铣刀。

③ 加工凸台、凹槽时,选用立铣刀或键槽铣刀。

④ 加工中大直径螺纹孔时,采用螺纹铣刀。

⑤ 加工空间曲面和变斜角轮廓外形时,常先选用盘铣刀、键槽铣刀、立铣刀或圆鼻刀进行粗加工,再选用球头铣刀、环形铣刀、锥形铣刀进行精加工。

2)孔加工刀具包括麻花钻头、扩孔钻、镗刀、铰刀及丝锥等。孔加工刀具的尺寸包括直径尺寸和长度尺寸。孔加工刀具的直径尺寸一般根据被加工孔直径确定。在数控铣床上,刀具长度一般是指主轴端面到刀尖的距离,其选择原则是:在满足各个部位加工要求的前提下,尽可能减小刀具长度,以提高工艺系统刚性。进行孔加工时,应注意以下问题:

① 钻头直径 D 应满足 $L/D \leqslant 5$(L 为钻孔深度)的条件。对钻孔深度与直径比大于 5 的深孔,可以采用固定循环程序,中途可实现多次自动进退,以便冷却和排屑。

② 钻孔前先用中心钻钻中心孔,可起到定心和引正的作用。也可以用直径较大的短钻头划窝引正,然后钻孔,这样既可以解决钻孔引正问题,还可以代替孔口倒角。

③ 镗孔时应尽量选用对称的多刃镗刀进行切削,以平衡径向力,减少镗削振动。

(8)选择切削用量

前面详细介绍了影响切削用量的重要因素和选择原则,这里不再赘述,下面主要介绍数控铣削的切削用量的选择原则。

数控铣削的切削用量包括:切削速度、进给速度、背吃刀量和侧吃刀量。从刀具使用寿命角度出发,切削用量的选择方法是:先选择背吃刀量或侧吃刀量,其次选择进给速度,最后确定切削速度。

1)背吃刀量 a_p 或侧吃刀量 a_e 的选取。背吃刀量 a_p 为平行铣刀轴线测量的切削层尺寸,单位为 mm。而圆周铣削时,a_p 为被加工表面的宽度,如图 2 - 45(a)所示;端面铣削时,a_p 为切削层深度,如图 2 - 45(b)所示。

侧吃刀量 a_e 为垂直于铣刀轴线测量的切削层尺寸,单位为 mm。圆周铣削时,a_e 为切削层深度,如图 2 - 45(a)所示;端面铣削时,a_e 为被加工表面宽度,如图 2 - 45(b)所示。

背吃刀量或侧吃刀量的选取主要由加工余量和对表面质量的要求决定。

① 工件表面粗糙度值要求 $Ra=12.5 \sim 25$ 时,如果圆周铣削的加工余量小于 5 mm,端面铣削的加工余量小于 6 mm,则粗铣一次进给就可以达到要求。在加工余量较大、工艺系统刚性较差或机床动力不足时,可分两次进给完成。

② 在工件表面粗糙度值要求 $Ra=3.2 \sim 12.5$ 时,可分粗铣和半精铣两步进行。粗铣时背吃刀量或侧吃刀量选取同①。粗铣后留 0.5~1.0 mm 余量,在半精铣时切除。

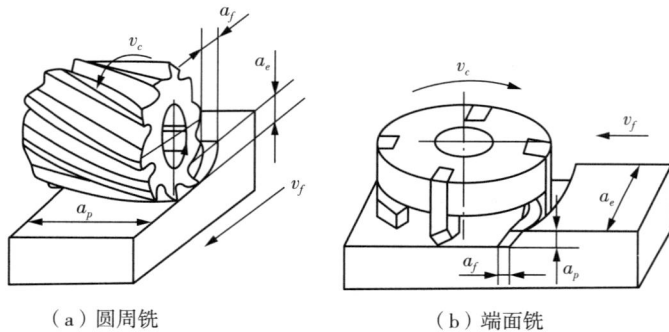

（a）圆周铣　　　　　　　　　（b）端面铣

图 2-45　数控铣削加工的切削用量

③ 在工件表面粗糙度值要求 $Ra=0.8\sim3.2$ 时,可分粗铣、半精铣和精铣三步进行。半精铣时,背吃刀量或侧吃刀量取 $1.5\sim2$ mm;精铣时,圆周铣侧吃刀量取 $0.3\sim0.5$ mm,面铣刀背吃刀量取 $0.5\sim1$ mm。

2）进给量 f 与进给速度 V_f 的选取。数控铣削加工的进给量 f 是指刀具回转一周,工件与刀具沿进给运动方向的相对位移量,单位为 mm/r;进给速度 V_f 是单位时间内工件与铣刀沿进给方向的相对位移量,单位为 mm/min。进给速度与进给量的关系为 $V_f=nf$（n 为刀具转速,单位为 r/min）。进给量 f 与进给速度 V_f 是数控铣削切削用量中的重要参数,根据零件的材料、加工精度要求、表面粗糙度及刀具材料等因素,参考切削用量手册选取或通过选取每齿进给量 f_z,再根据公式 $f=Zf_z$（Z 为铣刀齿数）计算。

每齿进给量 f_z 主要根据工件材料的切削性能、刀具材料、工件表面粗糙度等因素来选取。工件材料的强度和硬度越高,f_z 越小,反之则越大;相同规格的铣刀,硬质合金刀具的每齿进给量 f_z 比高速钢铣刀高;工件表面粗糙度要求越高,f_z 就越小;工件刚性差或刀具强度低时,f_z 尽量选较小值。每齿进给量 f_z 可参考表 2-7 选取。

表 2-7　数控铣削每齿进给量参考值

工件材料	f_z(mm/r)			
	粗铣		精铣	
	高速钢铣刀	硬质合金铣刀	高速钢铣刀	硬质合金铣刀
钢	0.10~0.15	0.10~0.25	0.02~0.05	0.10~0.15
铸铁	0.12~0.20	0.15~0.30		

3）切削速度 V_c 的选取。数控铣削的切削速度 V_c(mm/min)与数控铣刀直径成正比,而与刀具的耐用度、每齿进给量、背吃刀量、侧吃刀量以及铣刀齿数成反比。其原因是:当 f_z、a_p、a_e、z 增大时,刀刃负荷增加,同时工作的齿数也增多,散热效果差,刀具磨损加快,从而限制了切削速度的提高。为延长刀具使用寿命,允许使用较低的切削速度 V_c,但若使用大直径数控铣刀,则应尽可能提高切削速度 V_c。切削速度 V_c 可参考表 2-8 选取,也可参考有关切削用量手册中的经验公式,通过计算来选取。

表 2-8　数控铣削切削速度参考值

工件材料	硬度（HBS）	V_c（mm/min）	
		高速钢铣刀	硬质合金铣刀
钢	＜225	18～42	66～150
	225～325	12～36	54～120
	325～425	6～21	36～75
铸铁	＜190	21～36	66～150
	190～260	9～18	45～90
	260～320	4.5～10	21～30

2.3.3　数控铣床编程与操作

1. 数控铣床基础编程

（1）基础插补指令

G00、G01、G02、G03 指令与数控车床相同。

（2）加工平面设定指令 G17～G19

指令 G17～G19 用于选择圆弧插补平面和刀具补偿平面的设定。如图 2-46 所示，G17 选择 XOY 平面，G18 选择 XOZ 平面，G19 选择 YOZ 平面。该组指令为模态指令，在数控铣床上，数控系统初始状态一般默认为 G17 状态，若要在其他平面上加工则应使用坐标平面选择指令。

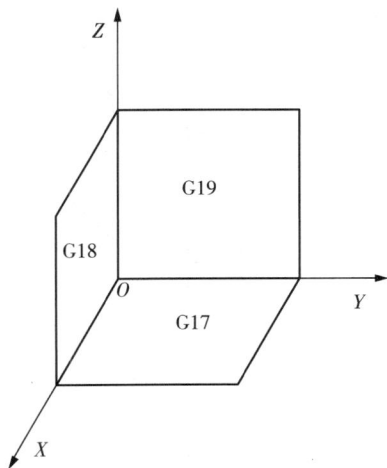

（3）工件坐标系设定指令（G54～G59）

指令 G54～G59 是采用工件原点在机床坐标系内的坐标值来设定工件坐标系的位置。

G54～G59 一经设定，工件坐标系原点在机床坐标系中的位置是不变的，它与刀具的当前位置无关，除非更改。在系统断电后并不破坏工件坐标系，再次开机后返回到参考点时仍有效。

若在工作台上同时加工多个相同的零件或不同零件，它们都有各自的尺寸基准。在编程过程中，有时为了避免尺寸换算，可以建立多个工件坐标系。其坐标原点设在便于编程的某一固定点上，当加工某个零件时，只需选择相应的工件坐标系编制加工程序。

图 2-46　数控铣床加工平面

（4）绝对坐标编程指令 G90

在坐标系中，所有基点、节点的坐标，都是以某一固定点为坐标原点给出的，即以固定的坐标原点为起点，计算各点的坐标值，这样的坐标系为绝对坐标系。

利用绝对坐标系确定刀具（或工件）的运动轨迹坐标值的编程方法，称为绝对坐标编程（G90）。绝对坐标值与刀具（或工件）的运动方向无关，它是由运动轨迹终点在坐标系中的

位置决定的。绝对坐标编程在程序段中用 G90 指令来设定,该指令表示后续程序中的所有编程尺寸,都是按绝对坐标值给定的。

(5)增量坐标编程指令 G91

在坐标系中,刀具(或工件)的运动轨迹坐标值是以前一个位置为零点计算的,这样的坐标系称为增量坐标系,又称为相对坐标系。

利用增量坐标系确定刀具(或工件)的运动轨迹坐标值的编程方法,称为增量坐标编程(G91)。增量坐标值与刀具(或工件)的运动方向有关,当刀具运动方向与机床坐标系正方向相同时为正,反之为负。增量坐标编程在程序段中用 G91 指令来设定,该指令表示后续程序中的所有编程尺寸,都是按增量坐标值给定的。

(6)刀具半径补偿指令 G41、G42、G40

铣刀刀位点设定在铣刀端面中心,因为铣刀半径的存在,其切削刃实际切削轨迹与编程轨迹偏移距离为铣刀半径 R。刀具半径补偿功能可以简化编程,编程时无须考虑刀具半径,直接按照零件轮廓进行编程。同时,可以通过一个程序完成零件的粗加工、半精加工和精加工且对刀具的磨损进行补偿。刀具半径补偿有左补偿(G41)和右补偿(G42)两种。沿刀具进给方向看,刀具在加工轮廓的左侧,为左补偿(G41),如图 2-47(a)所示;刀具在加工轮廓的右侧为右补偿(G42),如图 2-47(b)所示。刀具半径补偿指令是模态指令,用完需用 G40 指令取消。

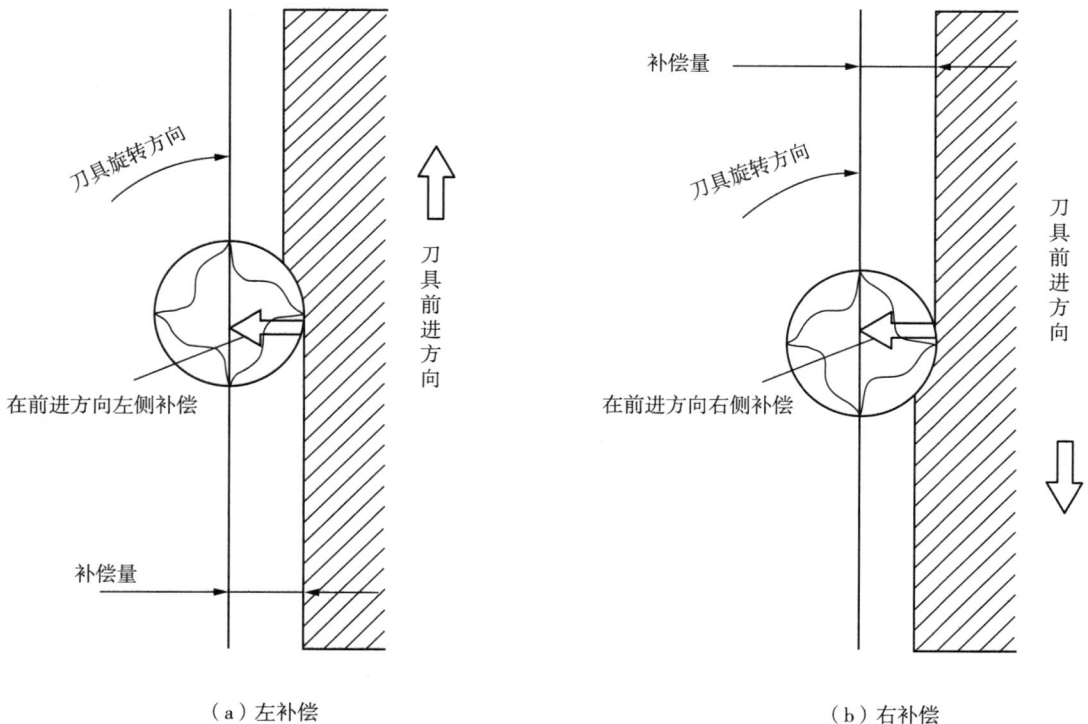

（a）左补偿　　　　　　　　　　（b）右补偿

图 2-47　刀具半径补偿

程序格式：

$$\left\{\begin{matrix}G00\\G01\end{matrix}\right.\left\{\begin{matrix}G00\\G42\end{matrix}\right.\left\{\begin{matrix}G41\\\end{matrix}\right. \quad X\_Y\_D\_F\_（建立刀具半径补偿）$$

$$\left\{\begin{matrix}G00\\G01\end{matrix}\right.\left\{\quad G40X\_Y\_Z\_F\_（取消刀具半径补偿）\right.$$

例题 2－1

编制如图 2－48 所示的零件图，试采用刀具半径补偿指令编制加工程序，刀具直径为 6 mm。

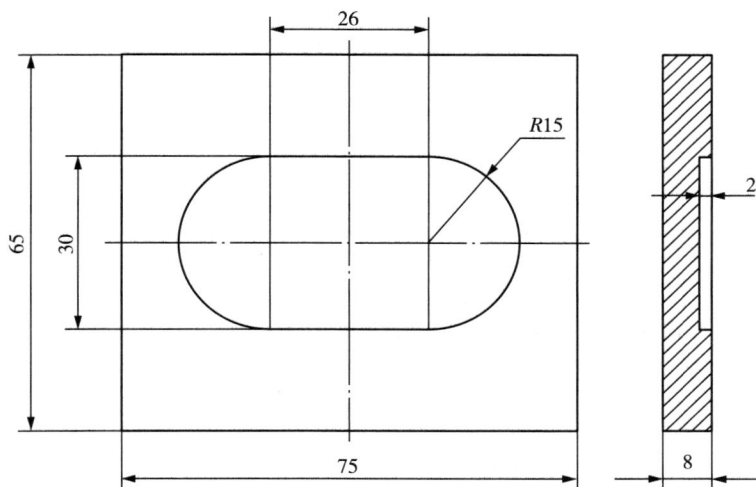

图 2－48 数控铣削平面型腔

例题 2-1 加工程序详见表 2-9。

表 2－9 例题 2－1 加工程序

程序	备注
O0001；	主程序名
S500M03；	主轴正转,转速为 500 r/min
G90G54G40G00Z50；	选择 G54 坐标系
G00X0Y0；	选择下刀点
G00Z3；	快速移到下刀平面
G01Z－2F100；	Z 方向进给
D01M98P2；	调用子程序（D01＝13）
D02M98P2；	调用子程序（D02＝8）
D03M98P2；	调用子程序（D03＝3）

（续表）

程序	备注
G00Z50；	退刀
M30；	程序结束
O0002；	子程序名
G41G01X0Y15F300；	启动刀补
G01X－13Y15；	
G03X－13Y－15R15；	
G01X13Y－15；	
G03X13Y15R15；	
G01X0Y15；	
G40G01X0Y0；	取消刀补
M99；	返回主程序

（7）刀具长度补偿指令 G43、G44、G49

使用刀具长度补偿指令，在编程时就不必考虑刀具的实际长度及各把刀具不同的长度尺寸。当因刀具磨损、更换刀具等引起刀具长度尺寸变化时，只需修正刀具长度补偿量，不必调整程序或刀具。

G43 为正补偿，将 Z 坐标尺寸字与 H 代码中长度补偿的量相加，按其结果进行 Z 轴运动，如图 2－49(a)所示。

G44 为负补偿，将 Z 坐标尺寸字与 H 中长度补偿的量相减，按其结果进行 Z 轴运动，如图 2－49(b)所示。

G49 为撤销补偿。

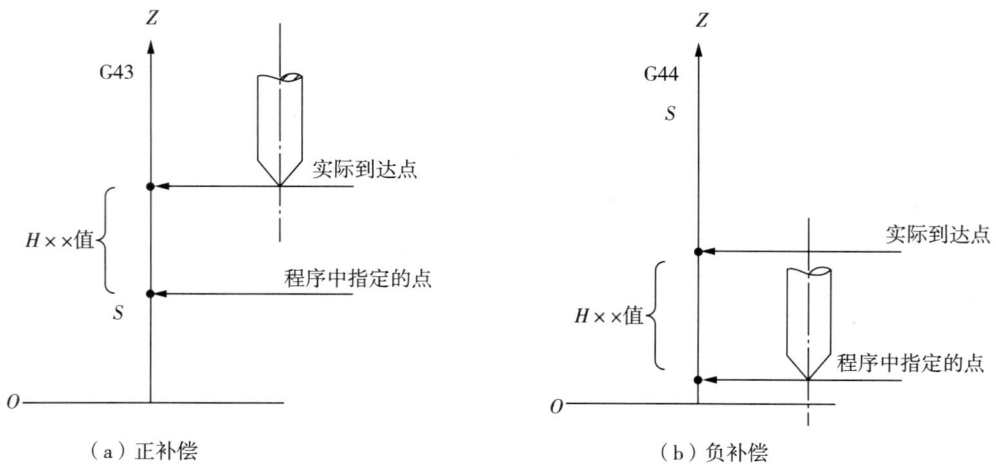

（a）正补偿 （b）负补偿

图 2－49 刀具长度补偿

程序格式：

$$\begin{Bmatrix} G00 \\ G01 \end{Bmatrix}\begin{Bmatrix} G43 \\ G44 \end{Bmatrix}\quad Z\_H\_(\text{建立刀具长度补偿})$$

$$\begin{Bmatrix} G00 \\ G01 \end{Bmatrix}\begin{Bmatrix} G49(\text{取消刀具长度补偿}) \end{Bmatrix}$$

（8）固定循环指令（G73、G74、G76、G80～G89）

固定循环指令可以用一个程序段取代多个程序段，从而简化程序。固定循环指令有 G73、G74、G76、G80～G89，其中 G80 是取消固定循环。固定循环指令应用于孔的加工，其加工过程可分解为多个动作，例如钻孔可分解为图 2-50 所示的 6 个动作。

① X、Y 轴定位，起刀点 A→初始点 B。

② 快速定位到 R 点。

③ 孔加工（钻孔或镗孔等）。

④ 孔底的动作（暂停、主轴停止）。

⑤ 退回到 R 点（参考点）；

⑥ 快速返回到初始点。

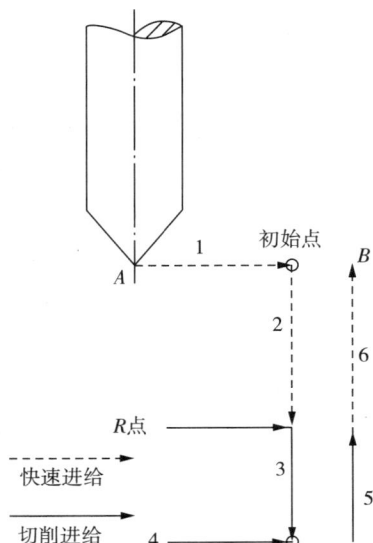

图 2-50　固定循环动作分解

1）返回平面设定指令 G98、G99。在返回动作中，G98 是返回到初始点平面，如图 2-51（a）所示；G99 是返回到 R 点平面，如图 2-51（b）所示。通常，单孔加工、末孔加工用 G98，多孔加工、首孔加工用 G99，这样可减少辅助时间。用 G99 进行孔加工时，初始点平面相同。

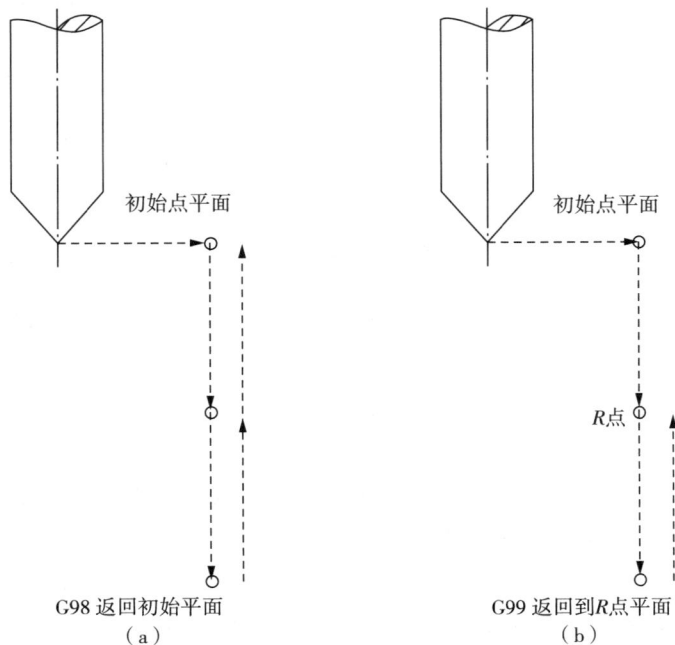

G98 返回初始平面
（a）

G99 返回到R点平面
（b）

图 2-51　G98、G99 的返回平面

2)程序格式:

$$\begin{Bmatrix} G90 \\ G90 \end{Bmatrix} \begin{Bmatrix} G98 \\ G99 \end{Bmatrix} \quad \underline{G}\,\underline{X}\,\underline{Y}\,\underline{Z}\,\underline{R}\,\underline{Q}\,\underline{P}\,\underline{F}\,;$$

3)字符说明:

G_:固定循环代码 G73、G74、G76、G81~G89 之一。

X_Y_:孔位置坐标,用绝对值或增量值指定孔位置,刀具以快速进给方式到达(X,Y)点。

Z_:孔加工轴线方向切削进给最终位置坐标值,在采用绝对方式时,Z 值为孔底坐标值,如图 2-52(a)所示;采用增量方式时,Z 值为 R 点平面相对于孔底的增量值,如图 2-52(b)所示。

R_:在采用绝对方式时,为 R 点平面的绝对坐标,如图 2-52(a)所示;在采用增量方式时,R 值为初始点相对于 R 点平面的增量值,如图 2-52(b)所示。

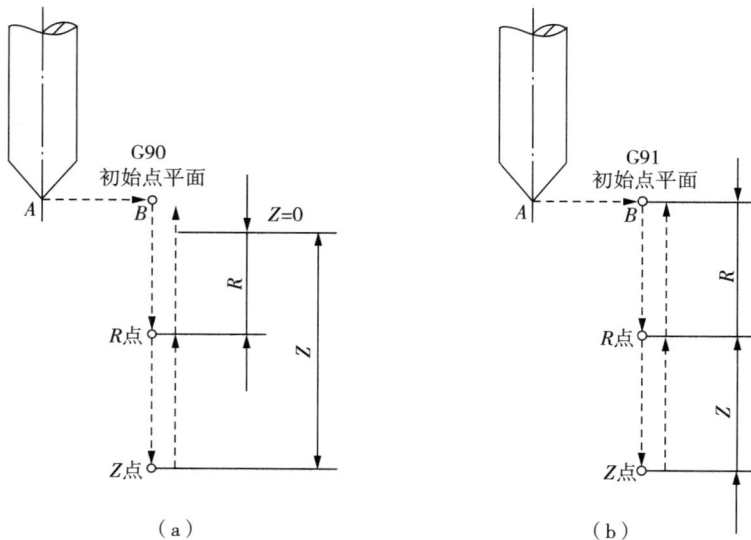

图 2-52 采用绝对与相对方式时,R 和 Z 的对比

Q_:在适用于深孔钻削加工 G83 和深孔高速啄钻 G73 方式中,它被规定为每次切削深度,始终是一个增量值。

P_:规定在孔底暂停的时间,用整数表示,以 ms 为单位。

F_:切削进给速度,单位为 mm/min。

当孔加工方式建立后,会一直有效,不需要在执行相同孔加工方式的各个程序段中指定,直到被新的孔加工方式所更新或取消。

上述孔加工数据,不一定全部都写,根据需要可以省去若干地址和数据。

这里的固定循环指令是模态指令,一旦指定,就一直保持有效,直到用 G80 取消指令为止。此外,G00、G01、G02、G03 也起取消固定循环指令的作用。

4）常用孔加工循环：

① G81 钻定位孔循环：

$$\begin{cases} G98 \\ G99 \end{cases} \quad G81\ X\_Y\_Z\_R\_F\_;$$

G81 钻孔动作循环，包括 X、Y 坐标定位，快进、工进和快速返回等动作，如图 2-53 所示。

② G83 深孔钻削加工循环：

$$\begin{cases} G98 \\ G99 \end{cases} \quad G83\ X\_Y\_Z\_R\_Q\_F\_;$$

G83 钻孔动作循环，包括 X、Y 坐标定位，快进、工进和快速返回等动作。q 为每次切削深度，如图 2-54 所示。

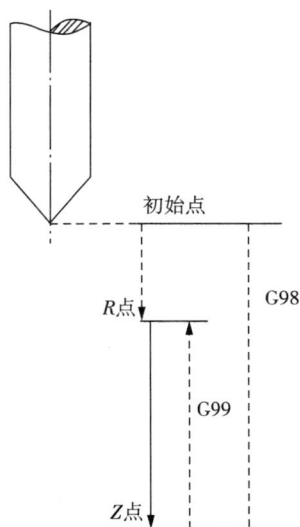

图 2-53　G81 钻中心孔循环动作

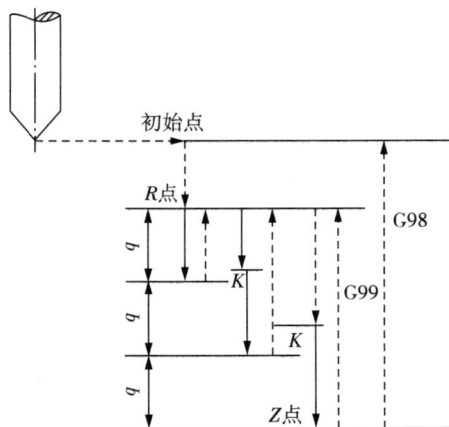

图 2-54　G83 深孔钻削加工循环动作

③ G73 深孔高速啄钻循环：

$$\begin{cases} G98 \\ G99 \end{cases} \quad G73\ X\_Y\_Z\_R\_Q\_F\_;$$

G73 钻孔动作循环，包括 X、Y 坐标定位，快进、工进和快速返回等动作。q 为每次切削深度。G73 用于 Z 轴的间歇进给，使深孔加工时易排屑，减少退刀量，可以进行高效率的加工，如图 2-55 所示。

④ G84 右旋攻丝循环：

$$\begin{cases} G98 \\ G99 \end{cases} \quad G84\ X\_Y\_Z\_R\_F\_;$$

G84 右旋攻丝时从 R 点到 Z 点,主轴正转,在孔底暂停后,主轴反转,然后退回,如图 2-56 所示。注意:攻丝时,速度倍率、进给保持均不起作用。

$F = S * T$(S 是主轴转速,T 是导程,且主轴必须有编码器,具备 M29 刚性攻丝功能,可使主轴与 Z 轴插补运行)。

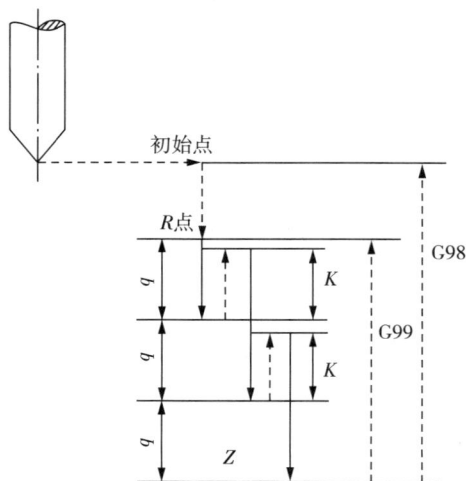

图 2-55 G73 深孔高速啄钻循环动作

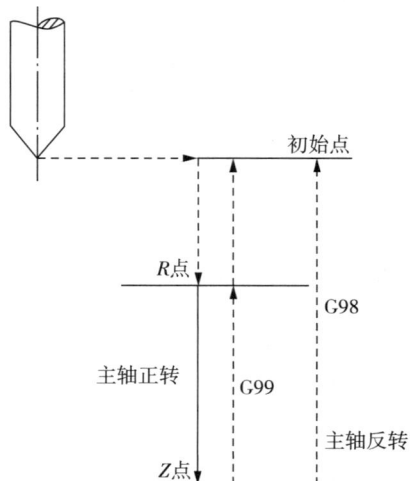

图 2-56 G84 右旋攻丝循环动作

例题 2-2

试采用固定循环指令编制如图 2-57 所示四个孔的钻孔程序和右旋攻丝程序,钻孔深度为 20 mm,攻丝深度为 15 mm。

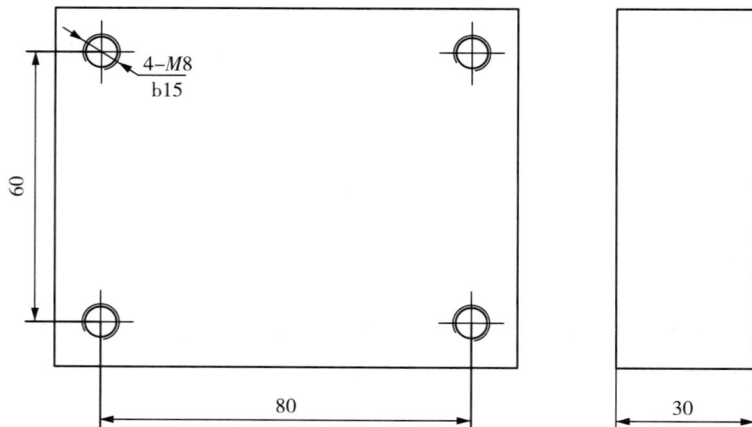

图 2-57 数控铣床钻孔和攻丝

例题 2-2 加工程序详见表 2-10。

表 2 - 10　例题 2 - 2 加工程序

钻孔程序	M29 刚性攻丝程序
O0003；	O0004；
S600M03；	S60M03；
G90G54G00Z50；	G90G54G00Z50；
G99G73/G83X40Y30R3Q5Z－20F50；	M29G99G84X40Y30Z－15F75；
Y－30；	Y－30；
X－40；	X－40；
Y40；	Y40；
X30；	X30；
G80；	G80；
M30；	M30；

2. 数控铣床基本操作

这里以大连 VDLS850 三轴数控铣床（数控系统为 FANUCSeries0i－MFPlus）为例，介绍数控铣床的基本操作过程。图 2 - 58 为该机床的控制面板，由 CRT 屏幕、MDI 面板和机床面板三大模块组成。

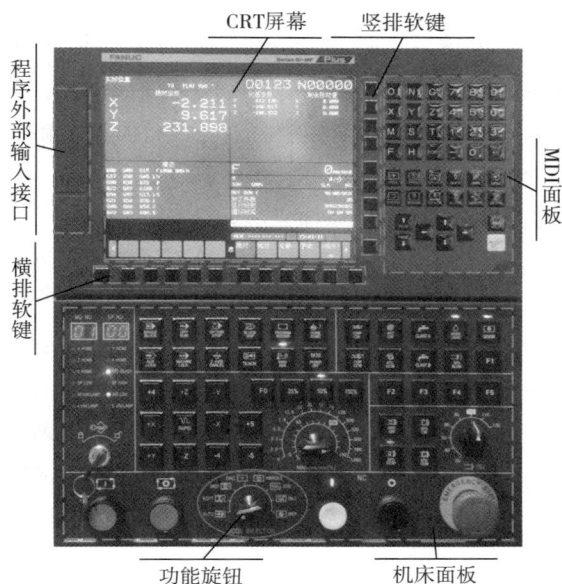

图 2 - 58　大连 VDLS850 三轴数控铣床控制面板

（1）开机

检查确认机床电气箱、电气柜的门是否已关闭,润滑油箱油位是否正常后,将机床侧面总电源开关从 OFF 挡旋至 ON 挡,接通机床电源→按 NC 开(白色)按键,打开系统→等待系统界面初始化完成→旋开紧急停止按钮(机床面板和手轮),开机完成。

（2）回零(建立机床坐标系)

按 POS 键切换 CRT 屏幕至坐标系界面→确认各坐标轴当前位置是否符合回零条件(各坐标轴偏离机械坐标原点 50 mm 以上),若不符合,则将功能旋钮旋至 JOG 或HANDLE 挡位,移动坐标轴至符合回零条件位置→将功能旋钮旋至 REF 挡位→依次按+Z、+Y、-X 键→按 HOMESTART 键,回零开始→等待 CRT 屏幕中机械坐标中各轴数值变为 0,回零完成。

（3）装夹毛坯

松开平口钳→将毛坯水平放在钳口中垫块→夹紧平口钳→用紫铜棒或橡皮锤敲实毛坯。

（4）对刀(建立工件坐标系)

对刀方法比较多,如辅助工具法(借助于光电寻边器、离心寻边器、塞尺、标准棒、Z 轴设定器等专用工具等)、激光对刀法、自动对刀法(如雷尼绍自动对刀仪)及试切对刀法等。下面重点介绍试切对刀法,即刀具试切工件表面带确定工件坐标系原点。具体操作步骤如下:

1)将功能旋钮旋至 MDI 挡位→按 PROG 键,进入编程界面,→编写主轴转速指令(如S300M03;),按 INSERT 键录入系统→按循环启动(绿色)键使主轴旋转。

2)按 POS 键切换 CRT 屏幕至相对坐标系界面→将功能旋钮旋至 HANDWHEEL 挡位→按主轴正转键。

3)摇动手轮控制刀具移至靠近工件 X 向一侧,并与工件相切→按 X 键→按"起源"软键,再按"执行"软键,将相对坐标中 X 值归零→摇动手轮抬起刀具,并将刀具移至工件 X 向一侧,并与工件相切,同时记住此时相对坐标中 X 数值→摇动手轮抬起刀具,并将刀具移至相对坐标中 X 数值 1/2 处,即确定 X 轴工件坐标系原点。

4)使用同样方法确定 Y 轴工件坐标系原点。

5)摇动手轮控制刀具移动,使刀具端面与工件上表面相切,即可确定 Z 轴工件坐标系原点。

6)按 OFS/SET 键,切换至"刀偏"界面→按"工件坐标系"软键,切换至工件坐标系设定界面→按方向键(左、右、上、下箭头)将黄色光标移至 G54 坐标系中 X 轴→编写"X0",再按"测量"软键,完成 X 轴工件坐标系原点的设定,依次进行 Y 轴、Z 轴工件坐标系原点的设定。

7)摇动手轮控制刀具移动,抬升刀具至安全位置→按 RESET 键,使主轴停转,对刀完成。

（5）程序录入

录入程序的方法有 CF 卡读取、U 盘读取、以太网传输、RS2323 串口传输及 MDI 面板手工输入等。下面介绍 MDI 面板手工输入方法。

将功能旋钮旋至 EDIT 挡位→按 PROG 键,进入"程序(字)"界面→手工录入程序。

(6)程序校验

按 CUSTM 键→按"路径执行"软键→按"操作"软键→按"程序选择"软键,切换至"程序-目录"界面→按方向键(左、右、上、下箭头)将黄色光标移至需要校验的程序→按"绘图选择"软键,切换至"刀具路径图"界面→按"开始"软键,CRT 屏幕窗口显示加工轨迹,对比图纸检查。

(7)工件加工

将功能旋钮旋至 AUTO 挡位→按循环启动键,机床进入自动运行状态,等待运行结束。

(8)机床维护保养

取出加工完成的工件,将工作台停至中间位置,先使用气枪吹扫工作台面的冷却液及切屑,再用棉纱将工作台面擦拭干净,填写机床使用记录本。

(9)关机

依次按下紧急停止按钮→按下 NC 关(黑色)按键,关闭系统→将机床侧面总电源开关从 ON 挡旋至 OFF 挡,断开机床电源。

3. 数控铣床安全操作规程

1)操作机床前,必须按规定穿戴用品,不准穿短裤、裙子、拖鞋、高跟鞋,女生戴好工作帽,不准戴手套。

2)未经指导教师同意不得开机。请勿更改 CNC 系统参数或进行任何参数设定。

3)必须在教师的指导下逐个操作机床,禁止多人同时操作一台机床。

4)加工前要认真检查机床是否符合要求,认真检查刀具是否锁紧及工件固定是否牢靠。要空运行核对程序并检查刀具设定是否正确。

5)不能接触旋转中的工件或刀具;测量工件、清理机器或设备时,请先将机器停止运转。

6)机床运转中,操作者不得离开岗位,机床发生异常现象立即停车。

7)加工中发生报警,请及时按重置键"RESET"使系统复位。紧急时,可按紧急停止按钮来停止机床加工,恢复正常后,务必再使各轴复归机械原点。

8)加工完毕后要清扫机床,清除切屑、擦拭机床,使机床与环境保持清洁状态。

9)检查润滑油、冷却液的状态,及时添加或更换。

10)依次关掉机床操作面板上的电源和总电源。

2.3.4　数控铣削加工实例——凸轮类零件加工

图 2-59 为平面槽形凸轮零件图,该零件材料为 6061 铝合金。该零件在送达数控铣床之前,已完成除凸轮槽以外所有要素的加工,现需要采用数控铣床加工该凸轮槽,试进行数控铣削加工工艺分析,并编写加工程序。

1. 数控铣削加工工艺分析

(1)分析零件工艺性

该零件凸轮槽轮廓沿 $A \to B \to C \to D \to E \to F \to A$ 路径分别由直线 AB、圆弧 $\overset{\frown}{BC}$、圆弧

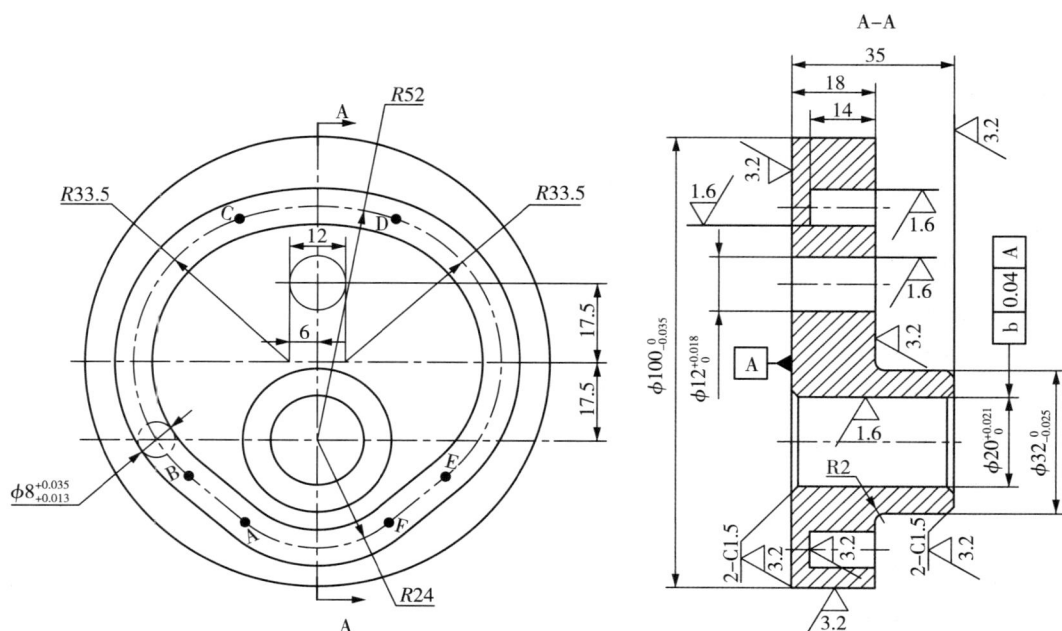

图 2-59 平面槽形凸轮零件图

$\widehat{CD}$、圆弧$\widehat{DE}$、直线 EF 和圆弧$\widehat{EA}$组成。组成轮廓的各几何元素关系描述清楚,条件充分,所需要的基点坐标容易计算。凸轮槽侧面表面粗糙度 $Ra=1.6$,表面质量要求较高。凸轮槽$\phi 20$孔与基准面 A 有垂直度要求,需要提高装夹定位精度,使基准面 A 与铣刀轴线垂直。该零件材料为 6061 铝合金,切削加工性能较好。

（2）装夹零件与夹具选择

根据零件特点,在前期加工的基础上,采用"一面两销"的定位方式,即以基准面 A 和$\phi 12$,$\phi 20$ 两个基准孔为定位基准。根据工件特点,使用一块平面度为 0.03 mm、尺寸为 120 mm×120 mm×40 mm 的垫块,先用精密平口钳夹紧该垫块,再用百分表校验垫块平面度并找正后,在垫块上分别精镗$\phi 20$ 及$\phi 12$ 两个定位孔,孔距离为 35 mm。之后,将槽型凸轮半成品通过定位销和螺母固定在该垫块上。槽形凸轮装夹如图 2-60 所示。

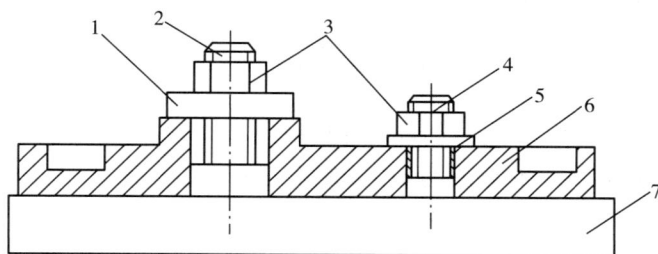

图 2-60 槽形凸轮装夹

1—开口垫圈;2—带螺纹圆柱销;3—压紧螺母;4—带螺纹削边销;5—垫圈;6—工件;7—垫块

（3）选择加工方法与设计加工路线

1）选择加工方法。通过对零件图样的工艺分析可知，该槽形凸轮组成元素只涉及直线和圆弧，没有任何复杂曲面，属于平面类零件，所以可采用两轴半加工的数控铣床加工。为了保证凸轮槽侧面表面粗糙度 Ra＝1.6 的要求，可通过粗、精加工两个阶段进行加工。

2）设计加工路线。整个零件加工顺序的制定，按照"基面先行、先面后孔、先粗后精"的原则确定。因此，应先加工用作定位基准的 $\phi12$、$\phi20$ 两个定位孔、基准面 A，然后再加工凸轮槽。因为该零件的 $\phi12$、$\phi20$ 两个定位孔、基准面 A 已在前面工序加工完毕，这里只分析凸轮槽的加工路线。加工路线包括平面内进给走刀和深度进给走刀两部分路线。平面内进给走刀，对外轮廓是从切线方向切入，对内轮廓是从过渡圆弧切入。为了使凸轮槽具有较好的表面质量，需采用顺铣方式铣削。在数控铣床上加工平面槽形凸轮，有两种深度进给的方法：第一种是在 XOZ 平面或 YOZ 平面内来回铣削，逐渐进刀到既定深度；第二种是先钻一个工艺孔，然后从工艺孔进刀到既定深度，若深度较大，可采取分层加工。由于该凸轮槽由多条圆弧和直线组合而成，为简化编程，可采用第二种深度进给方法。

3）选择加工刀具。根据零件的结构特点，铣削凸轮槽内外轮廓（即凸轮槽两侧面）时，铣刀直径受槽宽 8 mm 限制，故取刀具直径为 6 mm。另外，该零件材料为 6061 铝合金，有良好的切削性能，粗加工选用 $\phi6$ 三刃硬质合金波纹铣刀，精加工选用 $\phi6$ 四刃硬质合金立铣刀，具体参数详见表 2－11 所列槽形凸轮数控加工刀具卡片。

表 2－11　槽形凸轮数控加工刀具卡片

产品名称或代号		零件名称	槽形凸轮	零件图号		工序号	工序 3
序号	刀具号	刀具规格名称	数量	刃长	加工表面		备注
1	T01	$\phi6.8$ 高速钢麻花钻	1	50	钻引入孔		
2	T02	$\phi6$ 三刃硬质合金波纹铣刀	1	20	粗铣凸轮槽内外轮廓		
3	T03	$\phi6$ 四刃硬质合金立铣刀	1	20	精铣凸轮槽内外轮廓		
编制		审核		批准		年　月　日	共　　页	第　　页

4）选择切削用量。进行凸轮槽内外轮廓粗加工时，留 0.3 mm 精加工余量，选择主轴转速与进给速度时，先根据切削用量手册，确定切削速度与每齿进给量，然后利用切削速度计算公式计算主轴转速 n，最后用进给速度计算公式计算进给速度。如果计算出来的理论参数在实际加工过程中不合理，再结合自身加工经验进行微调。具体参数详见表 2－12 所列槽形凸轮数控加工工序卡。

表 2 - 12 槽形凸轮数控加工工序卡

单位名称		产品名称或代号	零件名称	材料		零件图号	
			槽型凸轮	6061 铝合金			
工序号	程序编号	夹具名称	夹具编号	设备名称	设备编号	车间	
		专用工装		数控铣	VDLS850	现代制造技术实训车间	
工步号	工步内容	刀具号	刀具规格名称	主轴转速 r/min	进给速度 mm/min	背吃刀量 mm	备注
1	钻下刀位置引入孔	T01	φ6.8 高速钢麻花钻	800	60		自动
2	粗铣凸轮槽内轮廓	T02	φ6 三刃硬质合金波纹铣刀	1 200	200	3.7	自动
3	粗铣凸轮槽外轮廓	T02	φ6 三刃硬质合金波纹铣刀	1 200	200	3.7	自动
4	精铣凸轮槽内轮廓	T03	φ6 四刃硬质合金立铣刀	2 000	500	0.4	自动
5	精铣凸轮槽外轮廓	T03	φ6 四刃硬质合金立铣刀	2 000	500	0.4	自动
编制		审核		批准		共 页	第 页

2. 数控铣削加工程序编写

根据图纸,先利用 CAD 软件绘制出二维图,通过软件中点坐标查询功能查出凸轮槽内外轮廓各节点坐标值。利用刀具半径补偿功能编写出内外轮廓加工程序,通过修改刀补值实现凸轮槽内外轮廓粗、精加工。加工程序详见表 2 - 13 至表 2 - 15。

表 2 - 13 钻下刀位置引入孔加工程序

钻下刀位置引入孔加工程序	备注
O0005;	
S800M03;	
G90G54G00Z50;	
G98G73X−15.484Y−35.837R3Q5Z−14F60;	下刀位置为图纸中 A 点
G80;	
M30;	

表 2 - 14 凸轮槽内轮廓加工程序

凸轮槽内轮廓加工程序	备注
O0006;	主程序名
S1200M03;	主轴正转,转速为 1 200 r/min
G90G54G40G00Z50;	选择 G54 坐标系

（续表）

凸轮槽内轮廓加工程序	备注
G00X−15.484Y−35.837;	快速移至下刀点
G00Z3;	快速移至下刀平面
G01Z−5F100;	Z 方向进给（分层加工）
D01M98P7;	调用子程序（D01＝4.3）
G0Z50;	退刀
M30;	程序结束
O0007;	子程序名
G41G01X−12.903Y−32.781F200;	启动刀补
G01X−25.032Y−22.540;	
G02X−15.568Y27.905R33.5;	
G02X15.568Y27.905R52;	
G02X25.032Y−22.540R33.5;	
G01X12.903Y−32.781;	
G02X−12.903Y−32.781R24;	
G40G01X−15.484Y−35.837;	取消刀补
M99;	返回主程序

表 2-15　凸轮槽外轮廓加工程序

凸轮槽外轮廓加工程序	备注
O0008;	主程序名
S1200M03;	主轴正转,转速为 2 000 r/min
G90G54G40G00Z50;	选择 G54 坐标系
G00X−15.484Y−35.837;	快速移至下刀点
G00Z3;	快速移至下刀平面
G01Z−5F500;	Z 方向进给（分层加工）
D01M98P9;	调用子程序（D01＝4.3）
G0Z50;	退刀
M30;	程序结束
O0009;	子程序名
G41G01X−18.064Y−38.893F500;	启动刀补
G03X18.064Y−38.893R24;	
G01X30.193Y−28.652;	
G03X18.162Y35.473R33.5;	

（续表）

凸轮槽外轮廓加工程序	备注
G03X－18.162Y35.473R52；	
G03X－30.193Y－28.652R33.5；	
G01X－18.064Y－38.893；	
G40G01X－15.484Y－35.837；	取消刀补
M99；	返回主程序

第3章 特种加工

3.1 概述

3.1.1 特种加工

随着科学技术的飞速发展,在一些尖端科学和新兴工业领域,对于复杂型面、薄壁、小孔、窄缝等特殊形状的零件以及各种高强度、高硬度、耐高低温特殊性能材料(如高强度的合金钢、耐热钢、陶瓷、人造金刚石、硅片等)的需求不断提高。用传统的切削加工技术和方法加工这些零件和材料,难以获得预期的效果,甚至无法加工。作为现代制造技术的重要组成部分,特种加工技术应运而生。特种加工在国际上被称为21世纪的技术,在航空航天、医疗、国防等领域广泛运用,已成为模具和工具行业不可缺少的加工技术,并向着精密化、智能化方向发展。

特种加工是利用磁、电、光、热、声、化学等各种能源,采用物理、化学的方法对工件材料进行去除、添加、变形或改变性能等非切削加工方法的统称。

3.1.2 特种加工工艺特点及应用

1. 特种加工工艺特点

(1)非接触性

特种加工"刀具"和工件之间实现非接触,是没有刀具的加工。如图3-1所示,切削加工属于接触加工,加工时是通过工件与刀具接触产生的切削力去除多余的加工余量。切削力会对工件材料产生变形和残余应力等影响,进而影响加工质量和精度。特种加工属于非接触性加工,加工时,"刀具"和被加工工件之间径向几乎没有切削力,可以加工那些难以承受一定切削力的精密零件和精细零件等。

(a)接触加工　　　　(b)接触加工　　　　(c)非接触加工

图3-1　接触加工和非接触加工

（2）以柔克刚

特种加工，不受工件材质硬度的限制，可以加工特别硬的零件，也可以加工特别软的零件，实现了加工的"以柔克刚"。如图 3-2 所示，金刚石和淬火钢属于硬度大的材质，黄铜属于比较软的材质，皮革属于比较软的非金属材质，这些都可以采用特种加工进行加工。

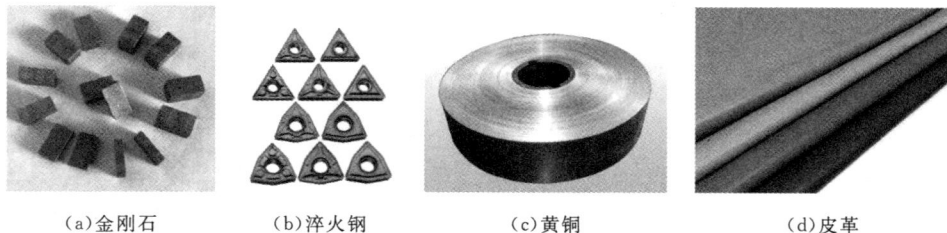

（a）金刚石　　　（b）淬火钢　　　（c）黄铜　　　（d）皮革

图 3-2　不同硬度的材质

（3）熔融加工

特种加工直接利用的能源不是机械能，而是磁、电、光、热、声、化学等多种能源。加工时，可以不需要考虑工件的硬度、强度等机械性能，大多属于"熔融加工"。特种加工可以利用两种或两种以上不同类型的能量相互组合而形成新的复合加工，提高加工的综合效果。

（4）微细加工

有些特种加工，如超声波加工、电化学加工、水喷射、磨料流等，加工余量微细，不仅可以加工尺寸微小的孔、窄缝，还能获得高精度、极低粗糙度的工件加工表面。

2. 特种加工的应用

特种加工应用领域非常广泛，主要体现在以下几个方面：

1）难加工的材料：如特制钢、耐热不锈钢、陶瓷、金刚石、硅片等高硬度、高韧性、高强度、高熔点材料加工。

2）特殊形状的零件：如复杂零件三维型腔、小孔、窄缝等特殊形状的零件加工，如图 3-3 所示。

3）低刚度零件：如薄壁零件、弹性元件等零件的加工。

图 3-3　难加工的零件

4）特种加工还以高能量、密度束流，运用于焊接、切割、制孔、喷涂、表面改性、刻蚀和精细加工领域。

3.1.3　特种加工分类

特种加工涉及面非常广泛，分类方式也不尽相同，按利用的能量类型和加工机理的不同，可分成五大类：利用电能和热能的电火花加工；利用光能和热能的激光加工；利用化学能的电解、电镀、电铸加工；电子束加工、离子束加工；超声波加工等，如图 3-4 所示。

图 3-4　特种加工分类

3.2　电火花线切割加工

3.2.1　概述

1960 年,苏联拉扎林科夫妇研究开关触点受火花放电腐蚀损坏的现象和原因时,发现电火花的瞬时高温可以使局部的金属熔化、氧化而被腐蚀掉,从而开创和发明了电火花加工方法。电火花线切割加工(Wire-cut Electrical Discharge,简称WED),是在电火花穿孔、成型加工的基础上发展起来的,属于电加工的范畴。我国是第一个将电火花线切割工艺用于工业生产的国家。

1. 电火花线切割加工原理

电火花线切割简称线切割。储丝筒、导轮、电极丝和丝架等部件组成一个闭合的回路,支撑电极丝可以沿着一定方向运动。加工时,工件平放在工作台上;工作台带动工件沿着 X 轴、Y 轴按预定控制轨迹,相对于电极丝做复合运动,如图 3-5 所示。脉冲电源的一极接电极丝,另一极接工件。电极丝和工件之间保证一定的放电间隙,形成瞬时、脉冲性火花放电,缝隙间温度急剧升高,局部金属熔化,甚至汽化,从而将金属蚀除,达到加工目的。从宏观上看,工件像被电极丝按照一定路径"切割"一样,所以称为电火花线切割加工。

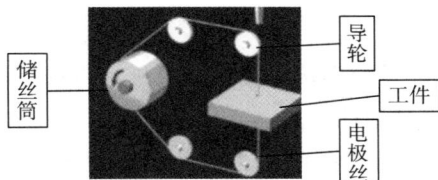

图 3-5　电火花线切割加工原理

2. 电火花线切割加工分类

电火花线切割机按走丝速度可分为高速往复走丝电火花线切割机(俗称"快走丝")、低速单向走丝电火花线切割机(俗称"慢走丝"),也可按工作台形式分成单立柱十字工作台型和双立柱型(俗称龙门型)。近几年来,中走丝电火花线切割被广泛应用。它是将快走丝和慢走丝工艺相结合,先采用快走丝进行粗加工,然后再用慢走丝进行低速精加工。通过多次切割,不仅提高了加工精度和表面质量,而且提高了加工速度,加工质量有明显提高。中走丝仍然属于高速走丝电火花线切割加工的范畴。线切割加工快走丝和慢走丝工艺比较详见表3-1。

表3-1 线切割加工快走丝和慢走丝工艺比较

	快走丝	慢走丝
走丝速率	8~10 m/s	0.2 m/s
电极丝材质	钼丝	铜丝
电极丝使用次数	可以重复使用	只能使用一次
工作液	乳化液、皂化液	去离子水、双蒸水、汽油
加工精度	0.018 mm	0.005 mm
表面粗糙度	Ra=1.25~2.5	Ra=0.16
应用范围	模具加工,特殊形状零件加工,特殊材料零件加工,工具电极加工,新产品试制	精密冲模、粉末冶金冲压模、成形刀具、特殊形状及精密零件加工

3. 电火花线切割加工特点及应用

1)线切割加工,工具电极是一根直径小于0.5 mm的金属丝。加工时,电极丝和工件之间通过脉冲放电进行加工。线切割加工用于精密、精细和复杂形状的零件加工。比如不规则齿轮、直角键槽、窄缝等特殊形状的零件加工,如图3-6所示。

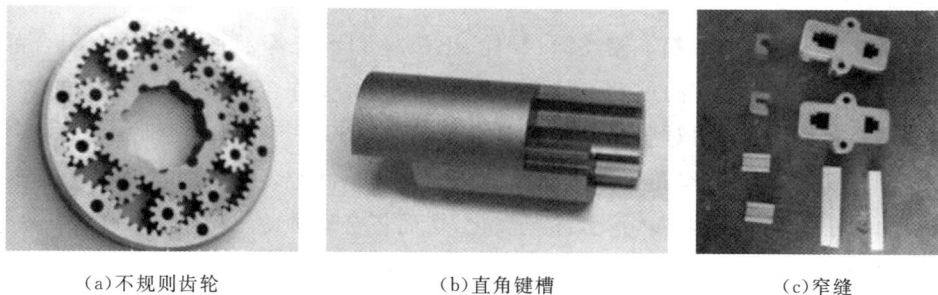

(a)不规则齿轮　　　　　　(b)直角键槽　　　　　　(c)窄缝

图3-6 适合线切割加工零件实例

2)线切割加工,工件和电极丝分别接电源的正负极,可以加工的零件材质只能是金属元素、合金、复合金属等导体或者半导体材料。

3)线切割加工,属于精细和精密加工,一般安排在零件加工工序的后半段。零件完成下料、锻造、退火、机械粗加工、热处理、机械精加工后,再进行线切割加工,最后是钳工修磨放电痕迹。

4）线切割加工，也存在一定的局限性。有如下要求的零件不适合采用线切割加工：

① 工件尺寸精度要求很高，且切割后无法进行人工修磨的工件，不宜用线切割加工。线切割加工利用电极丝和工件之间的脉冲性火花放电达到熔融加工的目的，加工完成后，在工件表面会有放电痕迹，需要钳工修磨去除。

② 加工窄缝时，窄缝小于电极丝直径和放电间隙之和的工件不适合采用线切割加工；工件内拐角处不允许带有电极丝半径＋放电间隙所形成的圆角工件，也不适合采用线切割加工。

3.2.2　电火花线切割加工编程

电火花线切割加工是数控加工的一种，需要先按照工件的加工要求编制程序，再用程序控制机床自动地进行加工。目前，我国线切割机床的程序编写格式有两种，一种是国标 B 代码格式，另一种是国际标准 G 代码格式。慢走丝线切割机床大多采用 G 代码编程；中走丝和快走丝线切割机床一般采用 3B 代码编程。G 代码前面已介绍，这里将介绍由我国自主研发的 3B 代码编程格式。

1. 3B 代码格式

我国生产的高速走丝线切割机床一般采用 3B 代码编程。3B 代码有固定程序格式，每个程序段由 5 个指令组成，详见表 3－2。

表 3－2　3B 代码格式

B	x	B	y	B	J	G	Z
分隔符	坐标值	分隔符	坐标值	分隔符	计数长度	计数方向	加工指令

（1）B 是分隔符

B 用来区分、隔离 X、Y、J 等后面的数值；当 B 后面的数字为 0 时，0 可以省略不写。

（2）X、Y 是相对坐标值，单位是微米

X、Y 是相对坐标值，不是绝对坐标值。直线加工时，X、Y 坐标值是以直线的起点为相对坐标的原点，X、Y 值是直线终点相对于起点的增量坐标绝对值。

例 3－1

如图 3－7 所示，直线 OA、AB 的 3B 代码 X、Y 值设置，详见表 3－3。

表 3－3　直线加工 3B 代码 X、Y 值设置

	直线 OA（以 O 点为坐标原点）	直线 AB（以 A 点为坐标原点）
Bx	B20000	B10000
By	B10000	B30000

注意：使用 3B 代码编程时，X、Y 的单位是微米，而一般图纸和绝对坐标都是以毫米为单位，需要进行换算。

圆弧加工时,以圆弧圆心为相对坐标原点,X、Y 值为圆弧起点相对于圆心的增量坐标绝对值,3B 代码编程单位是微米。

例 3-2

如图 3-8 所示,圆弧$\overset{\frown}{BC}$和圆弧$\overset{\frown}{CB}$的 3B 代码 X、Y 值设置,详见表 3-4。

表 3-4　圆弧加工用 3B 代码编程 X、Y 值设置

	圆弧 BC(以 O 点为坐标原点)	圆弧 CB(以 O 点为坐标原点)
起点相对坐标	B′(−10,0)	C′(−10,0)
Bx	B10000	B10000
By	B0	B0

提醒:使用 3B 代码编程时,Bx、By 的 X、Y 值为绝对值。如图 3-7 所示,B′点相对坐标值为(−10,0),其中 X 坐标值小于 0,3B 代码编程时,Bx 取值为 10000,而不是−10000。

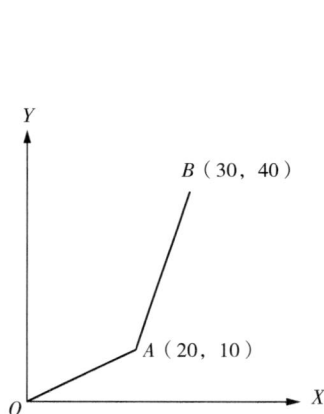

图 3-7　直线加工　　　　　　　　图 3-8　圆弧加工

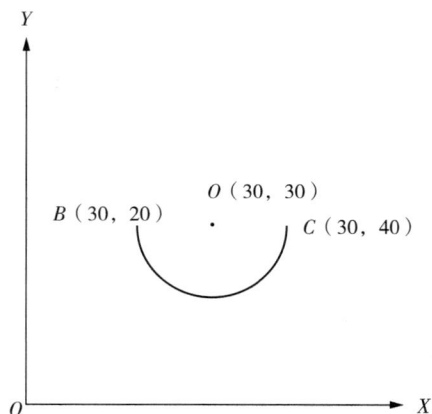

（3）G 表示计数方向

G 表示计数方向而不是加工方向,按 X 轴方向计数用 GX 表示;按 Y 轴方向计数用 GY 表示。计数方向的判定原则是:无论直线还是圆弧都以终点坐标绝对值大小为判定依据。

1)直线加工计数方向是以直线终点坐标 X、Y 绝对值大的为计数方向。如图 3-9(a)所示,直线 OA,终点坐标 A 点坐标值$|X|>|Y|$,所以直线 OA 计数方向记作 GX(G＝Gx)。如图 3-9(b)所示,直线 OB,终点坐标 B 点坐标值$|X|<|Y|$时,所以直线 OB 计数方向记作 GY(G＝Gy)。当直线终点坐标$|X|＝|Y|$时,直线终点在一、三象限记作 GX(G＝Gx);直线终点在二、四象限记作 GY(G＝Gy),如图 3-9(c)所示。

2)圆弧加工计数方向是以圆弧终点坐标 X、Y 绝对值小的为计数方向。如图 3-10(a)所示,圆弧$\overset{\frown}{AB}$,终点坐标 B 点坐标值$|X|>|Y|$,圆弧$\overset{\frown}{AB}$的计数方向记作 Gy(G＝Gy)。同样是这段圆弧,如果沿着圆弧$\overset{\frown}{BA}$顺时针方向编程时,如图 3-10(b)所示,终点坐标 A 点坐

标值$|X|<|Y|$时,圆弧$\overset{\frown}{BA}$的计数方向记作 GX(G＝Gx)。加工同样一段圆弧,因为加工方向不一样,终点不一样,计数方向随之改变。

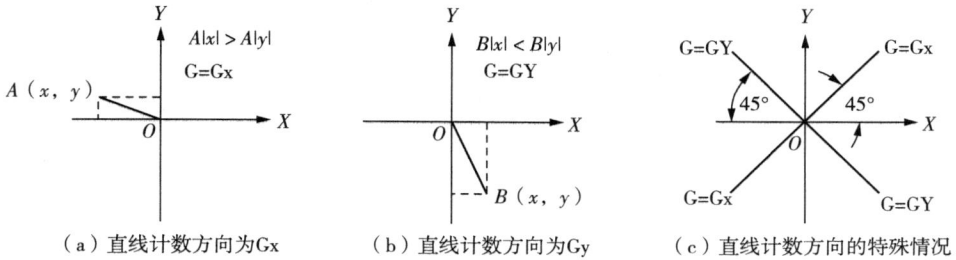

（a）直线计数方向为Gx　　　　（b）直线计数方向为Gy　　　　（c）直线计数方向的特殊情况

图 3 - 9　直线加工计数方向判定

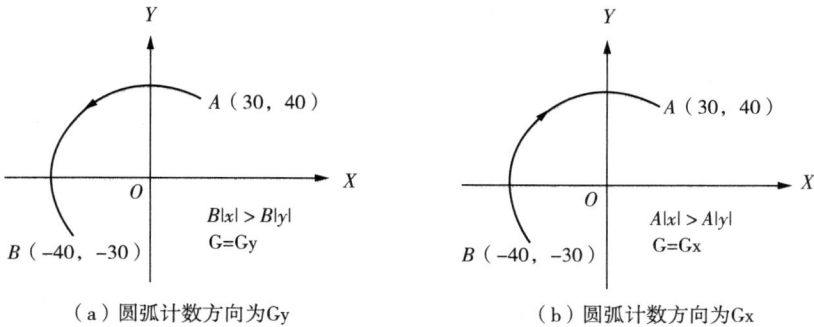

（a）圆弧计数方向为Gy　　　　　　　　（b）圆弧计数方向为Gx

图 3 - 10　圆弧加工计数方向判定

（4）J 表示计数长度,以微米为单位

J 表示计数长度不是加工长度。直线加工时,计数长度 J 为直线在计数方向上投影轴的投影长度。圆弧加工时,计数长度 J 为圆弧在计数方向上投影轴的投影长度总和。如图 3 - 11(a)所示,逆时针加工圆弧$\overset{\frown}{AB}$,计数方向 G＝Gy,计数长度是圆弧$\overset{\frown}{AB}$在 Y 轴上的投影代数和;如图 3 - 11(b)所示,顺时针加工圆弧$\overset{\frown}{BA}$,计数方向 G＝Gx,计数长度是圆弧$\overset{\frown}{AB}$在 X 轴的投影代数和。

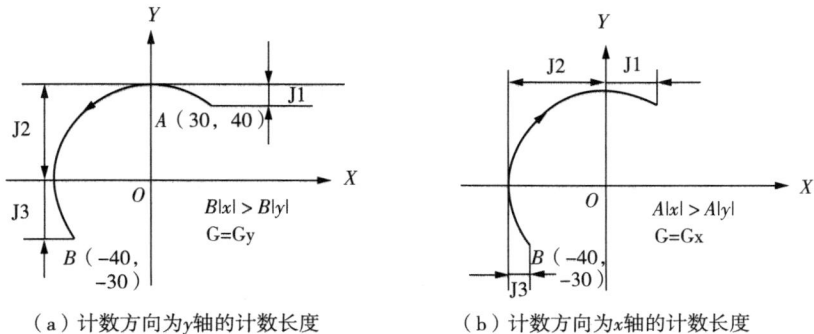

（a）计数方向为y轴的计数长度　　　（b）计数方向为x轴的计数长度

图 3 - 11　圆弧计数长度

(5)Z 表示加工指令

3B 代码加工指令有很多种,这里主要介绍直线加工指令 L 和圆弧加工指令 R 两大类。

1)直线加工指令。直线加工指令用 L 表示,直线终点在第一象限,加工指令记作 L1,以此类推 L2、L3、L4。当直线与坐标轴重合时,与 X 轴正向重合记为 L1,与 Y 轴正向重合记为 L2,与 X 轴负向重合记为 L3,与 Y 轴负向重合记为 L4,如图 3-12(a)所示。如图 3-12(b)所示,直线 OA,终点 A 点在第一象限,所以 OA 直线段的加工指令是 L1。

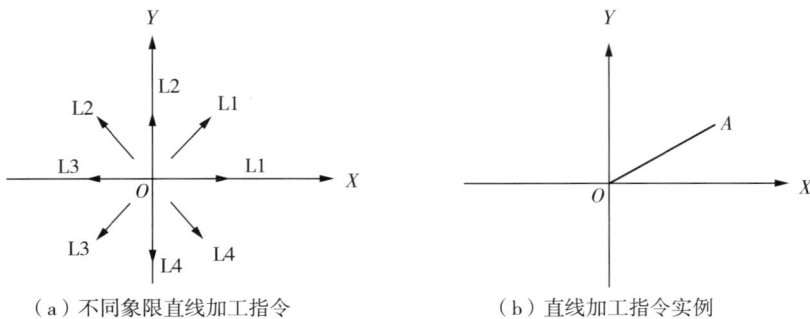

（a）不同象限直线加工指令　　　　　（b）直线加工指令实例

图 3-12　直线加工指令

2)圆弧加工指令。圆弧加工,顺时针加工指令 SR,逆时针加工指令 NR。圆弧加工指令根据圆弧第一步进入的象限及圆弧走向分为 SR1、SR2、SR3、SR4,NR1、NR2、NR3、NR4,如图 3-13 所示。

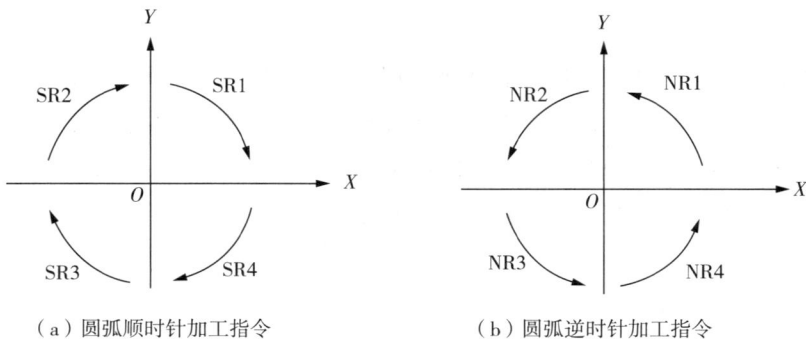

（a）圆弧顺时针加工指令　　　　　（b）圆弧逆时针加工指令

图 3-13　圆弧加工指令

例 3-3

如图 3-14(a)所示,圆弧 $\overparen{AB}$,沿着逆时针方向,起点 A 点在第一象限,圆弧 $\overparen{AB}$ 的加工指令是 NR1。如图 3-14(b)所示,圆弧 $\overparen{CD}$,起点 C 点在 X 轴上,圆弧沿着逆时针方向,最先进入第一象限,圆弧 $\overparen{CD}$ 的加工指令是 NR1。如图 3-14(c)所示,圆弧 $\overparen{EF}$,起点 E 点在 X 轴上,但圆弧 $\overparen{EF}$ 沿着顺时针方向,最先进入第四象限,所以圆弧 $\overparen{EF}$ 的加工指令是 SR4。

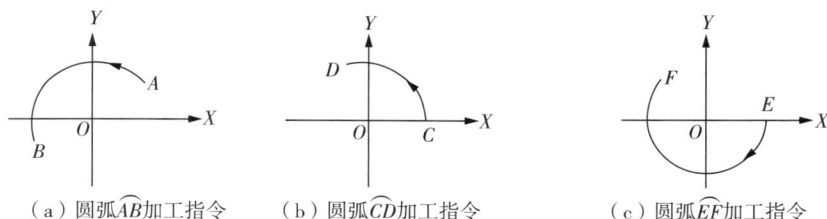

（a）圆弧$\overset{\frown}{AB}$加工指令　（b）圆弧$\overset{\frown}{CD}$加工指令　（c）圆弧$\overset{\frown}{EF}$加工指令

图 3-14　圆弧加工指令实例

2.3B 代码编程

3B 代码编程有两种方式：手工编程和自动编程。

（1）3B 代码手工编程

3B 代码手工编程，是按照 3B 代码的格式 BxByBJGZ 编制。每条直线或圆弧加工指令的编制顺序是：先确定直线或圆弧起点、终点坐标值，即 BxBy 中的 x,y 值；然后确定计数方向 G 和计数长度 J；最后确定加工指令 Z。

线切割加工时，电极丝与工件之间有一定的放电间隙，有些精度要求不高的零件加工可对放电间隙忽略不计；有些零件不仅要考虑放电间隙对加工精度的影响，还要考虑零件的公差尺寸。下面分三种情况介绍不同精度要求的零件 3B 代码手工编程。

1）不考虑尺寸公差和间隙补偿值零件的 3B 代码编程：

例 3-4

用 3B 代码手工编制如图 3-15 所示图形轮廓的线切割加工程序，不考虑间隙补偿。

① 确定切割路线。这张图的切割路线为 $A→$
$B→C→D→E→F→A$。

② 将图形按照切割路线的顺序拆解成直线或圆弧，并确定节点坐标。将这张图拆解成直线 AB、直线 BC、直线 CD、圆弧$\overset{\frown}{DE}$、直线 EF、直线 FA。各点坐标 $A(0,0),B(80,0),C(80,40),D(60,40),E(20,40),F(0,40)$。

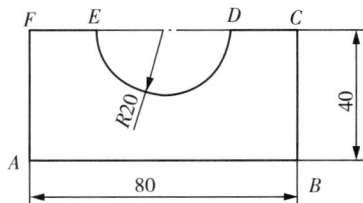

图 3-15　手工编程图例

③ 编写加工程序。以直线 AB 为例，3B 代码编写步骤如下：

先确定直线 AB 起点、终点坐标值：$A(0,0),B(80,0)$。

BX、BY 值：Bx = 80000,By = 0；

再确定计数方向和计数长度：直线 AB 的终点 B 点坐标绝对值$|X|>|Y|$，计数方向为 GX；直线 AB 在计数方向 X 轴上的投影是 80 mm，J＝80000；

最后确定加工指令：直线 AB 与 X 轴正向重合，加工指令 L1。

直线 AB,3B 代码：B80000 B0 B80000 GX L1

这张零件图的 3B 代码程序：

```
AB:N 1:B  80000 B   0 B  80000 GX  L1;
BC:N 2:B     0 B 40000 B  40000 GY  L2;
CD:N 3:B  20000 B   0 B  20000 GX  L3;
DE:N 4:B  20000 B   0 B  40000 GY  SR4;
EF:N 5:B  20000 B   0 B  20000 GX  L3;
FA:N 6:B     0 B 40000 B  40000 GY  L4。
```

2)带间隙补偿的3B代码编程。实际线切割加工时,由于电极丝半径和放电间隙的影响,电极丝中心运行的实际轨迹形状如图3-16虚线所示。电极丝实际轨迹和零件图尺寸相差为电极丝半径+单边放电间隙。为了保证零件加工尺寸要求,在编程时,需要增加间隙补偿。间隙补偿有方向,凹模加工时,电极丝的中心轨迹线在加工图形里面,如图3-16(a)所示,间隙补偿量往轮廓内补偿;凸模加工时,电极丝的中心轨迹线在加工图形外面,如图3-16(b)所示,间隙补偿量往轮廓外补偿。利用CAXA线切割软件自动编程时,通过设置不同方向的间隙补偿,一次编程可以完成凸模、凹模的加工。手工编程就需要设置不同的节点值,完成凸模、凹模的间隙补偿。

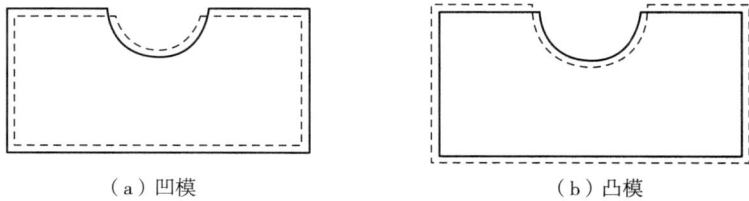

（a）凹模　　　　　　　　　　（b）凸模

图 3-16　间隙补偿法

例 3-5

用3B代码手工编制如图3-17所示图形轮廓的线切割加工程序。电极丝和工件之间单边放电间隙为0.01 mm,电极丝直径为0.18 mm。

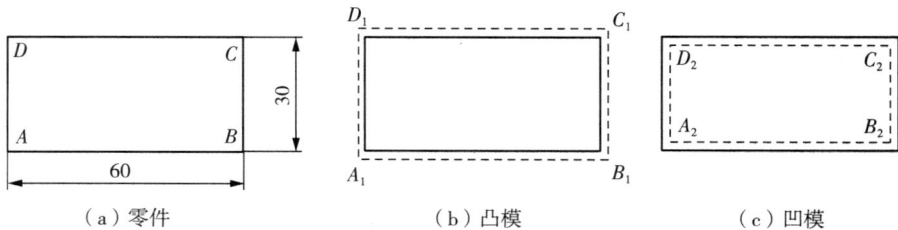

（a）零件　　　　　　　　（b）凸模　　　　　　　（c）凹模

图 3-17　间隙补偿编程

切割路线为 $A \rightarrow B \rightarrow C \rightarrow D \rightarrow A$。

① 不考虑间隙补偿编程。如图3-17(a)所示,A、B、C、D各点坐标分别为,$A(0,0)$,$B(60,0)$,$C(60,30)$,$D(0,30)$。3B代码格式程序如下:

```
N 1:B  60000 B     0 B  60000 GX  L1;
N 2:B     0 B 30000 B  30000 GY  L2;
```

```
N  3:B  60000 B      0 B  60000 GX  L3;
N  4:B      0 B  30000 B  30000 GY  L4。
```

② 考虑间隙补偿的凸模编程。如图 3-17(b)所示的凸模编程,间隙补偿量=0.01+0.09=0.1 mm,间隙补偿方向往轮廓外补偿。A、B、C、D 各点坐标分别为 $A_1(-0.1, -0.1)$,$B_1(60.1, -0.1)$,$C_1(60.1, 30.1)$,$D_1(-0.1, 30.1)$。3B 代码格式程序如下:

```
N  1:B     100 B     100 B    100 GY  L3;
N  2:B   60200 B       0 B  60200 GX  L1;
N  3:B       0 B   30200 B  30200 GY  L2;
N  4:B   60200 B       0 B  60200 GX  L3;
N  5:B       0 B   30200 B  30200 GY  L4。
```

③ 考虑间隙补偿的凹模编程。如图 3-17(c)所示的凹模编程,间隙补偿量=0.01+0.09=0.1 mm,间隙补偿方向往轮廓内补偿。A、B、C、D 各点坐标分别为 $A_2(0.1, 0.1)$,$B_2(59.9, 0.1)$,$C_2(59.9, 29.9)$,$D_2(0.1, 29.9)$。3B 代码格式程序如下:

```
N  1:B    3107 B     321 B   3107 GX  L1;
N  2:B   59800 B       0 B  59800 GX  L1;
N  3:B       0 B   29800 B  29800 GY  L2;
N  4:B   59800 B       0 B  59800 GX  L3;
N  5:B       0 B   29800 B  29800 GY  L4。
```

3)带尺寸公差的编程。有些标注了公差的零件图,用 3B 代码编程时,需要采用零件的中差尺寸来编程:

中差尺寸=基本尺寸+(上极限偏差+下极限偏差)/2

例 3-6

用 3B 代码编制图 3-18 加工程序。

如图 3-18 所示,O、A、B、C 各点坐标分别为 $O(0,0)$,$A(25,0)$,$B(25,20)$,$C(20,0)$。因为有尺寸公差,需要采用中差尺寸:

X 向基本尺寸 25,中差尺寸=25+(上极限偏差+下极限偏差)/2=25.125;

Y 向基本尺寸 20,中差尺寸=20+(上极限偏差+下极限偏差)/2=20.125;

采用中差尺寸后,O、A、B、C 各点坐标分别为 $O(0,0)$,$A(25.125,0)$,$B(25.125, 20.125)$,$C(20.125,0)$。

切割路线为 $O \rightarrow A \rightarrow B \rightarrow C \rightarrow O$。图 3-17 的 3B 代码加工程序如下:

```
N  1:B  25125 B       0 B  25125 GX  L1;
```

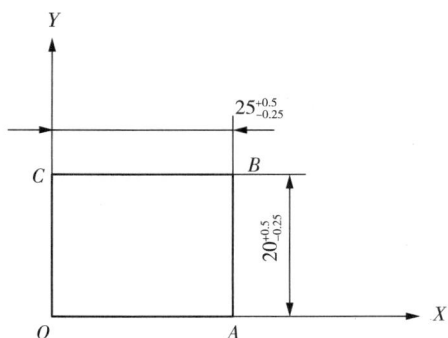

图 3-18　带尺寸公差
3B 代码编程实例

```
N 2:B      0 B  20125 B  20125 GY  L2;
N 3:B  25125 B      0 B  25125 GX  L3;
N 4:B      0 B  20125 B  20125 GY  L4;
```

例 3 - 7

用 3B 代码编制图 3 - 19 所示零件凹模和凸模的线切割加工程序,单边放电间隙为 0.01 mm,钼丝直径为 0.18 mm。

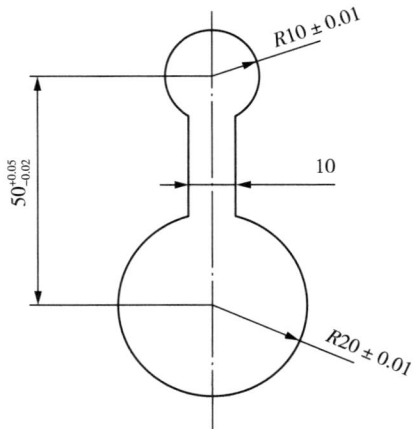

图 3 - 19　手工编程图例　　　图 3 - 20　拆解图形

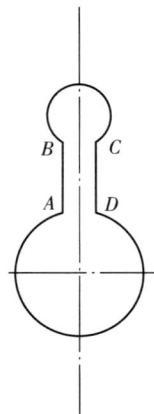

这张零件图有公差标注,采用中差尺寸编程。

圆弧 $\overarc{BC}$ 的中差尺寸:30+(0.01-0.01)/2=30。

圆弧 $\overarc{CD}$ 的中差尺寸:30+(0.01-0.01)/2=30。

放电间隙和电极丝直径的影响,补偿量=0.01+0.09=0.1 mm。

① 确定切割路线。这张图的切割路线为 $A→B→C→D→A$。

② 将图形按照切割路线的顺序拆解成直线或圆弧。直线 AB、圆弧 $\overarc{BC}$、直线 CD、圆弧 $\overarc{DA}$,如图 3 - 20 所示。

③ 编写加工程序。

凹模程序:

A(-4.900,-5.713),B(-4.900,16.398),C(4.900,16.398),D(4.900,-5.713)

直线 AB:N 1:B   0 B 22111 B 22111 GY L2;

圆弧 BC:N 2:B 4900 B   8602 B 29800 GX SR3;

直线 CD:N 3:B   1 B 22110 B 22110 GY L4;

圆弧 DA:N 4:B 4900 B 19287 B 69800 GX SR1;

凸模程序:

A(-5.100,-5.558),B(-5.100,16.282),C(5.100,16.282),D(5.100,-5.558)

直线 AB:N 1:B   0 B 21840 B 21840 GY L2;

圆弧 BC:N 2:B 5100 B   8718 B 30200 GX SR3;

直线 CD:N　3:B　　　1 B　21840 B　21840 GY　L3;

圆弧 DA:N　4:B 5100 B　19442 B　70200 GX　SR1;

(2)3B 代码自动编程

线切割加工大多适用于一些复杂形状的零件加工,一般采用自动编程的方式生成数控代码。目前常用自动编程软件有 Mastercam、UG、Pro/Engineer、CATIA、CAXA 等。其中 CAXA 线切割加工系统提供了功能强大、使用简捷的轨迹生成手段,可按加工要求生成各种复杂图形的加工轨迹,并可实现跳步及锥度加工。通用的后置处理模块使 CAXA 适用于各种机床线切割的代码格式,可输出 G 代码及 3B、4B/R3B 代码,并可对生成的代码进行校验及加工仿真,可全面地满足任何 CAD/CAM 的需求。这里以 CAXA 线切割自动生成 3B 代码为例,介绍线切割加工利用软件自动编程的具体步骤。

第一步:在 CAXA 线切割软件上,正确绘制零件图。

第二步:将正确绘制的零件图生成线切割加工轨迹,即电极丝的加工路径。

1)用鼠标左键点取"线切割"下拉菜单,选取"轨迹生成"菜单条,如图 3-21 所示。

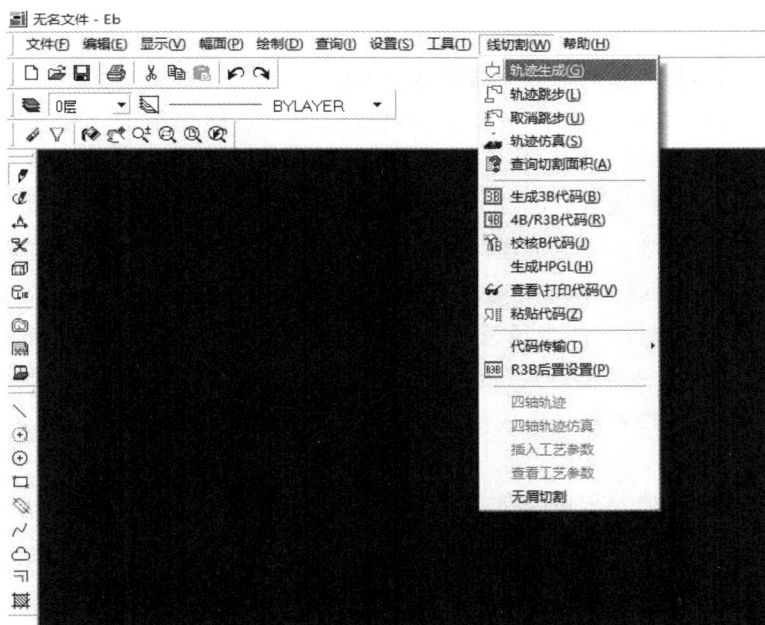

图 3-21　轨迹生成

2)填写如图 3-22 所示的线切割轨迹生成参数表。线切割轨迹生成参数表包括切割参数和偏移量/补偿值两部分。其中切割参数又包括切入方式、加工参数、补偿实现方式、拐角过渡方式和拟合方式五项。

① 切入方式。切入方式是电极丝从穿丝点切入加工起始段的方式,有直线、垂直和指定切入点三种。直线方式是电极丝直接从穿丝点切入加工起始段的起始点。垂直方式是电极丝从穿丝点垂直切入加工起始段,以起始段上的垂点为加工起始点。指定切入点方式是电极丝从穿丝点切入加工起始段,以指定的切入点为加工起始点。

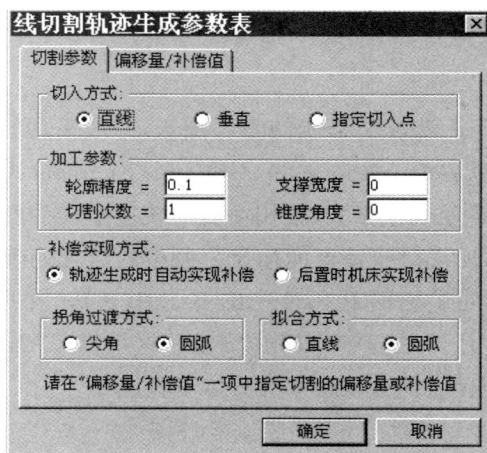

图 3-22　线切割轨迹生成参数表 1-(切割参数)

② 加工参数。加工参数包括四项:轮廓精度、支撑宽度、切割次数和锥度角度等。

轮廓精度是对于由样条曲线组成的轮廓,可以根据要加工零件的精度要求来设置轮廓精度,系统将按设置,把样条离散成直线段或圆弧段。

支撑宽度是进行多次切割时,指定每行轨迹的始末点间保留的一段没切割的部分的宽度。

切割次数即加工工件次数。CAXA 线切割软件设置的工件最多切割次数为 10 次。

锥度角度是做锥度加工时电极丝倾斜的角度。当切割次数为一次时,支撑宽度值为 0。

③ 补偿实现方式。线切割加工使用的电极丝有一定的半径尺寸,加工过程会产生缝隙,需要消除加工中由电极丝的半径、火花放电等因素形成的加工缝隙对工件尺寸的影响。CAXA 线切割软件有两种补偿方式:轨迹生成时自动实现补偿和后置时机床实现补偿。

轨迹生成时自动实现补偿是生成的轨迹直接带有偏移量。实际加工中,电极丝沿着带有偏移量的轨迹进行加工。

后置时机床实现补偿是生成的轨迹在所要加工的轮廓上,通过在后置处理生成的代码中加入给定的补偿值来控制实际加工中所走的路线。

④ 拐角过渡方式。拐角过渡方式有尖角和圆弧两种。

尖角拐角过渡方式是轨迹生成中,轮廓的相邻两边需要连接时,各边在端点处沿切线延长后相交形成尖角,以尖角的方式过渡。

圆弧拐角过渡方式是轨迹生成中,轮廓的相邻两边需要连接时,以插入一段相切圆弧的方式过渡连接。

⑤ 拟合方式。拟合方式有直线和圆弧两种。直线是用直线段对待加工轮廓进行拟合。圆弧是用圆弧对待加工轮廓进行拟合。

点取"偏移量/补偿值"选项,可显示偏移量或补偿值设置对话框,如图 3-23 所示。偏移量、补偿值是线切割每次切割所生成的轨迹距轮廓的距离。当采用轨迹生成实现补偿的方式时,需要设置的是偏移量,即每次切割所生成的轨迹距轮廓的距离;当采用机床实现补偿时,设置的是每次加工所采用的补偿值,它可能是机床中的一个寄存器变量,也可能是实际的偏移量,要看实际情况而定。对话框内共显示了 10 次可设置的偏移量或补偿值,但并非每次都能设置,如切割次数为 2 时,就只能设置两次的偏移量或补偿值,其余各项均无效。一般对于一次加工成形的零件,补偿值为电极丝的半径＋放电间隙。

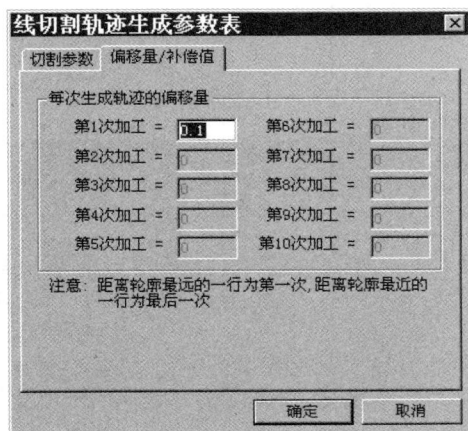

图 3 - 23　线切割轨迹生成参数表(偏移量/补偿值)

此对话框中可对每次切割的偏移量或补偿值进行设置,对话框内共显示了 10 次可设置的偏移量或补偿值。注意:对以下几种加工条件的组合,系统不予支持。

① 多次切割(切割次数大于一),锥度角大于零,且采用轨迹生成时实现补偿。

② 多次切割,锥度角大于零,支撑宽度大于零。

③ 多次切割,支撑宽度大于零,且采用机床补偿方式。

3)拾取轮廓,确定加工方向。在确定加工的偏移量后,软件提示拾取轮廓。拾取轮廓是确定线切割机床加工的曲线;拾取轮廓后,软件提示拾取方向,拾取方向是确定线切割机床加工的方向;主要分为顺时针和逆时针两种。加工方向的选择与工件的装夹有关。选择原则是使工件与夹持部分分离的切割段安排在总的程序末端。图 3 - 24(a)加工方向设置不合理,图 3 - 24(b)加工方向设置合理。

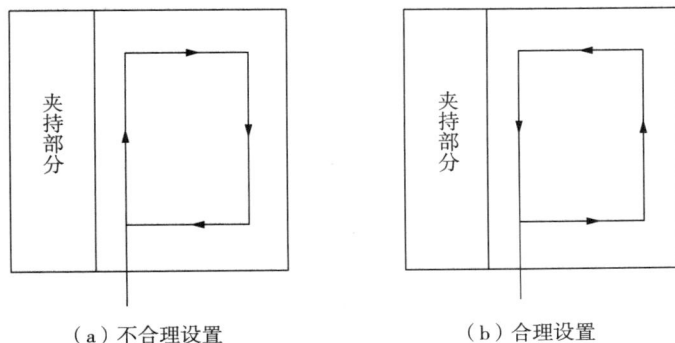

（a）不合理设置　　　　　　　　　　（b）合理设置

图 3 - 24　穿丝点设置

4）选择加工侧边或补偿方向，如图3-25所示。选择加工侧边或补偿方向，即电极丝偏移的方向，生成的轨迹按这一方向自动实现补偿。线切割加工中，尽管电极丝很细，但是对于线切割这类特种加工，小小的影响都会造成切割的尺寸精度不对。补偿参数的设置，就是为了在切割中使工件尺寸精度更加精准。凹模加工时，电极丝在工件的内侧，补偿方向向内。凸模加工时，电极丝在工件的外侧，补偿方向向外。

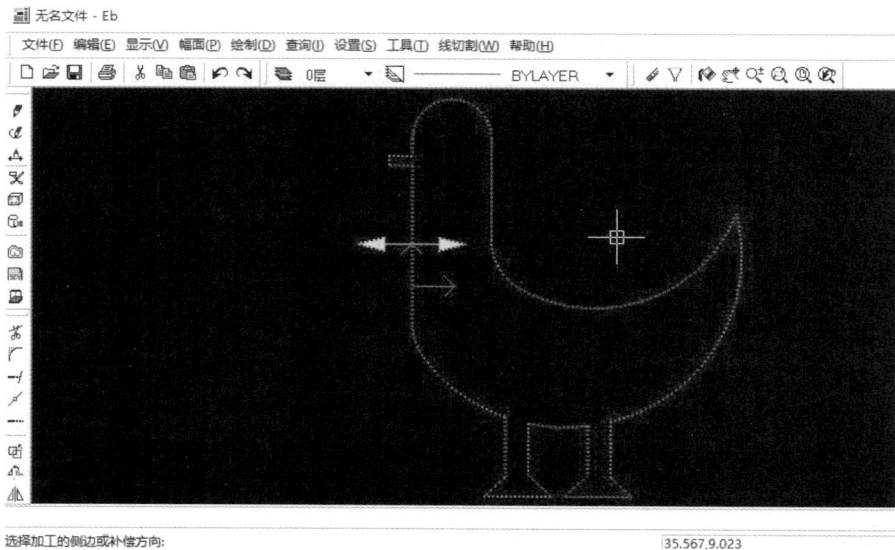

图3-25 选择加工侧边

5）设定穿丝点、切入点和退出点，生成加工轨迹：

① 穿丝点。穿丝点是电极丝开始移动的位置，也是线切割程序执行的起点，一般选择工件的基准点。外轮廓加工时，穿丝点一般设置在图形外面垂直方向4～8 mm处。穿丝点的设置是否合理，直接影响工件变形程度，从而影响加工精度。

穿丝点的设置一般遵循以下原则：

（a）穿丝点应选择在较平坦、易加工或对工件性能影响较小的位置。首选零件加工图上直线与直线交点，其次是直线与圆弧交点或圆弧与圆弧交点。

（b）穿丝点要与工件的外边缘有一定的距离，根据工件的厚度选择远近，一般不小于4 mm。

（c）凹模或孔腔加工时，穿丝点一般设置在型孔中心；或待切割凹模或孔腔的边角处，缩短无用的加工轨迹，提高加工速度。

（d）当切割工件各表面粗糙度要求不一样时，穿丝点选择在较粗糙面。切割工件各表面粗糙度相同时，穿丝点设置在钳工容易修磨的凸出部分。

② 切入点。切入点是线切割开始加工的位置，如果之前在参数设置时选择垂直切入，则不需要进行这一步的选择。切入点的选择一般选择直线或圆弧的起点。

③ 退出点。退出点为线切割加工完毕，电极丝退出，停止加工的位置。如果要退到穿

丝点位置,则直接按回车键确定。

上述步骤完成,如果绘制的图形符合线切割自动编程的要求,在 CAXA 线切割软件界面会生成绿色加工轨迹线,如图 3-26 所示。如果绘制的图形不符合线切割自动编程的要求,比如图形中有自交点或有重复被覆盖的曲线等问题,则不会生成绿色加工轨迹线。状态栏会提示继续拾取曲线,或者软件又跳回原始编辑界面。

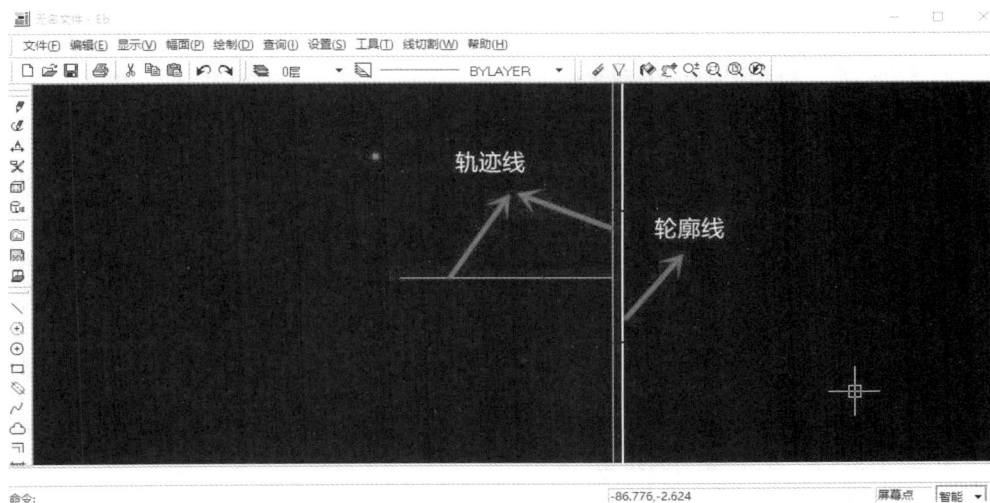

图 3-26 生成加工轨迹

第三步:生成 3B 代码。

① 用鼠标左键点取"线切割"下拉菜单,选取"生成 3B 代码"菜单条,如图 3-27 所示。

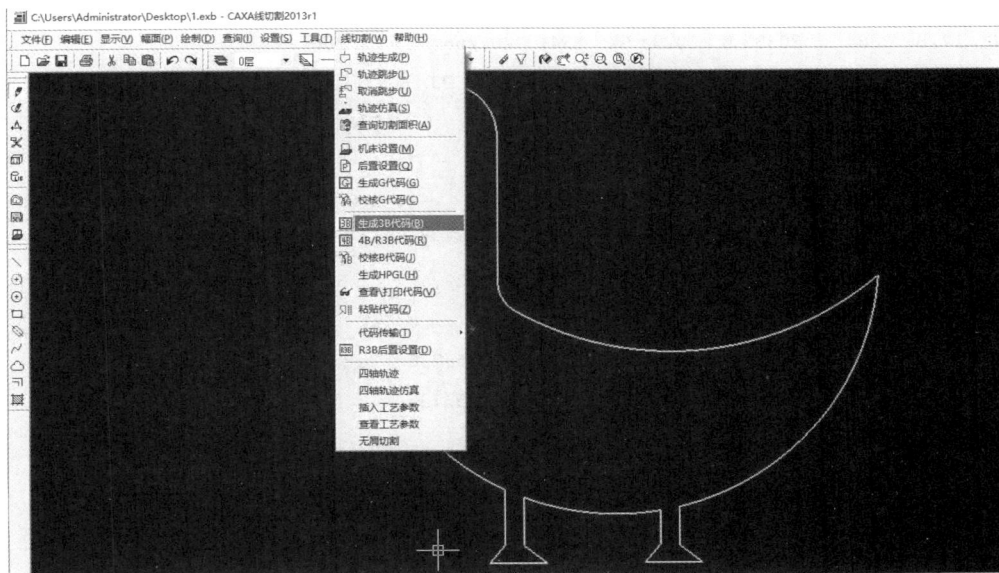

图 3-27 生成 3B 代码

② 在弹出的对话框中,输入文件名,并确定 3B 代码保存位置。

③ 根据软件提示,先用鼠标左键拾取绿色加工轨迹,再用鼠标右键确认。软件界面即弹出 3B 代码文本格式。同时,生成后缀为 .3B 可被线切割机床执行的代码文件。

```
* * * * * * * * * * * * * * * * * * * * * * * * * * * * * * * * * * * * * *
CAXAWEDM  - Version 2.0,Name :1.3B
Conner R =   0.00000   ,Offset F =   0.00000,Length =    317.950 mm
* * * * * * * * * * * * * * * * * * * * * * * * * * * * * * * * * * * * * *
Start Point  =   - 7.41071, 5.73655  ; X  ,  Y
N  1:B  7479 B  0 B  7479 GX  L1; 0.068,  5.737
N  2:B  0 B  15986 B  15986 GY  L2; 0.068,  21.723
N  3:B  4046 B  0 B  4046 GX  L3;  - 3.978,  21.723
N  4:B  0 B  1730 B  1730 GY  L2;  - 3.978,  23.453
N  5:B  4046 B  0 B  4046 GX  L1; 0.068,  23.453
N  6:B  0 B  3158 B  3158 GY  L2; 0.068,  26.611
N  7:B  6851 B  219 B  14147 GY  SR3; 13.770,  26.611
N  8:B  0 B  18204 B  18204 GY  L4; 13.770,  8.407
N  9:B  10000 B  0 B  5016 GX  NR3; 18.786,  - 0.263
N  10:B  12979 B  22579 B  20490 GY  NR3; 56.198,  13.298
N  11:B  29582 B  7751 B  23702 GX  SR1; 34.493,  - 24.002
N  12:B  0 B  10008 B  10008 GY  L4; 34.493,  - 34.010
N  13:B  3686 B  3536 B  3686 GX  L4; 38.179,  - 37.546
N  14:B  11518 B  0 B  11518 GX  L3; 26.661,  - 37.546
N  15:B  3839 B  3997 B  3997 GY  L1; 30.500,  - 33.549
N  16:B  0 B  8764 B  8764 GY  L2; 30.500,  - 24.785
N  17:B  3884 B  30333 B  10234 GX  SR4; 20.266,  - 24.366
N  18:B  1 B  9183 B  9183 GY  L3; 20.265,  - 33.549
N  19:B  3840 B  3997 B  3997 GY  L4; 24.105,  - 37.546
N  20:B  11518 B  0 B  11518 GX  L3; 12.587,  - 37.546
N  21:B  3686 B  3536 B  3686 GX  L1; 16.273,  - 34.010
N  22:B  0 B  10779 B  10779 GY  L2; 16.273,  - 23.231
N  23:B  10343 B  28778 B  10594 GY  SR3; 2.029,  - 12.637
N  24:B  8040 B  5946 B  5946 GY  SR3; 0.070,  - 6.691
N  25:B  1 B  12427 B  12427 GY  L2; 0.069,  5.736
N  26:B  7479 B  0 B  7479 GX  L3;  - 7.410,  5.736
N  27:DD
```

3.2.3 电火花线切割机床与操作

1. 电火花线切割加工机床

电火花线切割机床主要由机床主体、脉冲电源、控制系统(数控装置)、工作液循环系统和机床附件等组成。线切割机床主体是基础,其精度直接影响机床的工作精度,也影响其他部件性能。脉冲电源提供电极丝与工件之间的火花放电能量,用以切割工件。控制系统主要控制运丝电动机和工作液泵的运行,使电极丝能对工件连续切割。工作液循环系统是集中放电能量、带走放电热量以冷却电极丝和工件、排除电蚀产物等。这里以 M332 线切割机床为例,介绍电火花线切割机床的主要结构,如图 3-28 所示。

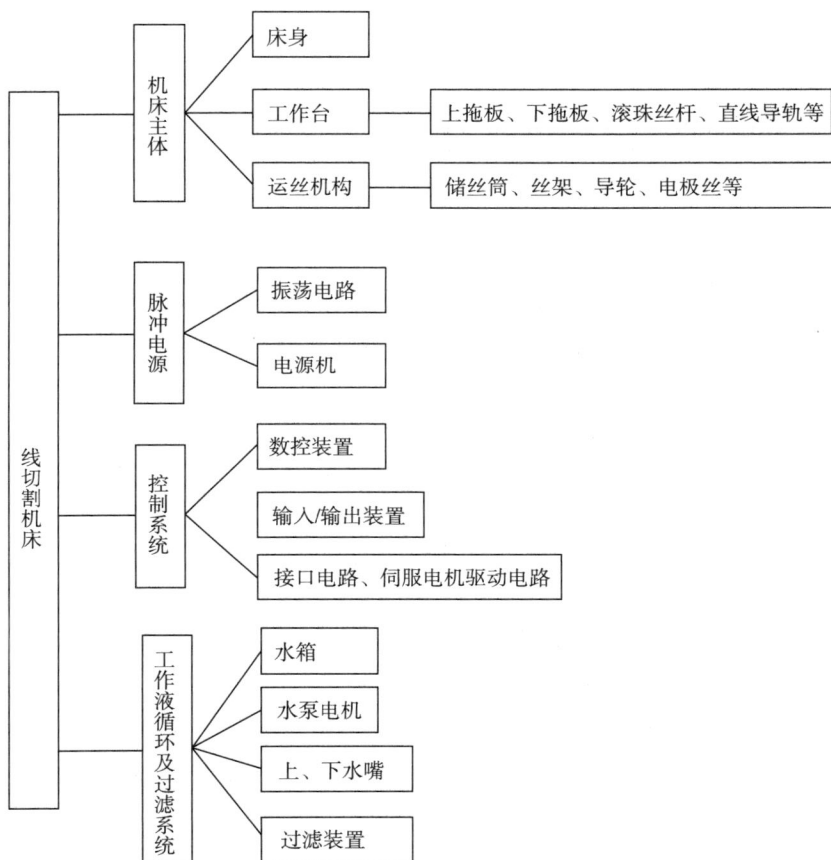

图 3-28　线切割机床的主要结构

(1)机床主体

电火花线切割的机床主体用于装夹电极丝和支撑工件,并保证它们之间的相对位置,实现电极丝和工件在加工过程中稳定进给。机床主体一般包括床身、工作台和运丝机构,如图 3-29所示。

1)床身。线切割机床的床身通常为铸铁件、箱式结构,热变形小,具有足够的刚性和抗振性。床身是提供各部件的安装平台,用于支承工作台、运丝机构及丝架等,与机床精度密切相关。

2)工作台。工作台主要用于支承和装夹工件,由上拖板、下拖板、滚珠丝杆、直线导轨等组成。机床控制系统发出进给信号,控制两个步进电机经齿轮和滚珠丝杆完成 X 轴、Y 轴复

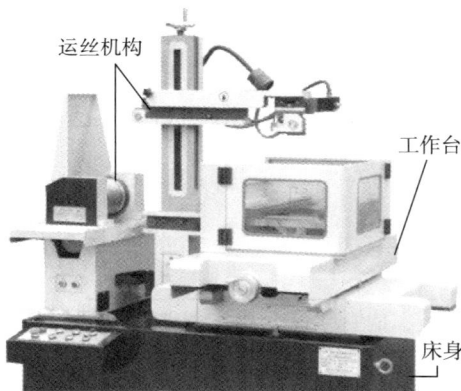

图 3-29 线切割机床主体

合运动。

3)运丝机构。运丝机构主要由储丝筒、线架和导轮组成,电极丝均匀地缠绕在储丝筒上,通过丝架上导电块、导轮组成一个闭合回路,主要用于保证电极丝以一定的张力和稳定的速度沿着 Z 轴(垂直方向)做来回往复运动。

(2)控制系统

线切割机床的控制系统是控制电极丝相对于工件的运动轨迹、进给速度和走丝速度,以及机床的辅助动作。目前,高速走丝线切割机床的控制系统大多采用步进电机开环系统,低速走丝线切割机床的控制系统大多采用伺服电机加编码盘的半闭环系统,而在一些超精密线切割机床上则使用伺服电机加磁尺或光栅的全闭环控制系统。

(3)脉冲电源

电火花线切割机床的脉冲电源大多放在机床的控制柜里,它是把普通的交流电转换成高频率、单向脉冲电源,为电极丝与工件之间火花放电提供能量。脉冲电源电参数一般包括:脉冲峰值电流、脉冲宽度和脉冲间隙。

1)脉冲峰值电流。脉冲峰值电流是指脉冲最大电流。在其他参数不变的情况下,脉冲峰值电流的增大会增加单个脉冲放电的能量,加工电流也会随之增大,线切割速度会明显增加,但工件放电痕迹也会增加,表面粗糙度增加,电极丝损耗增加,加工精度下降。一般在进行粗加工和较厚工件加工时,选用较大脉冲峰值电流。

2)脉冲宽度。线切割用的是脉冲直流电,一个周期包含一个脉冲持续时间和一个脉冲休止时间,脉冲持续的时间就是脉冲宽度。加工时,通过调整脉冲持续和休止时间在一个周期中所占的比例来控制线切割的输出能量,以适应不同的加工状况。在加工电流保持不变的情况下,增大脉冲宽度,线切割加工速度提高,表面粗糙度增加,电极丝损耗也将加快。线切割加工的脉冲宽度一般不大于 50 μs。

3)脉冲间隙。脉冲间隙是两个相邻脉冲之间的时间间隔。脉冲间隙加大,脉冲频率降低,单位时间放电加工的次数减少,平均加工电流减少,切割速度降低。

线切割加工属于精加工,对工艺指标有较高的要求,脉冲电源的脉冲峰值电流一般在 15~35 A;脉冲电源电参数的选择原则是:窄脉宽、高频率,尽量减少电极丝损耗。

(4)工作液循环及过滤系统

电火花线切割机床的工作液循环及过滤系统包括水箱、水泵电机、上水嘴、下水嘴和过滤装置等部件,如图 3-30 所示。工作液循环及过滤系统通过充分、连续地向加工区供给干净的工作液,及时排出电蚀产物并对电极丝和工件进行冷却,保持脉冲放电过程稳定进行。慢走丝线切割加工,目前普遍使用的工作液是去离子水,快走丝线切割机床的工作液一般选用乳化液。

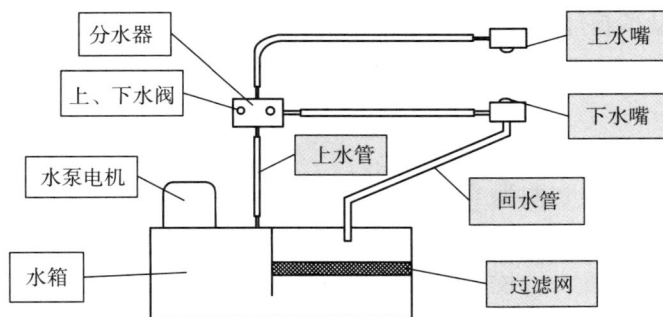

图 3-30　工作液循环及过滤系统

为了保证快走丝线切割机床稳定放电加工,乳化液要具有如下特性:

1)具有一定的绝缘性能,可对放电区消除电离。

2)具有较好的洗涤性能。

3)对电极、工件和废屑起冷却作用。

4)对放电产物起润滑和防锈作用等。

2. 电火花线切割基本操作步骤

这里以 M332 线切割机床为例,介绍线切割机床基本操作过程。

(1)加工前准备

1)分析零件图样与备料。加工前要分析零件图,审核零件是否适合采用线切割加工工艺。工件的设计基准或加工基准面,要尽可能设计与 X、Y 轴平行。凸模、凹模在线切割加工之前的毛坯有不同的准备工序。

凹模准备工序:

① 下料,在一块整料上切断所需零件大致尺寸。

② 锻造,改变毛坯的内部组织,并锻压成所需零件的大致形状。

③ 退火,消除锻造内应力,改善加工性能。

④ 铣(刨)六面,预留 0.4~0.6 mm 的磨削余量。

⑤ 磨,磨出上下两平面及相邻两侧面。

⑥ 划线,划出零件轮廓线以及螺纹孔、销孔和穿丝孔的位置。

⑦ 如果凹模尺寸较大,为了减少线切割加工量,提高加工效率,应该将型孔料部分铣除或车除。如果毛坯材料淬透性差,将型孔的部分材料去除,预留 3~5 mm 线切割加工余量。

⑧ 基准面要清洁、无毛刺。

凸模准备工序可以参照凹模的准备工序。需要注意的地方如下:

① 为了便于装夹和加工,一般将毛坯锻造成平行六面体。

② 凸模加工时,毛坯上要留出不小于 5 mm 的装夹位置。

③ 有些情况下,为了防止线切割加工时毛坯产生变形,需要在毛坯上提前钻出穿丝点的位置。

2）确定切割路线。选择正确的线切割加工路线，减少工件变形，保证加工精度。这部分内容在 3B 代码自动编程部分有介绍，这里不再赘述。

3）编制 3B 代码加工程序。根据加工图纸要求，手工编制程序或利用软件自动编程。

（2）加工

1）调试 Z 轴高度。线切割加工时，根据工件的厚度不同调试 Z 轴高度，一般上水嘴到工件表面距离为 10 mm 左右。

2）校正电极丝的垂直度。校正电极丝的垂直度就是校正电极丝与工作台平面的垂直度。当工件尺寸精度要求不高、或加工厚度小的板材时，通过目测电极丝碰毛坯边产生火花大小的方法校正电极丝的垂直度。当工件尺寸精度要求高时，会采用百分表找正或是划线法找正。

① 百分表找正。用磁力表架将百分表固定在丝架或其他位置上，百分表的测量头与工件基面接触，往复移动工作台，按百分表指示值调整工件的位置，直至百分表指针的偏摆范围达到所要求的数值。找正需要在相互垂直的三个方向上进行。

② 划线法找正。工件的切割图形与定位基准之间的相互位置精度要求不高时，可采用划线法找正。利用固定在丝架上的划针对准工件上划出的基准线，往复移动工作台，目测划针与基准间的偏离情况，将工件调整到正确位置。

3）装夹工件。线切割机床在装夹工件时，一定要保证工件的切割部位位于机床工作台 X 轴、Y 轴进给的切割范围之内，同时要考虑切割时电极丝的运动空间。在加工快结束时，如果装夹方式选择不当，工件的变形、重力的作用会使电极丝被夹紧，从而影响加工。常用的装夹方式有如下四种：

① 悬臂方式装夹。采用悬臂方式装夹工件，装夹方便、通用性强。但由于工件一端悬伸，易出现切割表面与工件上、下平面间的垂直度误差。该方式仅用于加工要求不高或悬臂较短的情况。

② 两端支撑方式装夹。采用两端支撑方式装夹工件，装夹方便、稳定，定位精度高，但不适于装夹较大的零件。

③ 桥式支撑方式装夹。这种方式是在通用夹具上放置垫铁后再装夹工件，装夹方便，大、中、小型工件都适用。

④ 板式支撑方式装夹。根据常用的工件形状和尺寸，采用有通孔的支撑板装夹工件。这种方式装夹精度高，但通用性差。

4）确立切割起始位置，调整电极丝起始位置。

5）开机，按下电源开关，接通电源，如图 3 - 31(a)所示。

6）检查主机、控制系统和高频电源是否正常。

7）将加工程序导入加工软件，如图 3 - 31(b)和图 3 - 31(c)所示。

8）开运丝机构如图 3 - 31(d)所示，开水泵如图 3 - 31(e)所示。

按下机床控制器上丝筒 ON 按钮，启动运丝机构，让电极丝空运转。检查电极丝抖动情况和松紧程度，如果电极丝过松，抖动厉害，则需要用紧丝器紧丝。

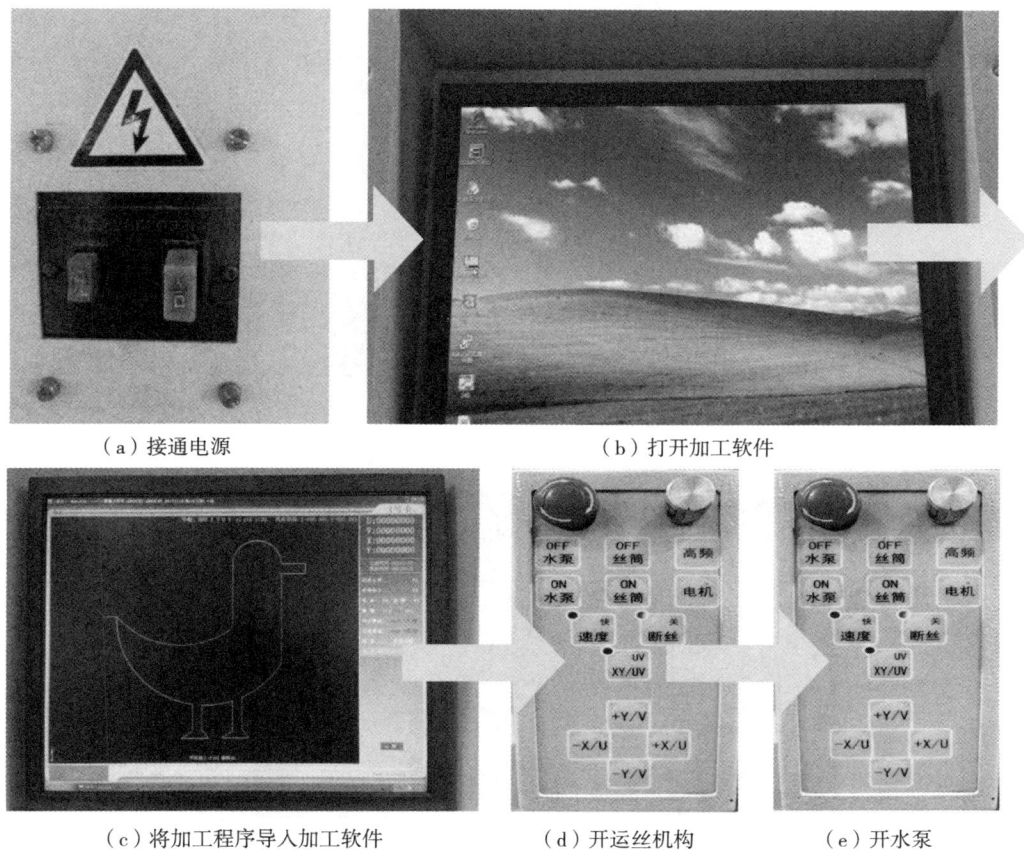

（a）接通电源   （b）打开加工软件

（c）将加工程序导入加工软件   （d）开运丝机构   （e）开水泵

图 3-31 开机顺序

再按下机床控制器上水泵 ON 按钮，启动工作液循环及过滤系统。开水泵时，需要先把调节阀调至关闭状态，然后逐渐开启，调节至上下喷水柱能包住电极丝，水量适中，水柱能射向切割区。

注意：加工时，必须先开运丝机构，后开工作液泵，避免工作液浸入导轮轴承内。在加工过程中，电流表指针需要保持相对稳定，防止短路。

机床在程序的控制下自动地进行加工。加工结束，机床停止运行后，取下工件，要及时清理工作台及夹具。

3. 线切割机床安全操作和常见故障的排除

（1）安全操作及日常保养

1）加工前，仔细检查导轮和运丝轮的 V 型槽的磨损情况，出现严重磨损时需要及时更换，如图 3-32 所示；仔细检查导电块与钼丝接触是否良好，如导电块磨损，要及时更换。

2）加工时，要保持机床清洁，要及时擦除飞溅出来的工作液。加工结束停机后，要将工作台面上的蚀物清理干净，特别是运丝机构的导轮、导电块、排丝轮等部件，要用煤油清理干净，如图 3-33 所示。注意：清理时，不能将清洁剂渗进工作液里。

图 3-32　检查导轮和运丝轮的 V 型槽

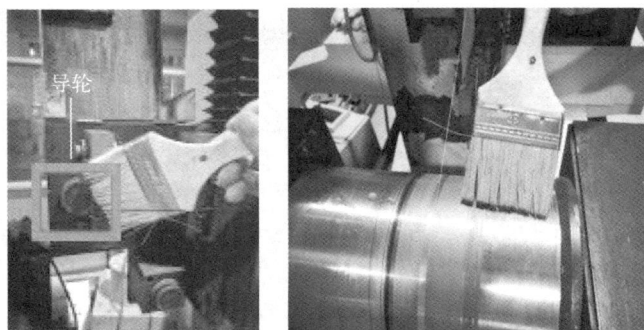

图 3-33　清理运丝机构

3）加工过程中，如果发生断丝，要及时停机，清除断丝，更换新丝。

4）停机 8 小时以上时，除将机床擦净外，加工区域还要做涂油防护，如图 3-34 和图 3-35 所示。

图 3-34　擦拭机床

图 3-35　加工区域涂油

5）定期对加工区域的部分做涂油防护，如图 3-36 所示。使用手动油泵加 20♯机油，润滑工作台部件（滚珠丝杆）；加 30♯机油，润滑工作台部件（直线导轨）、运丝部件和升降部件。每三个月要更换一次导轮高速润滑油以及其他轴承润滑油脂。

图 3-36　涂油防护

（2）常见故障的排除（表 3-5 至表 3-11）

表 3-5　工件加工表面有明显丝痕

序号	产生原因	排除方法
1	钼丝松弛或抖动	重新紧丝,检查钼丝张力
2	工作台 X/Y 向运动不平稳	检查工作台传动间隙,检查控制器是否失步,有无干扰
3	储丝筒换向有强振动	检查、调整储丝筒及切割跟踪

表 3-6　导轮转动不灵活,有跳动,有噪声

序号	产生原因	排除方法
1	导轮轴承有脏物,或磨损严重	清洗、更换导轮及轴承,重新安装导轮
2	轴承安装不当	更换轴承
3	导轮安装不当	更换导轮与轴承

表 3-7　抖丝

序号	产生原因	排除方法
1	钼丝松弛	重新紧丝
2	换向时,储丝筒有冲击振动	减少换向冲击,更换联轴器
3	储丝筒有跳动	储丝筒磨损,修复重新安装
4	导轮及轴承精度差,有较大径向及轴向跳动	调整导轮间隙,清洗或更换导轮及轴承

表 3-8　松丝

产生原因	排除方法
钼丝未张紧;钼丝使用一段时间,变粗或拉长	重新紧丝,或更换新丝

表 3 - 9　断丝

序号	产生原因	排除方法
1	钼丝正常损耗、钼丝直径变小、强度降低	更换新丝
2	走丝系统有卡住现象	更换导轮、导电块,清理挡丝柱
3	工作电流太大	选择合适的电参数
4	钼丝太紧	调整钼丝
5	加工区工作液供应不足,电蚀物排出不畅	调节工作液流量
6	工件厚度和电参数选择匹配不当,经常短路	调整电参数
7	储丝筒拖板反向间隙大,造成叠丝	调整丝杠、螺母及齿轮间隙
8	工件有杂质,表面有氧化皮或内应力大而变形夹丝	去除氧化皮,手动操作切入或设法减小材料内应力

表 3 - 10　烧伤

序号	产生原因	排除方法
1	高频电源的电参数选择不当	调整电参数
2	工作液太脏或工作液供应不足	更换工作液,检查工作液循环系统
3	变频跟踪不灵敏	检查变频系统

表 3 - 11　工件加工精度达不到要求

序号	产生原因	排除方法
1	工作台传动间隙过大	调整传动丝杠及传动齿轮的传动间隙
2	控制装置或步进电机失灵有干扰	检查控制系统、更换电机
3	导轮跳动,轴向间隙大,导轮 V 形槽严重磨损	更换或调整导轮及轴承

3.2.4　线切割加工实例

图 3 - 37 所示的凸模零件,材料为 6061 铝合金,厚度 d 为 5 mm。该零件在送达线切割之前,已完成凸模备料所有要素的加工,现需要采用线切割机床加工该凸模零件。试进行线切割加工工艺分析,并编写加工程序。电极丝单边放电间隙为 0.01 mm,钼丝直径为 0.18 mm。

1. 分析零件工艺性

该零件凸模轮廓沿 $A{\rightarrow}B{\rightarrow}C{\rightarrow}D{\rightarrow}A$ 路径分别由直线 AB、圆弧 $\overset{\frown}{BC}$、直线 CD 和圆弧 $\overset{\frown}{DA}$ 组成。组成轮廓的各几何元素关系描述清楚,条件充分,所需要基点坐标易计算。凸模表面粗糙度 $Ra{=}1.6$,表

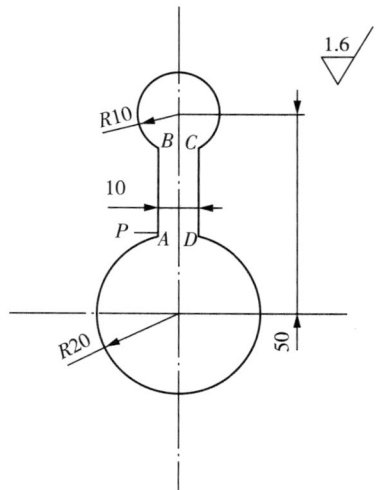

图 3 - 37　凸模零件

面质量要求较高。凸模 ϕ 20 孔与 ϕ 10 孔有同轴度要求,需要提高装夹定位精度。零件材料为 6061 铝合金,线切割放电加工性能好。

2. 装夹零件

根据零件特点,定位方式选择两端支承式,装夹稳定,定位精度高。图 3 - 38 为凸模装夹示意图。

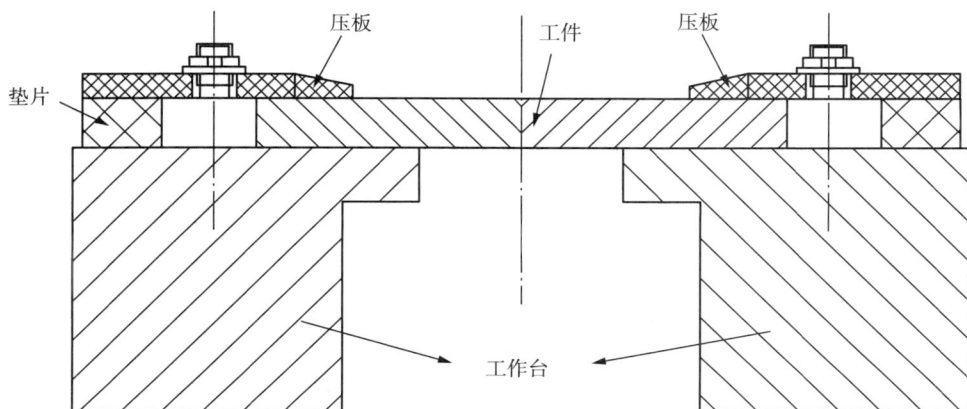

图 3 - 38　凸模装夹示意图

3. 确定切割路线

线切割加工路线的确定,主要是选择穿丝点、切入点和退出点的位置以及加工方向。这个凸模零件基准面是 AB 面,切割表面的粗糙度都是 1.6。所以穿丝点选择直线 AB 和圆弧 $\overset{\frown}{DA}$ 的交点 A 点,垂直方向往外移圆弧 10($\overset{\frown}{DA}$ 半径)+4(安全距离)=14 mm。切入点是线切割开始加工的位置,选择和穿丝点一致。零件厚度为 5 mm,外轮廓尺寸不大,材质是 6061 铝合金,加工完毕工件不会掉落弄断电极丝,退出点选择退到穿丝点位置。参考图 3 - 37,加工路线为 $P{\rightarrow}A{\rightarrow}B{\rightarrow}C{\rightarrow}D{\rightarrow}A{\rightarrow}P$。

4. 编写加工程序

凸模间隙补偿量=0.01+0.09=0.1 mm,间隙补偿方向往轮廓外补偿。零件有尺寸公差,需要采用零件的中差尺寸来编程。

A(-5.100,-5.558),B(-5.100,16.282),C(5.100,16.282),D(5.100,-5.558)

直线 AB:N　1:B　0 B　21840 B　21840 GY L2;

圆弧 BC:N　2:B　5100 B　8718 B　30200 GX SR3;

直线 CD:N　3:B　1 B　21840 B　21840 GY L3;

圆弧 DA:N　4:B　5100 B　19442 B　70200 GX SR1;

3.3　激光切割

3.3.1　概述

1. 激光的特点

激光是高能量的光束集合,被称为最快的刀、最准的尺、最亮的光。激光与普通光源有

所区别,主要表现在以下四个方面:

(1)高方向性

由于光的波动性,光束在传输中存在一定发散,如图3-39所示。不同的光束,发散角不一样。发散角小,光的定位性高,激光方向性极高。与之对比,普通光源向四面八方发光,方向性差。

(2)高亮度

光源的亮度是指发光单位在给定方向单位立体角范围内的光功率。在发明激光前,人工光源中高压脉冲氙灯的亮度最高,与太阳的亮度不相上下,而激光的亮度高于太阳的亮度。

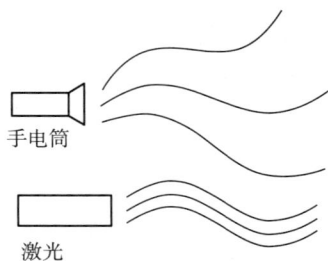

图3-39 不同光束的发散

(3)高单色性

激光器输出的光,波长分布范围非常窄,因此颜色极纯。由于激光的单色性极高,从而保证了光束能精确地聚集到焦点上,得到很高的功率密度。

(4)高相干性

高相干性指的是光波各个部分的相位关系。由于激光具有高方向性和高单色性,光束在传播过程中与各点必然形成稳定的相位关系,形成稳定的干涉条纹。

2. 激光切割原理

众所周知,借助于高倍率的放大镜可以将日光聚焦到一个点,从而形成局部高温,使纸张、树叶被点燃,激光切割就是利用这个原理。电源带动激光器发射激光,经过反光镜多次反射后被传输到激光头,然后被激光头上安装的聚焦镜聚焦到一点,此点会形成很高的温度,能将材料瞬间升华为气体从而形成切缝,最终达到切割、雕刻的目的,如图3-40所示。

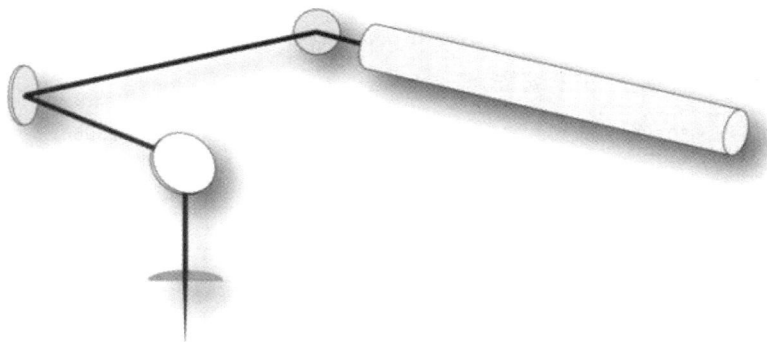

图3-40 激光切割原理

3. 激光切割的工艺特点

由于激光具有高亮度、高方向性、高单色性和高相干性的特性,因此给激光切割带来一些其他加工方式所不具备的特点。

（1）无接触加工

根据激光切割的原理可知,激光切割是将激光束照射到工件的表面,以激光的高能量来切除、熔化材料以及改变物体表面性能,所以激光切割为无接触加工。由于无接触加工,工具不会与工件的表面直接摩擦产生阻力,所以激光切割的速度较快、加工对象受热影响的范围较小,而且不会产生噪声。

（2）无刀具磨损

激光可以对多种金属、非金属进行加工,特别是可以加工高硬度、高脆性及高熔点的材料。激光切割过程中无刀具磨损,无切削力作用于工件。

（3）热变形小

激光切割过程中,激光束能量密度高,加工速度快,并且是局部加工,对非激光照射部位没有影响或影响极小。因此,其热影响区小,工件热变形小,后续加工量小,可以通过透明介质对密闭容器内的工件进行各种加工。

（4）加工灵活,效率高

由于激光束易于导向、聚集,并实现各方向的变换,极易与数控系统配合进行复杂工件的加工,因此激光切割是一种极为灵活的加工方法。使用激光切割加工,生产效率高,质量可靠,经济效益好,如图 3-41 所示。

图 3-41　激光切割作品

3.3.2　激光切割机

1. 激光切割机组成与结构

激光切割机是集机、光、电于一体的加工设备,主要由机床本体、光路系统、控制系统及辅助设备等组成。

（1）机床本体

机床本体主要是实现三坐标系运动的机械部分,包括电机、导轨、丝杠以及放置加工对象的加工平台,如蜂窝板加工平台和降低反射率的铝刀条加工平台等,如图 3-42 和图 3-43 所示。

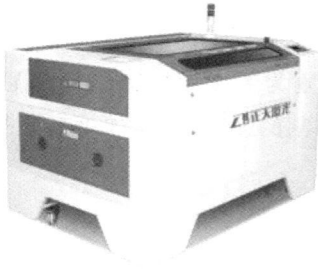

图 3-42 非金属切割机本体

图 3-43 蜂窝板加工平台

（2）光路系统

激光切割机光路系统包括激光器、反射镜和聚焦镜等。其中激光器是激光切割机的核心部件，它是产生激光光源的装置。激光器产生激光后通过若干个反射镜和光路尾部的聚焦镜聚焦成高密度的细小光斑，最后作用于被加工对象上，如图 3-44 所示。

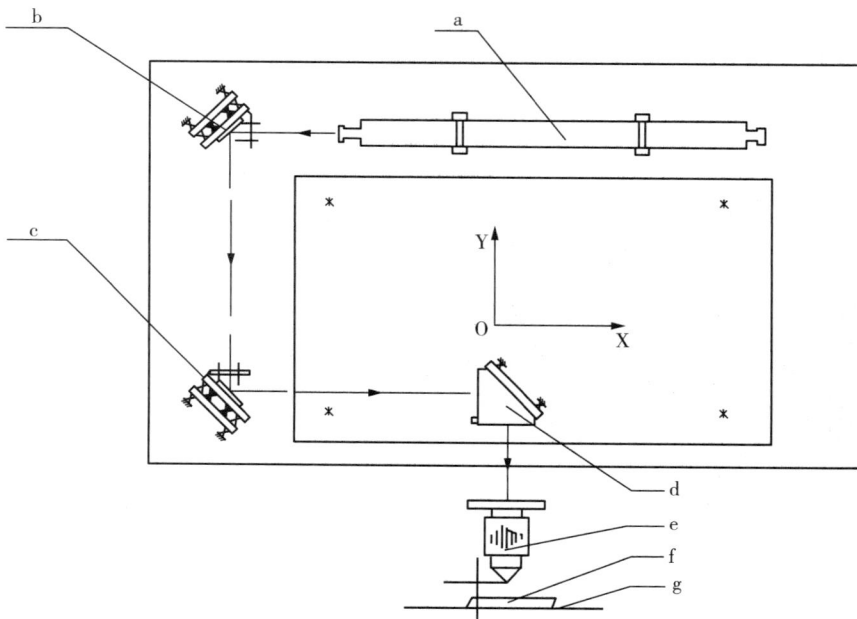

图 3-44 光路系统

a—激光器；b—第一反射镜；c—第二反射镜；

d—第三反射镜；e—聚焦镜筒；f—加工工件；g—工件承载平台

（3）控制系统

控制系统主要由主板、控制面板及其他电气元器件组成。

主板主要是控制机床运动轨迹和激光器的输出功率。控制面板可以实现工作台的移动、加工位置的调整、加工速度的优化、切割功率的修改以及加工范围的仿真。

（4）辅助设备

冷水机：主要是为冷却激光器，将激光器多余热量带走，保持激光器正常工作，如

图 3 - 45(a)所示。

气泵:供给激光加工时使用的辅助气体,主要用途是防止被加工材料燃烧,以及吹散加工时产生的烟雾,如图 3 - 45(b)所示。

抽风机:将加工空间烟雾和粉尘排出,如图 3 - 45(c)所示。

(a)冷水机　　　　　　　(b)气泵　　　　　　　(c)抽风机

图 3 - 45　辅助设备

2. 非金属激光切割软件

激光切割软件是激光切割机不可分割的一部分。激光控制系统软件与被切割材料有关,分为金属和非金属两大类。最常见的激光切割控制系统软件有 LightBurn、RDWorks、LaserCut 等。激光 RDWorksV8 软件是正天激光非金属激光切割机设备配套的加工软件,这里以该软件为例来讲解非金属激光切割机的参数设置和使用。

(1)RDWorksV8 软件主要功能

1)RDWorksV8 软件具备一定的建模功能,如图 3 - 46 所示。绘图栏有直线、矩形、镜像等绘图功能,可以绘制简单图形。图形绘制完成后,选择加工工艺并设置激光参数即可进行加工,实现设计加工一体化。

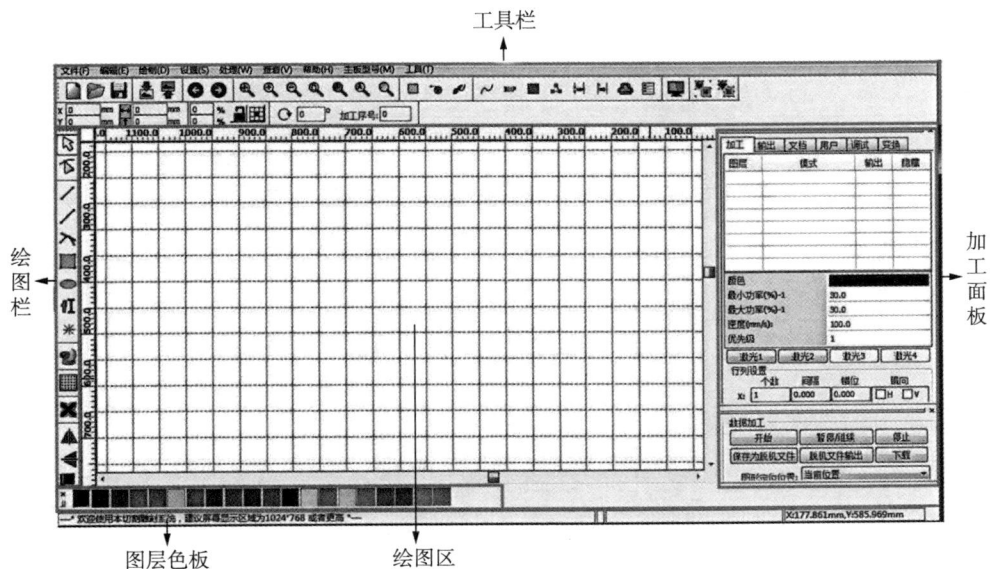

图 3 - 46　RDWorksV8 软件界面

2)RDWorksV8可以导入不同格式的文件,如 dxf、jpg、png 等格式的文件。导入文件后可以利用软件设置激光切割加工工艺和参数,进行加工。非金属激光切割主要有激光扫描、激光切割、激光打孔和粉笔划线等四种加工工艺。

AutoCAD 及 CAXA 软件都是功能强大的专业平面绘图软件,可以用于激光切割机建模。利用建模软件绘制二维图形后保存成 dxf 格式,再导入 RDWorksV8 中进行工艺和参数设置。

(2)RDWorksV8 可以导入的文件格式很多,这里以比较典型的矢量数据格式 dxf 为例。

1)导入矢量数据 dxf 格式。点击工具栏"文件"后再点击"导入",导入格式选择 dxf 格式,打开通过建模软件已经绘制好的矢量图。图 3-47 是通过 AutoCAD 软件绘制的三角板。

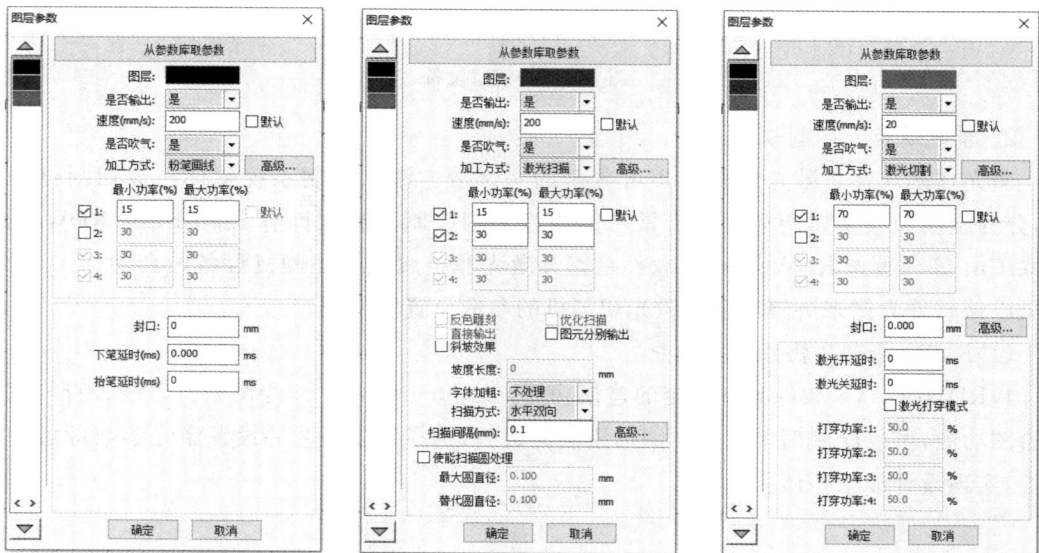

图 3-47　导入矢量

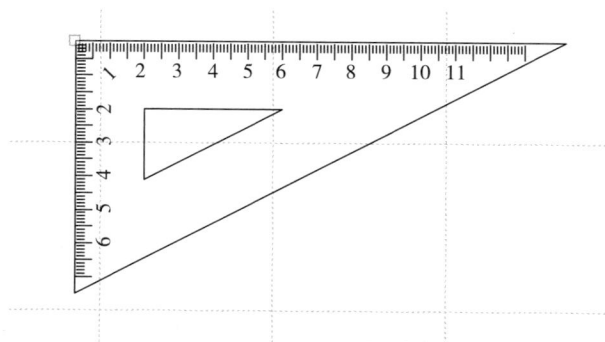

图 3-48　图形分层处理

2)图层及参数的设置。根据加工工艺不同,将三角板分为三个图层,如图 3-48 所示,每个图层对应一种颜色,对每个图层进行不同的参数设置。

　　红色图层为要切除的边线,主要采用的加工方式为激光切割;蓝色图层为尺子上面的数字,采用的加工方式为激光扫描;黑色图层为三角板刻度线,采用的加工方式为粉笔划线。不同的加工方式设置的参数也不一样。图 3-49 为该三角板三个图层的参数设置。参数设置时,主要是设置切割速度和功率。激光切割这种加工方式要求将材料切掉,需要速度慢、功率高;而激光扫描需要速度快、功率低。

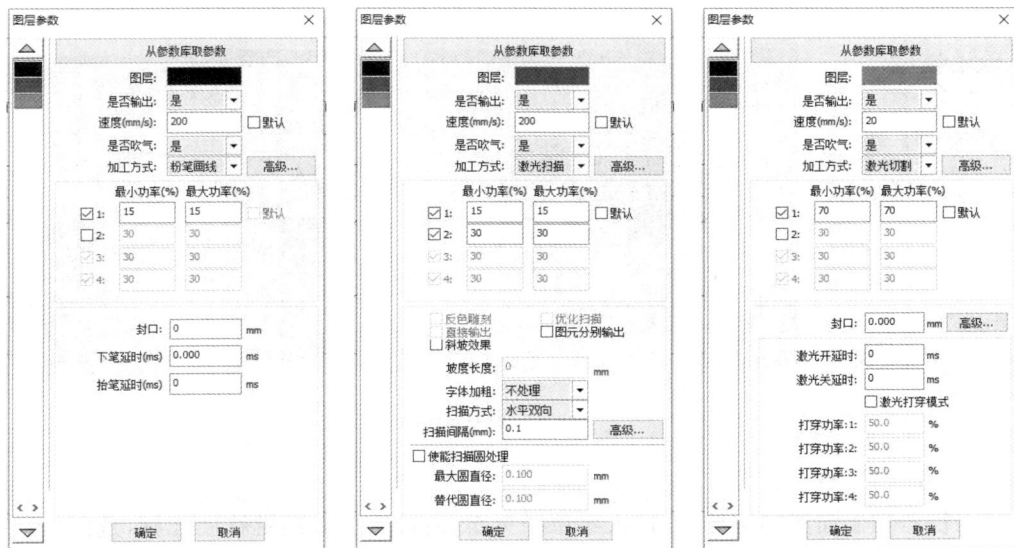

图 3-49　参数设置

　　设置完成后,拖动工艺图层,可以调整工艺顺序。顺序为先粉笔画线,再激光扫描,最后激光切割,如图 3-50 所示。因为在激光切割工艺完成后,切割下来的材料在加工平台上有一定的下沉,改变了工件和聚焦镜的距离,从而改变了焦距,对后续加工有一定影响,所以一般将激光切割作为最后一道工艺。

　　3)图形下载。数据加工方式可以选择软件端远程控制加工,也可以下载至设备中进行加工。为了更直观地操作设备,这里将图形通过下载方式下载至切割机存储器中。如图 3-51 所示,点击下载,将图形下载至设备。

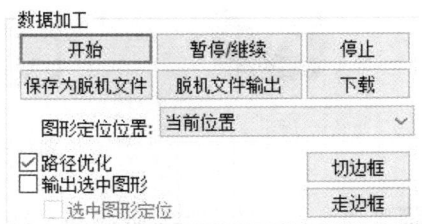

图 3-50　调整加工工艺顺序　　　　　　　　图 3-51　图形下载

3.3.3 激光切割加工

1. 操作步骤

（1）开机

冷却水泵专门为激光器散热使用，因此开启机器前需先将冷却泵打开，关机时，为使激光器充分散热，最后再关掉冷却泵。开启冷却泵后，再旋转钥匙开关打开设备电源—开启主开关—开启激光开关。如图3-52所示为开机顺序。

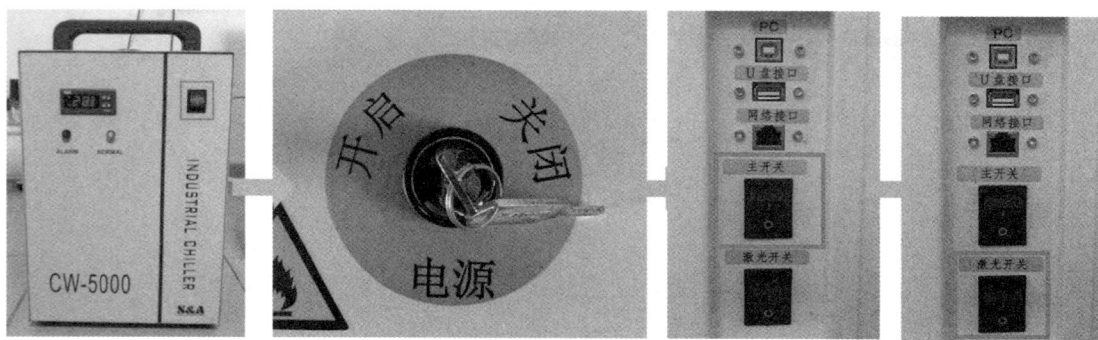

图3-52 开机顺序

（2）放置材料，调节焦距

点击机器控制面板的菜单键，进入菜单子页面，通过上下方向键移动光标，选择"Z轴移动"选项，如图3-53所示。按下左方向键，Z轴向下移动，下降到合适位置后，放置加工材料。按下右方向键，平台上升，当材料距离激光头约6 mm时停止。

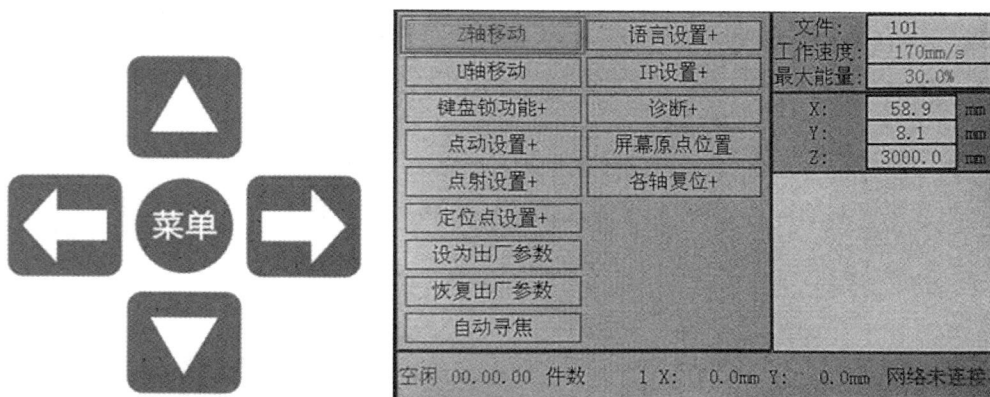

图3-53 Z轴移动

将厚度为6 mm的调焦块放置在材料与激光头之间，松开激光头上的螺母，调节聚焦镜筒与材料之间的距离，使得激光头正好抵住调焦块，然后拧紧螺母，调焦完成，如图3-54所示。

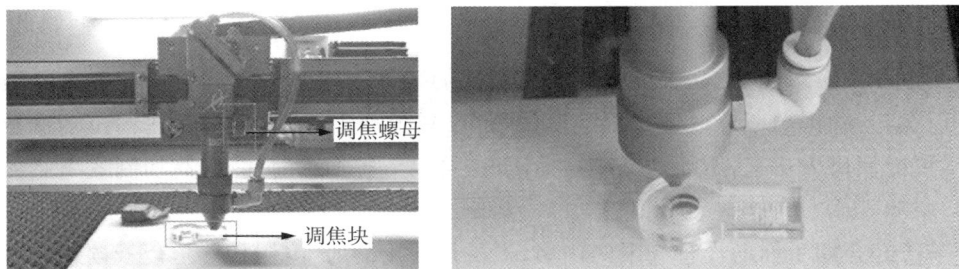

图 3 - 54　设备调焦

（3）导入文件，确定加工范围，启动加工

点击操作面板的文件按钮，选择刚刚上传的三角板文件。将激光头移动到材料上方，点击面板上的定位按钮，再点击边框按钮，激光头会在加工区域移动，通过"走边框"可以发现：

1）加工此图形是否超出激光切割机加工范围；

2）激光头起始位置是否合适。

如果位置合适，盖上舱门盖，点击启动按钮进行加工，如图 3 - 55 所示。

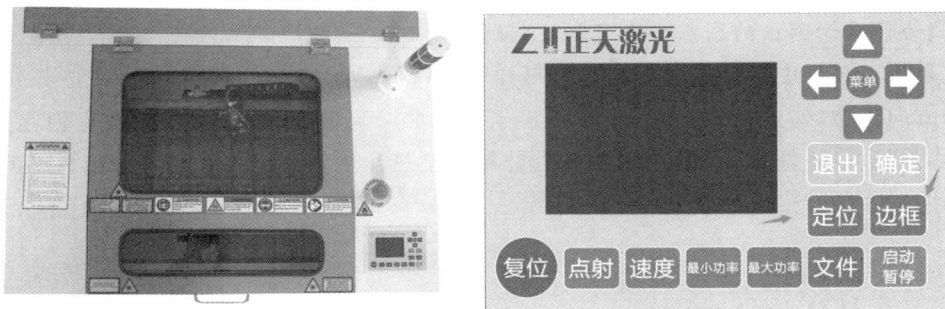

图 3 - 55　舱门盖及面板

2. 影响激光切割加工的因素

同样的设备，同样的图纸，激光切割出来的效果却不相同。影响切割效果的因素主要包括以下四个方面。

（1）激光功率

在其他参数条件不变的情况下，功率设置的大小与激光的能量成正比。不同厚度的材料及不同的加工工艺，需要设置不同的功率，每个功率切割出来的效果也不一样。只有不断尝试，才能获得切割效果最好、切割效率最高的功率。总而言之，功率越大，能量越高，雕刻越深；功率越小，能量越小，雕刻越浅。

（2）焦点位置

众所周知，如果想要能量最大化，切割机的激光焦点应该在加工材料的表面。因此在使用设备时需要采用调焦块进行调焦，以确保焦点在加工材料上。

随着焦距的增大，雕刻时光斑变大，精细度变差，导致图片变得模糊。同时，光斑的变大也导致重复雕刻，加剧了材料表面的碳化，雕刻的颜色也随之变深。

（3）切割速度

切割速度直接影响切割的效率，在功率相同的条件下，切割速度过快，可能会导致无法切透。而在扫描时，功率合适且切割速度快，可以减少加工时间。因此，在输出功率正常范围内，尽可能使用大功率，增加切割或扫描速度，可以节省加工时间，提高切割效率。

（4）辅助气体

本书已经介绍了辅助设备气泵的作用，主要是防止被加工材料燃烧，以及吹散加工时产生的烟雾。然而，气泵吹出的气体对加工也有一定的影响。

在气泵不吹气时，扫描文字的边缘几乎不发黄；强吹气时，文字边缘有点发黄；弱吹气时，文字边缘发黄程度最高。

虽然不吹气时边缘不发黄，但雕刻过程中产生的粉尘会吸附在聚焦镜上，如果不及时清洁，会减弱雕刻效果，甚至损坏镜片。所以一般情况下，为保护聚焦镜，在不影响雕刻效果的前提下选择强吹气。

3. 激光切割加工过程常见问题的处理

在使用加工软件或设备过程中，会出现一些大大小小的问题。解决简单的故障或问题，是操作人员必备的素质。以下是激光切割软件和设备常见的问题。

（1）为什么切割出的图形出现是相反（镜像）情况

这是由于软件中的系统设置错误。打开 RDWorksV8 软件，点击"设置"中的系统设置，调整轴方向镜像，勾选"Y 轴镜像"，如图 3 - 56 所示。调整完成后，问题解决。但是某些时候图形需要进行镜像，如利用透明亚克力材料切割三角板，需要从背面看是正的三角板，可利用绘图栏中的镜像功能实现。

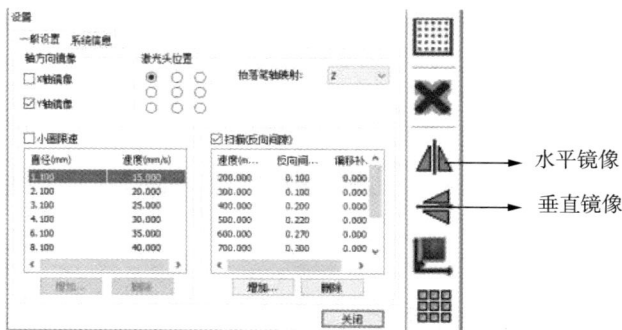

图 3 - 56　镜像调整

（2）设备面板报警提示

1）X/Y/边框越界。越界报警主要是图形超过了设备加工的最大尺寸或者加工起点设置错误导致。如果图形超过了设备加工的最大尺寸，则说明设备无法加工此图形；如果加工起点设置错误导致图形超过加工区域，则可以通过操作界面的上下左右键移动激光头，如图 3 - 57 所示。重新选择加工起点，如图 3 - 58 所示。正确及错误的起始点，如图 3 - 59 所示。

图 3-57 越界报警提示

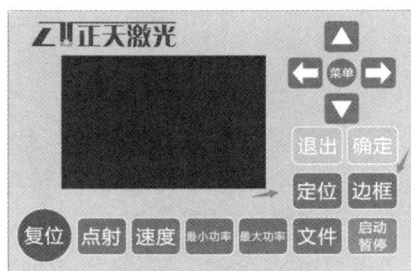

图 3-58 位置选择

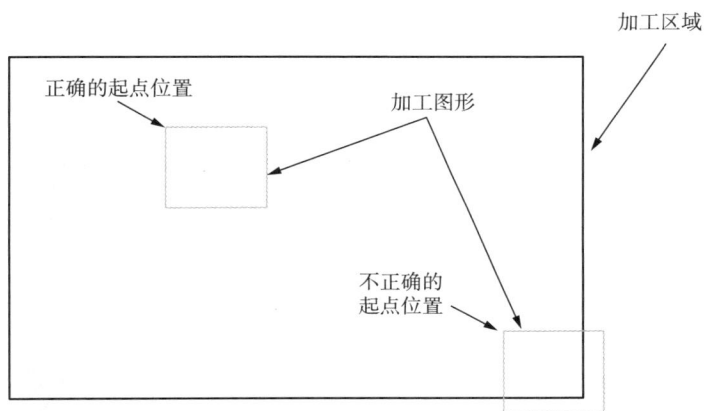

图 3-59 正确及错误的起始点

2)水保护。屏幕显示"水保护故障,工作已暂停"的报警提示,如图 3-60 所示。

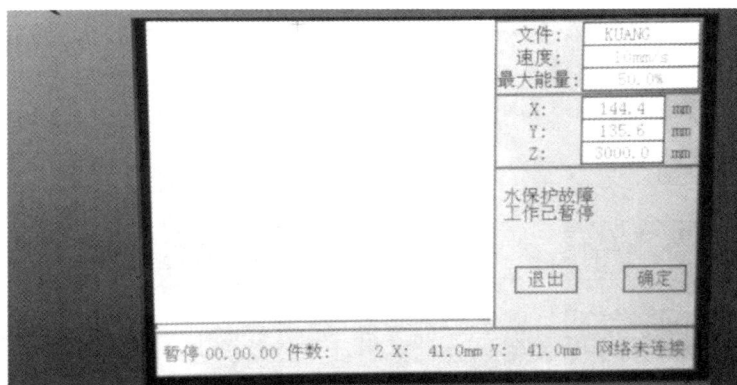

图 3-60 水保护报警提示

水保护报警提示的主要原因有忘记开水箱(水泵)或者信号线(图 3-61)故障。打开水箱开关后,如果故障仍未解除,则可能是线路出现问题。检查信号线,查看控制板是否向水箱发送信号。水箱一般在开机时首先开启,关机时最后关闭,水箱是保护激光器的关键。

图 3-61　水箱信号线

3)机器被保护报警。屏幕显示"机器被保护,工作已暂停"的报警提示,如图 3-62 所示。

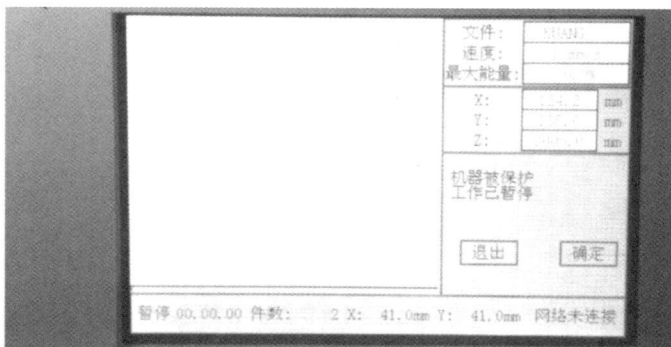

图 3-62　机器被保护报警

机器前罩和后罩均装有保护开关。设备加工开启时,前罩和后罩未关闭,则会出现报警。关闭前罩和后罩后,报警即解除,如图 3-63 所示。若前罩和后罩已经关闭,机器仍报警,有可能是开关损坏或者开关电路出现问题。此开关为磁性开关,需检查磁铁是否完好,磁铁位置是否正确,开关是否完好,位置是否正确,最后检查线路,排查故障。

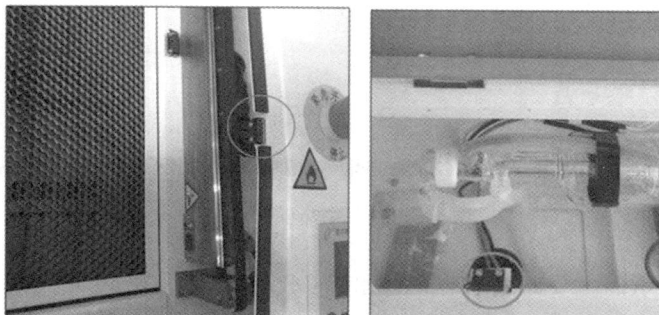

图 3-63　前后门保护开关

（3）切割图形的起始点和终点无法重合

电机控制各轴移动,起始点与终点无法重合,主要是由于电机失步或者传动机构故障造成的。电机使用的是伺服电机,一般情况不会出现失步现象,那么起始点与终点无法重合,主要是传动机构故障造成的。传动机构是同步带传动,检查同步带,原因主要有以下两点。

1）联轴器松动。检查是否其中一个联轴器没有锁紧,出现光轴打滑的现象导致丢步,从而使 X、Y 轴不同步,如图 3-64 所示。

2）传动轴上的带轮松动。检查左右两边传动轴上的带轮是否发生松动,带轮松动会导致同步带丢步,从而使 X、Y 轴不同步,如图 3-65 所示。

图 3-64　检查联轴器

图 3-65　检查同步带轮

3）机器无激光。有时在加工过程中,突然出现不出激光的情况,原因主要有以下两点。

① 激光器故障。激光切割设备主要是靠激光器发出的激光对工件进行切割,达到加工的目的,若激光器故障,则机器不能发出激光。

② 激光器信号问题。控制激光器主要靠一根信号线,通过测量信号线的电压可以判断控制器是否给激光器提供了信号。如果提供了信号但激光器不发激光,则是激光器问题;如果没有发射信号,则可能是控制板或者线路问题,需进行进一步排查。

3.4　3D 打印

3.4.1　概述

社会的进步离不开制造技术的发展。在漫长的历史长河中,制造技术主要经历了"等材制造""减材制造"和"增材制造"三个阶段。其中,"等材制造"主要是指原材料在加工过程中质量基本不减少的加工手段,包括锻造、铸造、焊接等制造方法,最具代表性的是中国古代的青铜器,它是璀璨的华夏文明的见证者。"减材制造"是指在加工过程中损失一部分原材料的加工手段,包括车、铣、刨、磨等制造方法。随着科学技术的不断发展,"减材制造"设备加工的产品精度越来越高,应用也越来越广泛,特别是在高端产业。"增材制造"是通过原材料积累进行加工的一种手段,不会对原材料造成浪费,是近 30 年兴起的一种制造技术,对于设计者来说基本可以实现所想即所得,因

此也被称为可以带来"第四次工业革命"的技术。

3D 打印技术起源于 19 世纪末,快速发展于 20 世纪 80 年代。最早于 1892 年布兰特(Blanther)提出使用分层制造方法制作地形图;1940 年佩雷拉(Perera)提出将硬纸板进行切割,叠成三维地形图;1982 年查尔斯·胡尔(Charles Hull)提出将光学技术应用在快速成型领域,1983 年他发明了液体树脂光固化成型(SLA)技术,1986 年他在加州成立了 3D Systems 公司,同年研发了著名的 STL 文件格式,1988 年该公司生产处理第一台光固化 3D 打印机 SLA - 250。

第一台 3D 打印机问世后,3D 打印技术得到了蓬勃发展。1988 年迈克尔·费金(Michael Feygin)发明了分层实体制造(LOM),1989 年德哈德(Dechard)发明了选择性激光烧结工艺(SLS),1993 年萨克斯(Sachs)发明了三维印刷技术(3DP),2002 年 Stratasys 公司推出了以 FDM 技术为基础的桌面级 3D 打印机,价格低廉,从此 3D 打印机也越来越被大众所熟知。

20 世纪 80 年代末,我国开始了 3D 打印技术的研究,研究力量主要集中在华中科技大学、清华大学、西安交通大学以及北京航空航天大学等高等院校。通过积极探索与研发,目前我国与发达国家在 3D 打印技术方面的差距越来越小,甚至在某些领域,我国的技术水平已经处于世界领先地位。2012 年 10 月,由亚洲制造业协会联合华中科技大学、北京航空航天大学、清华大学等 3D 打印研究高校和行业领先企业共同成立了中国 3D 打印技术产业联盟。

1.3D 打印原理

3D 打印技术是以数字模型文件为基础,通过逐层堆积可黏合材料制造出实体模型的技术,如图 3 - 66 所示。实际是通过对三维模型进行处理,"自上而下"分成 N 层,然后打印机进行逐层累积,最终形成三维实体。

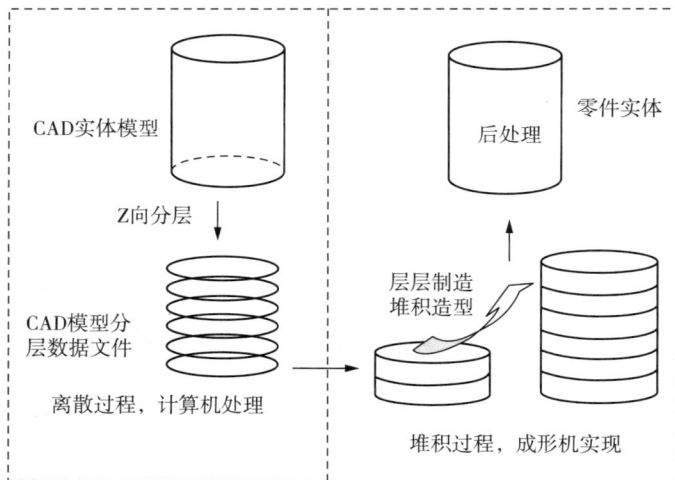

图 3 - 66　3D 打印基本原理

如图 3 - 67 所示,通过计算机辅助设计软件建模,将模型进行"切片"处理,把处理结果传送给 3D 打印机,3D 打印机根据数据文件进行逐层打印,通过层层叠加得到零件实体。

图 3-67　模型处理过程

2.3D 打印机组成

一台 3D 打印机一般由机械部分、软件部分和控制系统组成。

机械部分:机械部分是执行打印命令的定位部分,由电机、支架、同步轮、传送带等组成的 X、Y、Z 空间轴,用于定位软件部分生成的打印坐标。

软件部分:3D 打印机通过软件将 3D 模型分割成无数个层,将每层生成打印的坐标命令供机械部分执行。

控制系统:控制系统是软件和机械部分的桥梁,主要对软件生成的指令和数据进行缓存,以及对电机的控制、温度的控制等。软件生成的坐标指令由电子控制机械部分执行,以达到精准打印的目的。

本书以桌面级熔融沉积成型(FDM)3D 打印机为例,介绍 3D 打印机各组成结构的功能。控制系统主要由电路板、传感器和软件系统组成。

(1)机械部分

(FDM)3D 打印机机械结构由框架结构、电机、喷嘴、底板(平台)与调节带等组成。

1)框架结构:框架是 3D 打印机的骨干,大部分采取亚克力或是金属制作支架。框架结构有三角爪式、极坐标式和矩形结构等,如图 3-68 所示。

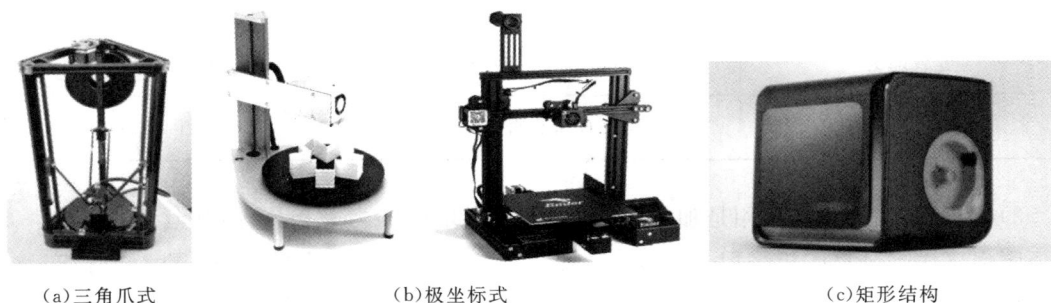

(a)三角爪式　　　　　(b)极坐标式　　　　　(c)矩形结构

图 3-68　不同框架打印机

三种打印机框架结构的特点见表 3-12。

表 3-12　打印机框架类型和特点

序号	结构形式	运动方式	特点
1	三角爪式	工作平台不动,打印喷头在 X-Y-Z 平面复合运动	结构简单、使用及控制比较容易,商业化应用成熟

（续表）

序号	结构形式	运动方式	特点
2	极坐标式	平台做旋转运动,打印头在 X-Y 平面复合移动	利用极坐标转换的数学原理,减小了喷嘴移动的距离,节省了打印时间,切片算法比较复杂
3	矩形结构	工作平台与 X-Y 平面复合运动,工作平台做独立 Z 向移动	机构简单、安装精度高,打印速度和精度都比较高,机器整洁美观

2）电机：一个打印机起码包括了 4 个电机,用来调节打印的速度和定位等。若打印速度太快,也许会造成丝太细,导致产品有空隙等问题。打印速度过慢的话,也许会造成产品某一部分臃肿或凸起来等。目前,市面上根据 3D 打印机的精度不同,选择步进电机或伺服电机。一般的直流电机更合适 3D 打印机。步进电机和伺服电机性能比较见表 3-13。

表 3-13 步进电机和伺服电机性能比较

项目	步进电机	伺服电机
运行特性	容易丢步或堵转	控制性能可靠
控制方式	开环控制	半闭环控制
低频特性	低频易出现震动现象	运行平稳
矩频特性	速度越大,力矩越小	恒力矩输出
过载能力	不具备过载能力	较强过载能力
响应时间	响应时间几百毫秒	响应时间几毫秒

3）喷嘴：喷嘴的关键作用是加热材料,最后再靠电机的力来挤压丝,让丝可以按照一定速率喷出。大部分打印机采用 0.4 mm 孔径大小的喷嘴。喷嘴孔径越小,精度越高,产品质量越好。孔径越大的喷嘴,打印速度越快。大部分打印机的喷嘴都能更换,可以根据不同的加工精度装上所需的喷嘴。

4）底板（平台）：底板是最终产品生成的地方。一些材料在打印时需要加热,以防止底层翘边等问题。市场上使用的底板有两种：铝质或玻璃制。铝质底板的优点是易于加热；而玻璃底板则具有更平坦的表面,更易于维护。

5）调节带：在 3D 打印机中,调节带用于调节电机的 X 轴与 Y 轴的移动方位,控制打印的速度和精度。在打印前需检查调节带的松紧程度,否则容易影响打印效果。很多打印机的准备工作都包括检查调节带。

（2）控制系统

3D 打印机硬件控制系统主要由控制器、电机驱动系统、限位开关、温度传感器及挤出机控制模块组成。如图 3-69 所示，计算机将切片后的数据通过连接线传送给打印机控制器，控制器控制 X、Y、Z 轴电机进行移动，同时控制板控制送丝电机及材料加热元件，各轴电机及送丝机构同时运动以达到加工的目的。

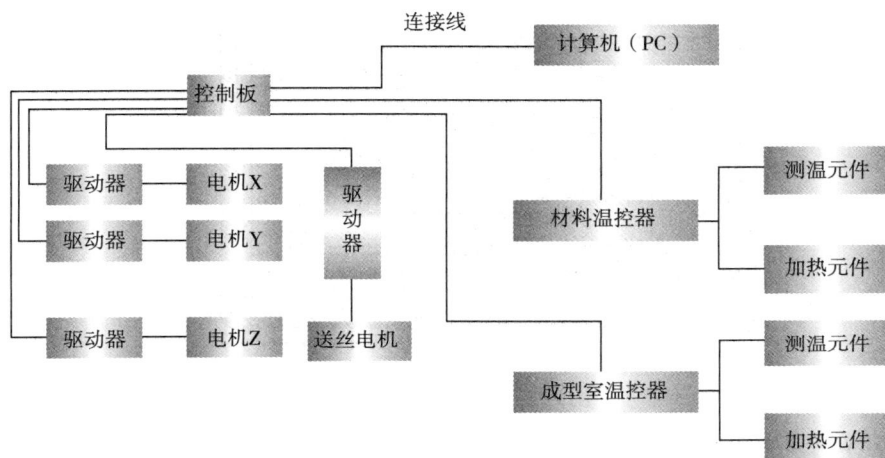

图 3-69　控制系统

（3）软件

软件是将导入的图像/产品转化成 G-code。机器再按照生成的 G-code 来打印产品。一些软件会自动生成支架，便于打印时更好地支撑产品。

3.4.2　3D 打印工艺及材料

3D 打印机根据工作原理可以分为光固化成型（SLA）、熔融沉积成型（FDM）、选择性激光烧结（SLS）、分层实体制造（LOM）、三维印刷工艺（3DP）等。

1. 立体光固化成型工艺（SLA）

立体光固化成型工艺是以光敏树脂为原料，在计算机的控制下，紫外激光对液态光敏树脂进行逐点扫描，使被扫描区域树脂固化，形成一个薄层，依次重复，通过逐层凝固最终得到实体模型。

（1）SLA 成型工作原理

图 3-70 所示是立体光固化成型工作原理。首先，在工作槽内注满液态光敏树脂，激光器发射紫外激光束，根据计算机分层数据，对液态光敏树脂进行逐点扫描，扫描区域因光敏聚合反应而形成薄层。当一层数据处理完成后，升降台下降一层厚度的距离，由于液态树脂的高黏性特点，薄层上面的液面不平，影响成型精度，因此采用刮板进行刮平。紫外激光束继续照射，形成新的一层薄层，重复此过程，最终可得到实体模型。工件成型后，将工件树脂表面清理干净，使用紫外灯进行二次固化。

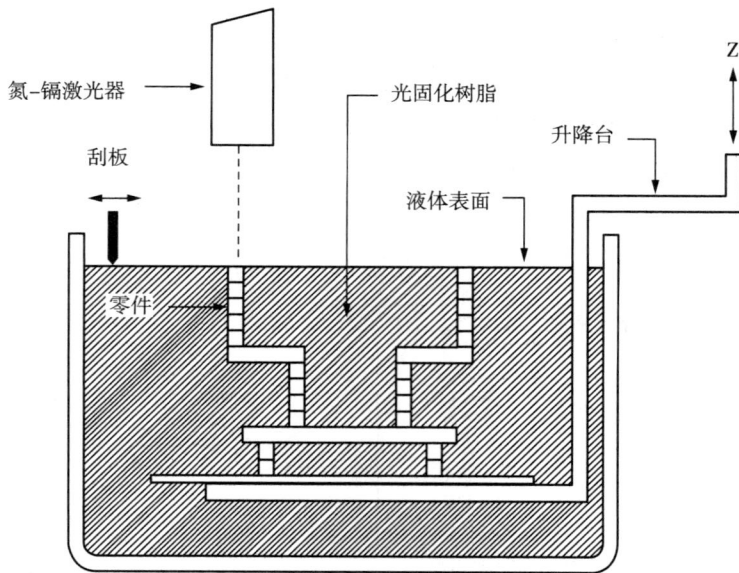

图 3-70　立体光固化成型

（2）SLA 成型工艺特点

1）SLA 是比较早出现的成型技术，技术成熟，稳定可靠。

2）精度高，误差可以控制在 0.1 mm 以内。

3）打印速度快，可以实现复杂、镂空等零件的加工。

4）可树脂材料的消耗进行补充，利用率高，不易浪费。

（3）SLA 成型材料

SLA 成型材料主要是液态光敏树脂，在计算机控制下，紫外光扫描光敏树脂进行固化，逐层堆积形成零件。

液态光敏树脂在光的作用下能从液态变成固态的树脂，主要由低聚物、活性稀释剂及光引发剂组成的混合物。低聚物主要包括丙烯酸酯、环氧树脂等，是光敏树脂的主要成分。活性稀释剂是一种功能性单体，主要用于稀释黏度较高的低聚物，以改变树脂材料的物理和力学性能。光引发剂是激发光敏树脂产生交联反应的特殊基团，树脂受到特定波长（250～300 nm）紫外光照射时，会产生聚合反应，形成固化。

2. 熔融沉积成型工艺（FDM）

熔融沉积成型工艺（FDM），是一种将热熔性的丝状材料（如蜡、ABS 和 PLA 等）加热熔化并堆积成型的方法。

（1）FDM 成型工作原理

如图 3-71 所示，丝状材料穿插在打印机喷头上，通过送丝机构进行挤压，喷头内部对丝状材料进行热熔，通过喷嘴挤出。在计算机的控制下，喷头在 XY 平面运动，挤出的材料在 XY 平面冷却凝固，形成零件的第一层。第一层完成后，Z 轴向下移动一个层距，喷头继续在此层 XY 平面涂覆。通过逐层涂覆，最终堆积形成三维零件。

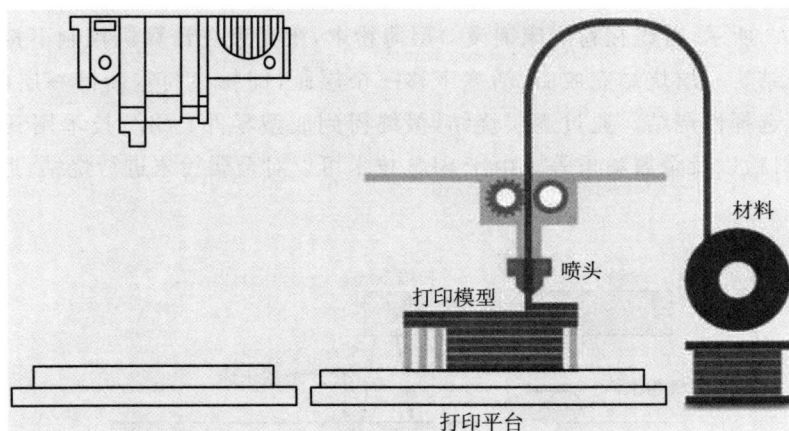

图 3 - 71 熔融沉积成型工艺

（2）FDM 成型工艺特点

目前，桌面级 3D 打印机主要采用 FDM 技术，设备通过数控方式运行，技术成熟，主要具备以下特点。

1）打印件可以任意选择填充比例，以节约材料及加工时间。

2）打印件采用数控方式加工，技术成熟。

3）设备成本低，结构简单，运行维护成本也低。

4）复杂零件成型需要加支撑结构，但支撑剥离困难，表面质量较差。

5）成型精度低，逐层堆积，表面有分层痕迹。

（3）FDM 成型材料

FDM 成型材料目前常用的有 ABS 丝材、聚乳酸（PLA）丝材、聚碳酸酯（PC）、热塑性聚氨酯弹性体橡胶（TPU），这四种材料的特点见表 3 - 14。

表 3 - 14 FDM 成型材料

材料名称	优点	缺点
ABS 丝材	良好的力学性能、柔韧性、耐磨性、绝缘性	不能生物降解、易变色、打印基座容易卷边
聚乳酸（PLA）丝材	可生物降解、强度高、环保、气味小	韧度低、熔体强度低、热稳定性较差
聚碳酸酯（PC）	高强度、耐高温、抗冲击、抗弯曲	颜色单一、价格高
热塑性聚氨酯弹性体橡胶（TPU）	强度高、韧性好、耐磨、耐油、耐水、耐老化等	不耐强极性溶剂和强酸碱介质，耐高温性能一般

3. 选择性激光烧结工艺（SLS）

选择性激光烧结工艺（SLS）是以 CO_2 激光器为能量源，通过选择性熔化高分子粉末材料来制作三维实体模型。

（1）SLS成型工作原理

如图3-72所示，首先在粉末床铺设一层薄粉末，激光束在计算机控制下按照分层轮廓进行选择性烧结。一层烧结完成后，活塞下移一个层距，铺粉滚筒重新铺一层薄层，激光继续按轮廓进行选择性烧结。通过逐层烧结，最终得到成型零件。SLS技术用到的材料主要为尼龙粉、塑料粉以及金属粉末等。由于SLS技术可以对金属粉末进行烧结，近年来成为研究的热点。

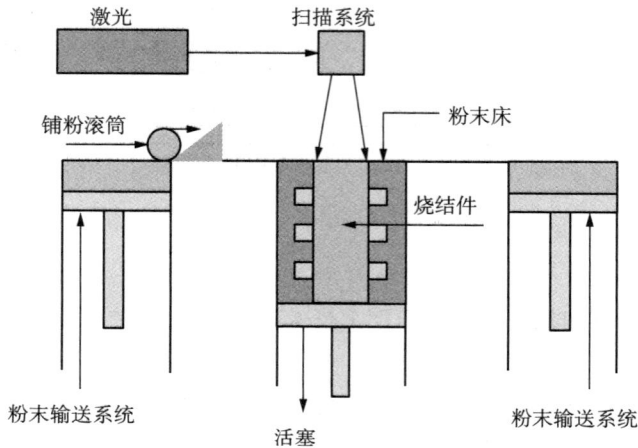

图3-72　选择性激光烧结工艺

（2）SLS成型工艺特点

1）成型材料选择广泛，理论上讲，能够通过激光熔化后形成黏结的粉末材料都可以作为烧结对象。

2）无需制造复杂支撑。

3）粉末利用率高，不易浪费。

4）非接触加工，加工过程中无振动及噪声。

5）粉末通过激光熔解黏结在一起，但产品强度不高，表面不够整洁。

（3）SLS成型材料

SLS成型技术是高分子粉末在激光照射下黏结成型的过程。高分子粉末材料主要由高分子粉末、稳定剂、润滑剂、分散剂、填料等助剂组成，常用的材料包括尼龙粉、塑料粉以及金属粉末等。随着3D打印技术的发展，金属打印一直是研究的重点，目前3D打印金属粉末材料主要包括钛合金、钴铬合金、不锈钢和铝合金等。

钛合金因为具备强度高、耐腐蚀性好、耐热性高等特点，主要应用在航天航空产业，用来制作发动机零部件。利用钴铬合金制作的零件具备强度高、耐高温等特点，一般也应用在航天航空产业。同时，3D打印工艺可以满足普通加工无法满足的工艺要求，其机械性能优于锻造工艺。

4. 分层实体制造工艺（LOM）

分层实体制造工艺（LOM）是通过激光切割薄板等材料，逐层切割并逐层堆积，最终形成三维实体。

（1）LOM 成型原理

如图 3-73 所示以片材为原材料，在片材一面涂覆热熔胶，通过热压辊使片材达到一定温度，热熔胶黏结两片材。上方激光器按照计算机数据对薄材进行切割，切割完成后升降台下降一薄材距离，重新黏结薄材进行切割，逐层堆积，最终形成零件实体。

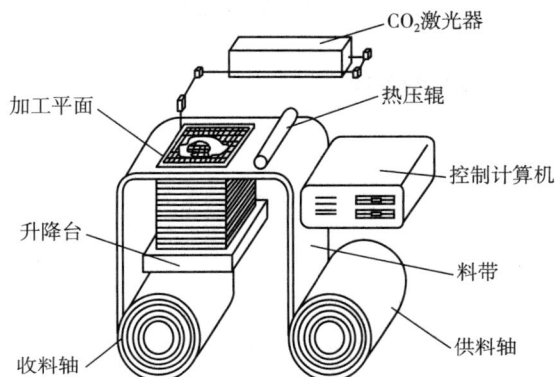

图 3-73　分层实体制造工艺

（2）LOM 成型工艺特点

1）系统运行稳定，工作可靠。

2）效率高，不需要扫描整个模型截面，只需要切出内外轮廓。

3）价格低，目前激光器和成型材料技术成熟，制作成本低。

4）成型无支撑结构。

5）前后处理费时费力，无法制造中空结构件和结构过于复杂的零件，厚度不可调整，精度有限。

（3）LOM 成型材料

LOM 成型材料主要为涂有热熔胶的薄层材料，薄层材料主要包括纸质片材、陶瓷片材、金属片材、塑料薄膜和复合材料片材。这些薄片材料具备良好的抗湿性、抗拉强度高、收缩率小和剥离性能好。纸质片材成本低、成型状态稳定、翘边变形小，适用于制作大、中型零件。

5. 三维印刷工艺（3DP）

三维印刷工艺与选择性激光烧结工艺类似，所使用的材料都是粉末，两者的不同在于 3DP 技术的材料粉末不是通过激光烧结连接，而是通过黏结剂连接。

（1）3DP 成型原理

如图 3-74 所示，3DP 成型以粉末为基底，分层处理后的零件，根据每一分层截面轮廓进行选择性喷射黏结剂，粉末被黏结剂黏结在一起。当一层截面轮廓黏结完成后，集粉缸升降台下降，每次下降高度为设置的层厚，送粉缸上升一定高度，铺粉棍重新铺粉，喷头根据轮廓再一次喷射黏结剂，层层黏结后形成三维实体。

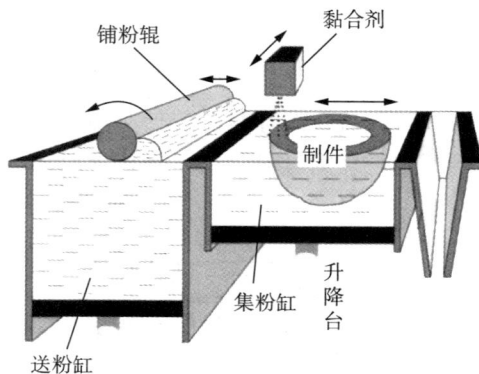

图 3-74 三维印刷工艺

（2）3DP 成型工艺特点

1）成型速度快，适合做桌面级 3D 打印机。

2）无需激光器，设备具有较低的制造成本与运行成本。

3）可以制作彩色零部件。

4）无需支撑，粉末去除方便。

5）成型材料无味、无毒、无污染，成本低。

6）制作零件强度低，不适合打印功能性零件。

（3）3DP 成型材料

3DP 工艺所使用的材料与选择性激光烧结工艺一样，也是采用粉末材料。常用 3DP 成型材料的特点和应用场合见表 3-15。

表 3-15　3DP 粉末材料

材料名称	特点	应用场合
石膏粉末	价格低廉、环保安全、成型精度高	生物医学、工艺品制作等行业
陶瓷粉末	硬度高、强度高、脆性大	航空航天、电子产品、医学等领域
石墨烯	强度大、导电导热性能好	电子电路、生物医学等方面

3.4.3　三维模型的构建及 3D 打印机的操作

1. 三维模型的构建

目前，三维模型的构建主要有两种途径：一种是三维扫描反求建模，另一种是三维软件建模。

（1）三维扫描反求建模

三维扫描反求建模是利用三维扫描仪扫描建模，如图 3-75 所示。三维扫描集光、机、电和计算机技术于一体，可以对物体空间外形和结构及色彩进行扫描，获取物体表面的空间坐标,将实物的立体信息转换为计算机能直接处理的数字信号,从而建立三维数学模型。三维扫描建模实现了非接触测量,并具有速度快、精度高等优点。

(2)三维软件建模

三维软件建模是利用功能强大的三维软件建立模型。目前常用的建模软件主要包括 Pro/E、UG、SolidWorks、Mastercam、Inventor 等。

2. 3D 打印机的操作

3D 打印工艺不同,打印机的使用也有所不同。本书介绍熔融沉积成型(FDM)式打印机及

图 3-75　三维扫描文物

其软件的操作使用。打印机为北京太尔时代生产的 UP 系列,软件为 UP STUDIO。

通过三维建模,获得零件的三维模型后,将模型保存为 STL 格式文件。STL 文件格式是由 3D SYSTEMS 公司于 1988 年制定的一个接口协议,是一种为快速原型制造技术服务的三维图形文件格式。STL 文件由多个三角形面片的定义组成,每个三角形面片的定义包括三角形各个顶点的三维坐标及三角形面片的法矢量。

(1)启动 3D 打印机并连接计算机

将 3D 打印机用于通信的 USB 线连接到计算机,如果软件显示打印机名称、喷嘴温度、平台温度、打印机状态为已连接,则连接成功;如果都未显示,则连接不成功,可以查找是否驱动未安装、软件和打印机不匹配、打印机未上电等原因,如图 3-76 所示。

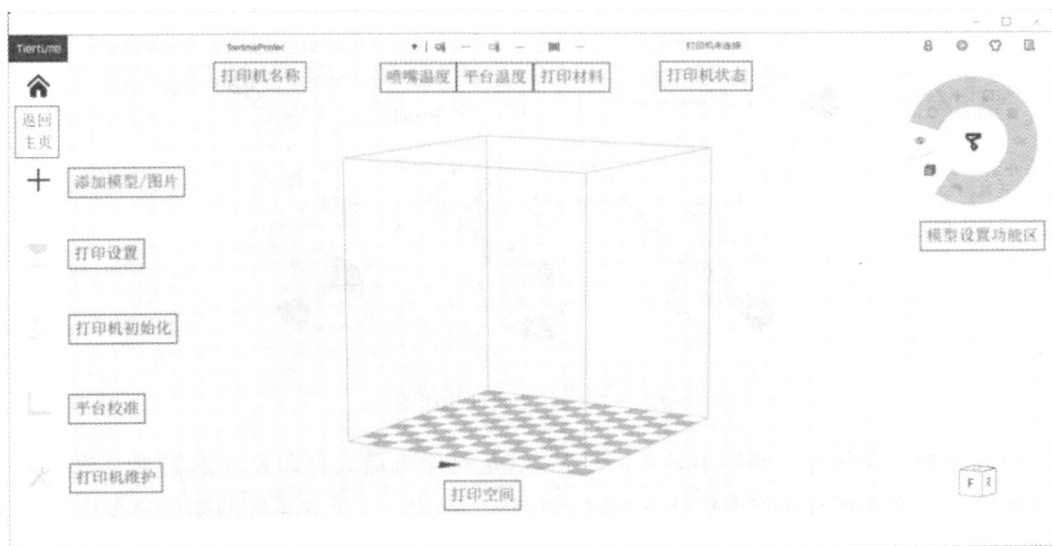

图 3-76　软件界面

(2)模型导入

将 STL 文件导入 3D 打印软件中,如图 3-77 所示。

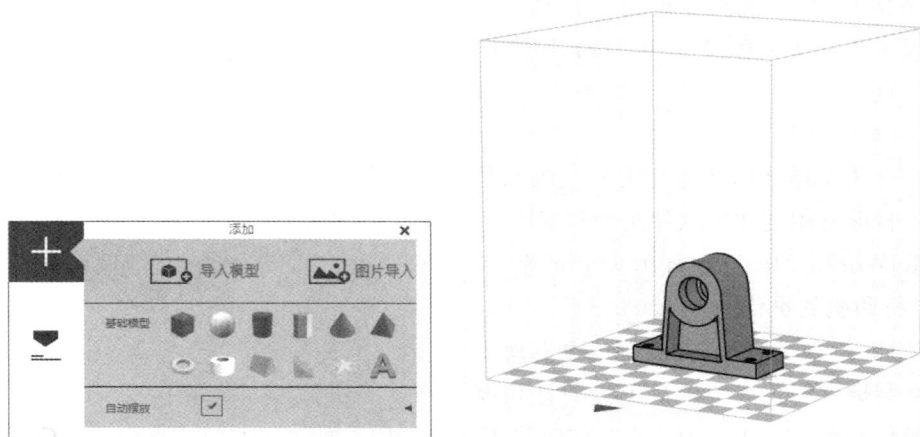

图 3-77　模型导入

（3）模型调整与设置

通过软件模型设置功能区对导入的模型进行处理，主要功能包括旋转、移动、缩放、类别、镜像、自动摆放、切换平面、显示模式及视图等，如图 3-78 所示。

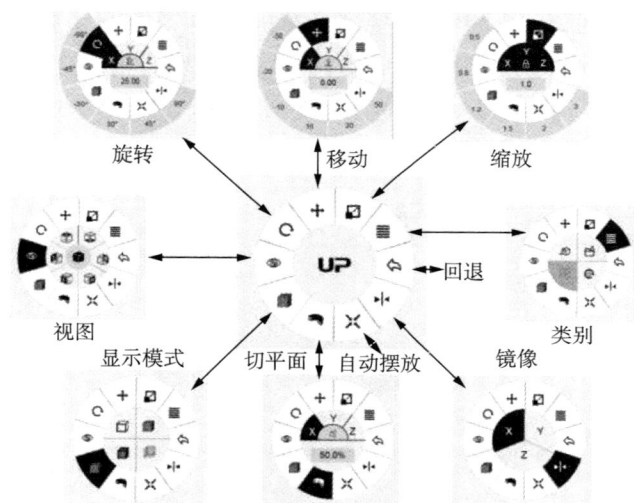

图 3-78　打印软件功能图

缩放功能可以任意比例缩小导入的模型，满足打印机最大打印尺寸的需求。旋转及移动功能可以让零件在打印空间内任意摆放，如图 3-79 所示，通常零件的摆放遵循以下几个原则。

1）与打印平台接触的面应尽量大且平整。

2）减少支撑的使用。

3）与打印平台接触，表面质量较差，摆放需符合质量要求。

4)尽可能减少打印时间和材料的使用。

图 3 - 79　轴承座的摆放

（4）打印机的初始化及校准

如图 3-80 所示,通过校准卡片或 A4 纸对工作平台的九个点进行校准,使得平台任何角落与喷嘴起始位置的距离都是卡片或 A4 纸的厚度。

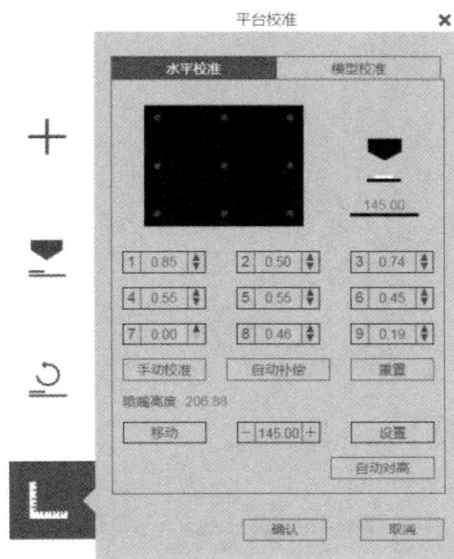

图 3 - 80　平台校准

（5）3D 打印机维护

首先要判断喷嘴是否堵塞。点击"挤出"按键，喷嘴温度升高，达到温度后听见"嘟"的一声，喷嘴挤出丝料，如果没有挤出丝料，喷嘴堵塞。如果喷嘴正常挤出丝料，点击"停止"按钮，则喷嘴停止挤出，换丝时点击"撤回"。根据材料情况设置材料类型、重量等参数，如图 3-81 所示。

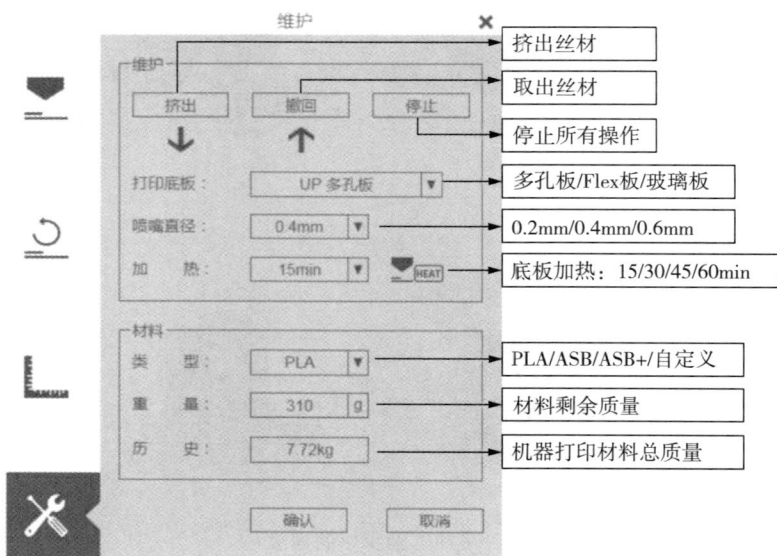

图 3-81 材料准备及维护

（6）打印参数的设置

参数的设置主要包括层片厚度、填充方式、质量、补偿高度、非实体模型、有无底座、有无支撑等，如图 3-82 所示。

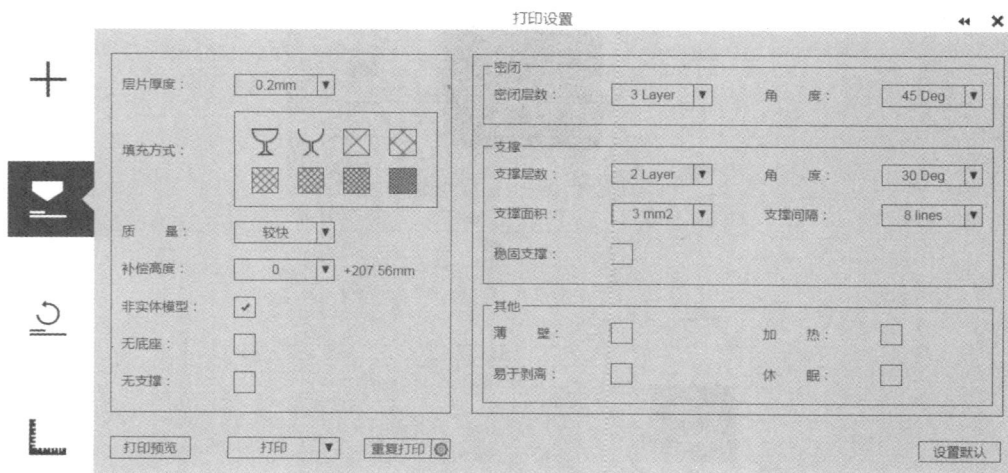

图 3-82 参数的设置

厚度可根据实际情况来选择,如果对打印质量没有特殊要求可选择 0.2 mm,如果打印质量要求高可选择 0.1 mm,选择 0.1 mm 则分层多,打印时间长。

填充方式可根据需求来选择,若零件需具备一定强度,则填充密度大;若无此要求,则填充密度小。填充密度直接影响打印时间和材料用量。

(7)3D 打印后处理方法

通过熔融沉积成型方式打印出来的作品,层与层之间存在明显的分层纹路。纹路是否明显取决于层厚,层厚越小,分层越多,则纹路越不明显,但分层越多,打印时间越长,效率越低。为提高效率,分层不宜过多,打印作品可以通过后期处理来提高表面质量,主要处理方法有打磨、喷涂和溶剂浸泡等。

3.3D 打印机常见故障和维修

3D 打印机作为机电一体化设备,在工作中难免出现各种故障。本书以 FDM 打印机为例,对常见故障进行分析与排除。FDM 打印机打印速度较慢,打印时间较长。在零件打印过程中,操作者不会一直守着机器,这时 3D 打印机的可靠性至关重要。因为打印过程中遇到任何问题都有可能导致打印失败,前功尽弃。对打印机需要进一步了解,及时排除隐患,可以使打印机更好地运行。

(1)喷嘴不吐丝

1)喷嘴是否堵头

一般材料混杂或存在杂质都会导致喷嘴堵塞,打印机喷嘴如图 3-83 所示。判断喷嘴是否堵头主要是将喷嘴加热至打印温度,手动推动丝材,看是否出丝。如果出丝,则喷嘴没有堵塞;如果不出丝,则喷嘴堵塞。如果是堵塞,需要清理喷嘴或更换新的喷嘴。

清理喷嘴堵塞时,第一步是撤出丝材;第二步是等喷嘴冷却后拆卸下来;第三步是通过酒精灯烧喷嘴,使得喷嘴内的堵塞物气化,从而达到清理喷嘴的目的。最后将喷嘴安装回去。

图 3-83　打印机喷嘴

2)查看温度是否达到

不同材料的打印喷嘴温度不一样,一般 ABS 材料喷嘴温度为 220 ℃～260 ℃,PLA 材料喷嘴温度为 190 ℃～220 ℃。如果温度未达到,需查看加热电阻或者传感器是否正常工作。

3）查看送丝器

如果没有喷嘴堵塞则可能是送丝器出现问题,需要检查齿轮送丝器。检查齿轮与导轮之间的间隙是否过大,或齿轮是否正常转动。如果没有正常转动,可以检查电机及控制回路。如果间隙过大,可以调整齿轮及导轮间隙。

（2）模型不能黏合在打印平台上

1）Z0 位置和打印平台间距过大,需调整 Z0 位置。

2）打印平台温度不对,ABS 材料一般为 110 ℃左右,PLA 材料一般为 60 ℃左右。首先检查设置,如果设置正常,检查加热部件是否存在问题。

3）平台不平,由于打印平台不平,可能会导致模型黏合不住,需要重新校准打印平台。

4）打印材料材质不佳。

（3）打印模型出现错位、移位现象

1）切片模型错误,首先判断是不是切片软件问题,重新生成文件后打印。

2）打印过程中电机被强行停止,打印过程中,X、Y 轴步进电机由于行进路线被阻挡,出现平台没有移动的现象。

（4）接通电源,屏幕无反应或闪烁

如果屏幕存在闪烁,可能存在线路虚接等情况。如果屏幕没反应,可能是屏幕接线松动,或者控制板损坏。

（5）步进电机出现吐丝不均匀,丢步现象

丢步是指步进电机在接到步进电源的输出后没有旋转到步进电源输出的脉冲数（步数）,缺少的步数就是丢失的步数。一般步进电机出现丢步的原因主要有以下几个方面。

1）电机电流过大或者过小。

2）打印速度过快,可以减小 X、Y 轴的速度。

3）皮带过松或过紧,调整带轮的螺栓,以改变松紧度。

4）运行阻力大。

（6）回零时,机器找不到零点

很多时候,打印机在回零时,会出现到达零点后并没有停止,而是继续移动。这时,可能是零点的行程开关出现问题,需要检查行程开关和接线以排除故障。

（7）喷嘴或打印平台一直不升温

如果打印机出现不升温的现象,可能是由于发热电阻接线脱落或者控制器出现故障。

（8）模型出现拉丝现象

打印出来的模型出现拉丝现象,主要是喷头在非打印状态下移动时滴落的细丝导致。这种问题一般通过切片软件的设置来解决,软件可以设置回抽功能。在非打印状态下将丝料收回,这样可以缓解拉丝现象。

（9）耗材在打印过程中出现断裂

在打印过程中,有时会出现丝材断裂的情况,如图 3-84 所示。这主要是由以下几个原因造成的。

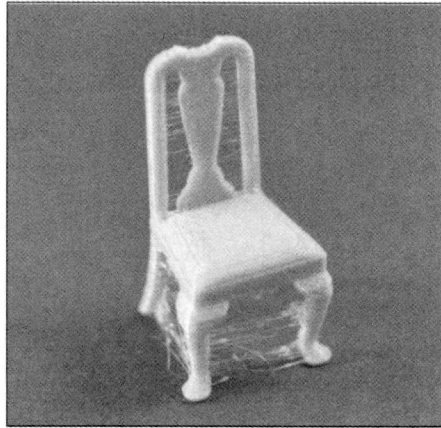

图 3-84　"拉丝"现象

1) 挤出器过紧,参数设置错误。

2) 材料放置过久,出现老化现象。

3) 材料质量过差。

第4章 智能制造

4.1 概述

当前,物联网、大数据、云计算、人工智能等新一代信息技术的迅猛发展,促使传统制造业技术升级,同时也驱动着智能制造的发展和成熟。智能制造作为数字智能技术与传统制造技术深度融合的产物,贯穿于设计研发、生产制造、管理运营、服务保障等制造活动的各要素、各环节之中,具有动态感知、实时分析、智能决策、精准执行等特征,旨在提高制造业的质量、效益和核心竞争力。我国是制造业大国,随着我国科学技术水平的不断提升,我国制造业也得到了非常快速的发展,智能制造已成为当前我国制造业发展的主流方向。党的二十大报告指出:"建设现代化产业体系。坚持把发展经济的着力点放在实体经济上,推进新型工业化,加快建设制造强国、质量强国、航天强国、交通强国、网络强国、数字中国。实施产业基础再造工程和重大技术准备攻关程,支持专精特新企业发展,推动制造业高端化、智能化、绿色化发展"。如何基于智能制造驱动制造业转型升级已成为我国当前面临的重大命题。智能制造是传统制造技术的发展,特别是制造信息技术发展的必然,是自动化和集成技术向纵深发展的结果。

4.1.1 智能制造定义

智能制造是利用信息技术和智能化技术实现产业升级和智能化制造的一种高科技制造技术。它通过数字化、互联化、智能化、灵活化等方式来提高制造过程的效率和质量,同时也实现了对生产线的智能监测和管理。智能制造包括智能制造技术和智能制造系统。

智能制造技术利用计算机模拟制造业领域专家的分析、判断、推理、构思和决策等智能活动,并将这些智能活动和智能机器融合,贯穿应用于整个制造企业的子系统(如经营决策、采购、产品设计、生产计划、制造装配、质量保证和市场销售等),以实现企业经营运作的高度柔性化和集成化,这种技术取代或延伸了制造环境领域专家的部分脑力劳动,并对其智能信息进行收集、存储、完善、共享、继承和发展,从而极大提高了生产效率,是一种先进的制造技术。

智能制造系统是指把机器智能融入包括人和资源形成的系统中,使制造活动能动态地适应需求和制造环境的变化,从而实现系统的优化目标。从定义中可以看出,这里的关键词有系统、人、资源、需求、环境变化、动态适应和优化目标。如图4-1所示,智能制造系统可以是一个加工单元或生产线,也可以是一个车间、一个企业,甚至是一个由企业及其供应商和客户组成的企业生态系统;资源包括原材料、能源、设备、工具等;需求可以是外部的,也可以是内部的;环境包括工作环境、车间环境、市场环境等;动态适应意味着对环境变化(如温度变化、刀具磨损、市场波动等)能够实时响应;优化目标涉及企业运营的目标,如效率、成本、节能降耗。

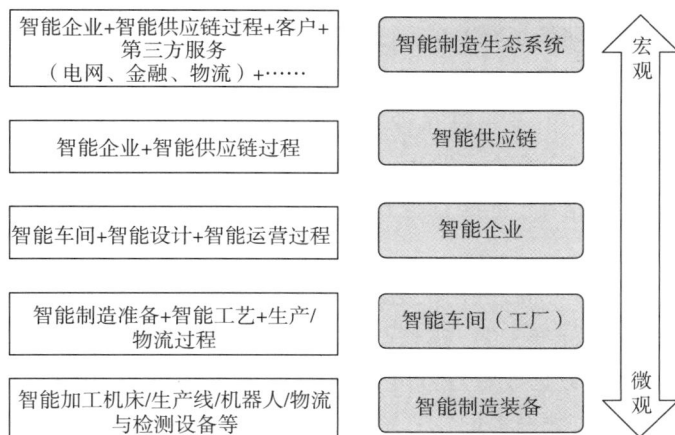

图 4-1 智能制造系统的层次

4.1.2 智能制造特点

1. 生产设备网络化,实现车间"物联网"

现代智能制造通过各种信息传感设备,实时采集任何需要监控、连接、互动的物体或过程等信息,实现物与物、物与人、所有物品与网络的连接,便于制造过程的识别、管理和控制。图 4-2 所示是车间无线工业物联网解决方案。首先,使用多种类型的数据采集单元,如传感器、点检仪、RFID 等构成感知层;其次,以数据驱动为核心,通过 AI 智能算法和

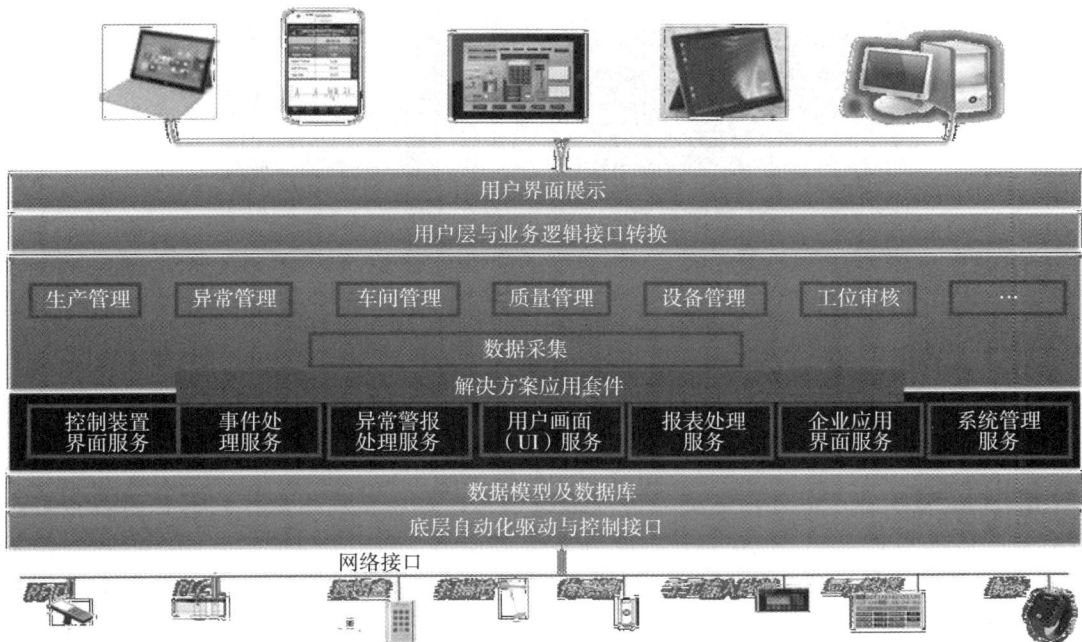

图 4-2 车间无线工业物联网解决方案

大数据分析为工具,将数据模型进行智能化分析;最后,通过智能管理信息系统显示车间的生产异常状况、质量管理情况、设备运行情况等,从而构成一个智能物联系统。

2. 生产数据可视化,利用大数据分析进行生产决策

智能制造在生产现场,由于每隔几秒就收集一次数据,利用这些数据可以实现很多形式的分析,包括设备开机率、主轴运转率、主轴负载率、运行率、故障率、生产率、设备综合利用率(OEE)、零部件合格率、质量百分比等。图 4-3 显示了某齿轮箱的联轴节出现故障的情形。

例如,在生产工艺改进方面,利用大数据可以分析整个生产流程,了解每个环节的执行情况。一旦某个流程偏离标准工艺,就会产生报警信号,从而更快速地发现错误或瓶颈,并更容易解决问题。利用大数据技术,还可以对产品的生产过程建立虚拟模型、仿真并优化生产流程,当所有流程和绩效数据都能在系统中重建时,这种透明度将有助于制造企业改进其生产流程。

再如,在能耗分析方面,在设备生产过程中利用传感器集中监控所有的生产流程,能够发现能耗的异常或峰值情形,从而在生产过程中优化能源的消耗,对所有流程进行分析将会大大降低能耗。

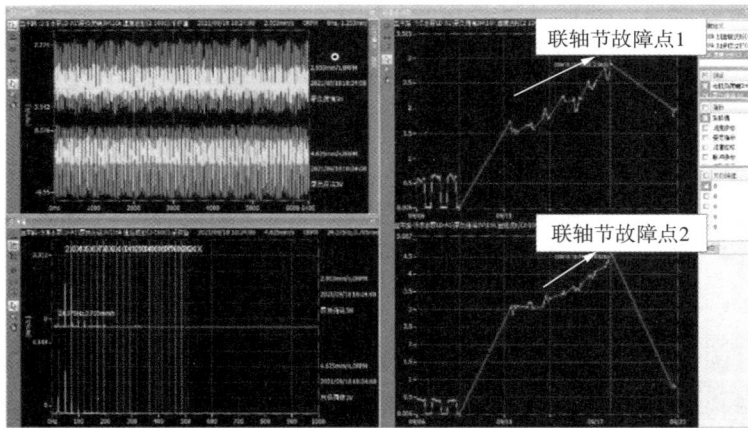

图 4-3 生产数据可视化监测

3. 生产过程透明化,智能工厂的"神经"系统

智能制造被应用于机械、汽车、航空、船舶、轻工、家用电器和电子信息等离散制造行业。企业发展的核心目的是拓展产品价值空间,侧重从单台设备自动化和产品智能化入手,基于生产效率和产品效能的提升实现价值增长。智能工厂建设模式通过引进各类符合生产所需的智能装备,建立基于制造执行系统(Manufacturing Execution System,简称 MES)的车间级智能生产单元,如图 4-4 所示。从产品订单下达到整个产品的生产过程进行优化管理,使决策者和各级管理者能在最短时间内掌握生产状态,从而针对每个过程做出准确的判断和应对措施,保证生产计划的顺利进行,进而提高精准制造、敏捷制造、透明制造的能力。

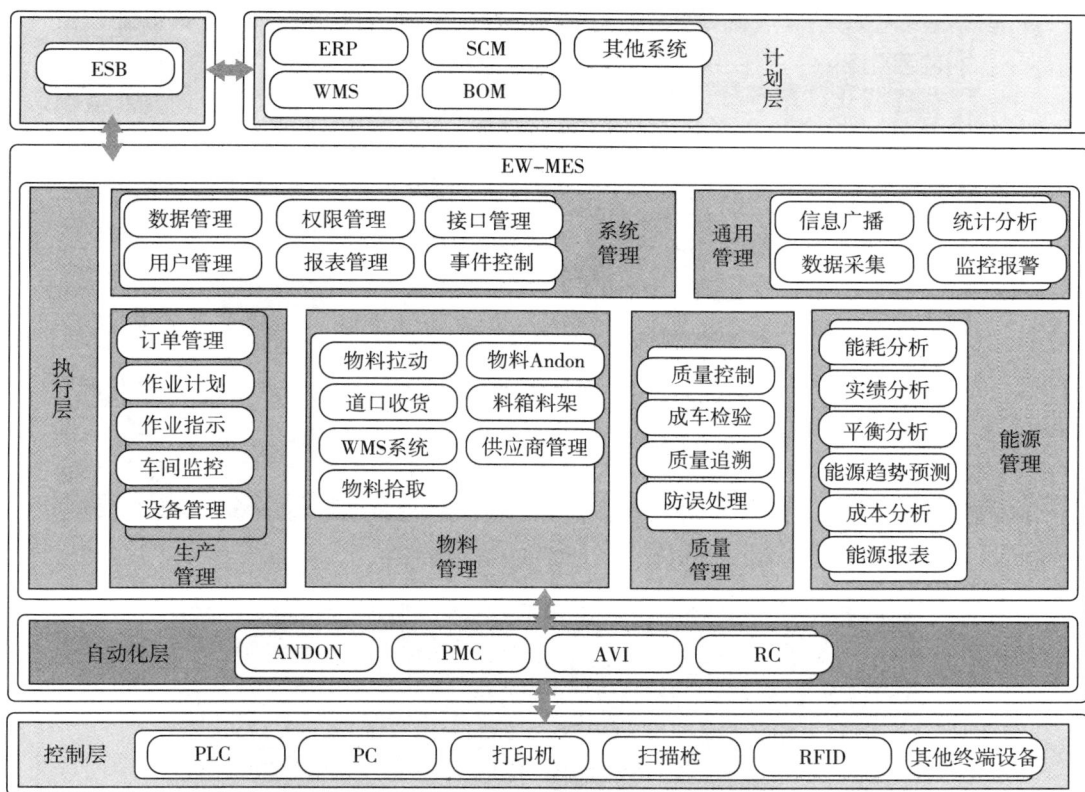

图 4 - 4　MES 车间级智能生产单元

4. 生产文档数字化,实现高效、绿色制造

在传统的制造业中,生产时会产生很多纸质文件,如工艺卡片、零件图、数控程序等。这些纸质文档大多不易管理和查找,从而造成大量纸张浪费。在智能制造生产车间,可以建立设备管理系统实现生产文档的无纸化管理。图 4 - 5 所示为某公司开发的设备信息管理系统,工作人员在生产现场通过设备档案、点检管理、运行管理、检修管理、物料管理等模块,即可快速查询、浏览、下载所需要的生产信息。生产过程中产生的资料能够及时进行归档保存,大幅减少基于纸质文档的人工传递及流转,从而杜绝了文件、数据丢失,进一步提高了生产准备效率和生产作业效率,实现了绿色、无纸化生产。

5. 生产现场无人化,真正实现"无人工厂"

工业机器人、机械手臂等智能设备的广泛应用,使工厂的生产从人力化逐渐向无人化过渡,图 4 - 6 所示为"无人化"智能装配生产线。在智能制造企业生产现场,数控加工中心、智能机器人和三坐标测量仪及其他所有柔性化制造单元进行自动化排产调度,工件、物料、刀具进行自动化装卸调度,可以达到无人值守的全自动化生产模式。在不间断单元自动化生产的情况下,管理生产任务优先和暂缓,远程查看管理单元内的生产状态情况。如果生产中遇到问题,一旦解决,立即恢复自动化生产,整个生产过程无需人工参与,真正实现"无人"智能生产。

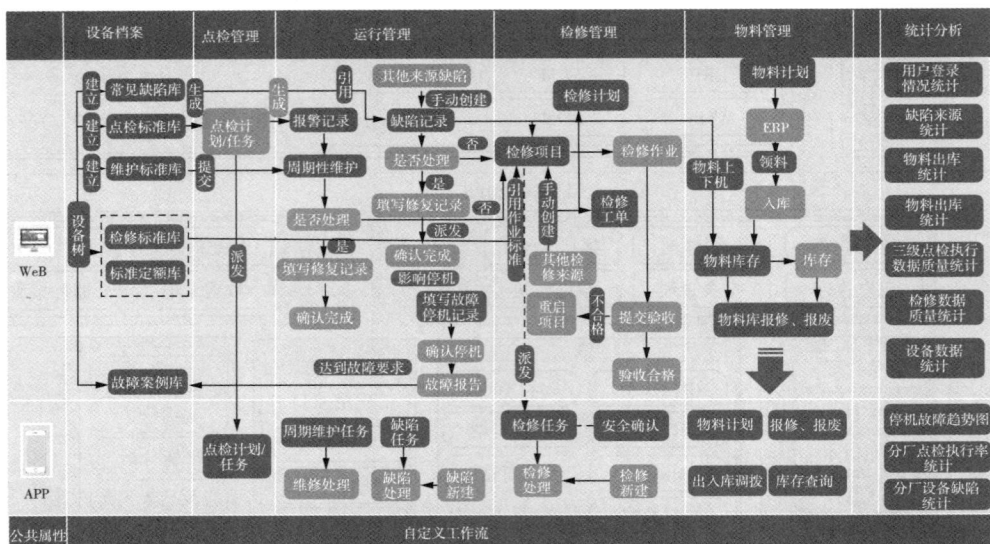

图 4 - 5　设备信息管理系统

图 4 - 6　"无人化"智能装配生产线

4.1.3　智能制造的应用

　　智能制造可以有效提高企业生产过程的一致性、可靠性和高效性,减少成本和资源浪费,提高产品质量和市场竞争力,推动制造业的转型和升级。目前,智能制造在各个领域和行业中的应用范围越来越广,主要应用于以下几个方面:

1. 数据数字化

将企业整个生产过程中的信息数字化。

2. 自动化管理

利用物联网技术、机器人技术等实现对整个生产过程的自动化控制与监测。

3. 智能化分析

利用大数据、云计算等技术对生产过程进行数据挖掘、分析和预测,以实现生产过程的优化。

4. 灵活化生产

在智能制造过程中,利用柔性制造技术实现零库存、按需生产,以适应市场需求。

4.2 智能制造关键技术

智能制造是第四次工业革命的代表性技术,实现从产品的设计过程到生产过程,以及企业管理服务等全流程的智能化和信息化。大数据、工业机器人以及工业互联网等新兴技术是推动现代制造业智能化升级的核心动力。智能制造的关键技术,包括智能加工技术、智能控制技术、数字孪生技术、工业机器人技术、工业互联网技术、机器视觉技术、智能传感技术等。这些技术使得生产过程更加透明、生产调控更加精准、生产模式更加智能,从而提高产品制造全生命周期的信息化、网络化、智能化水平,满足现代制造业的生产需求和发展需求。

4.2.1 智能加工技术

智能加工技术是集数字化设计制造理论与人工智能理论于一体的先进加工技术,它将制造技术、自动化技术、系统工程与人工智能等学科相互渗透、交织,形成了一门综合技术。智能加工技术是智能制造系统的基础性技术,也是实现智能制造的关键性技术。与传统的机械加工技术相比,智能加工技术既保留了一部分纯机械制造技术,如切削、铣、钻等,又包含了一些先进加工制造技术,且优于其他制造技术。

1. 智能加工技术实现流程

智能加工是基于数字制造技术对产品进行建模仿真,对各种环境及工况下可能出现的加工情况和效果进行预测,然后通过传感器元件对加工过程进行实时监测控制,利用计算机技术模拟制造专家的分析、判断、推理、构思和决策等智能活动,优选加工参数,调整自身状态,从而提高生产系统的自适应性,获得最优的加工性能和最佳的加工效果。图 4-7 所示为智能加工技术实现流程。

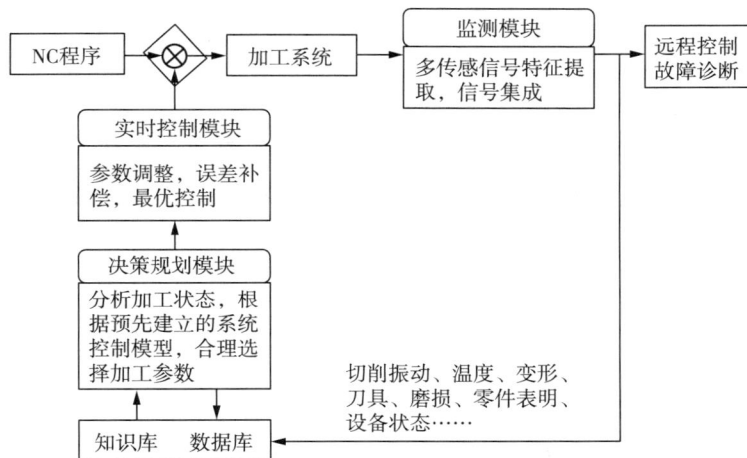

图 4-7 智能加工技术实现流程

2. 智能加工技术组成

智能加工技术涉及材料学、机械加工学、机械动力学、自动控制理论、网络技术、信息科学和智能理论等多个学科领域。一般来说,智能加工技术主要包括以下内容。

(1)数控机床和加工中心

数控机床和加工中心是智能加工中的核心单元。通过信息载体输入数控装置,经运算处理由数控装置发出各种控制信号,控制机床按图纸要求的形状和尺寸将零件加工出来。

(2)计算机辅助设计与制作(CAD/CAM)

计算机辅助设计与制作(CAD/CAM)提高了产品的质量,缩短了产品生产周期,改变了传统采用手工绘图、依靠图纸组织整个生产过程的技术管理模式,图 4-8 所示为基于网络下的 CAD/CAM 集成解决方案。图中显示在计算机局部网络下,使用若干台 PC 机,利用网络环境,集成使用 CAD/CAM 软件、三至五轴加工功能、车铣复合加工等软件功能,使整个系统可以完成工程图纸设计、三维曲面和三维实体的设计、三轴数控加工、五轴数控加工,以及车铣复合加工,并且可以协同其他各种 CAD 文件数据。

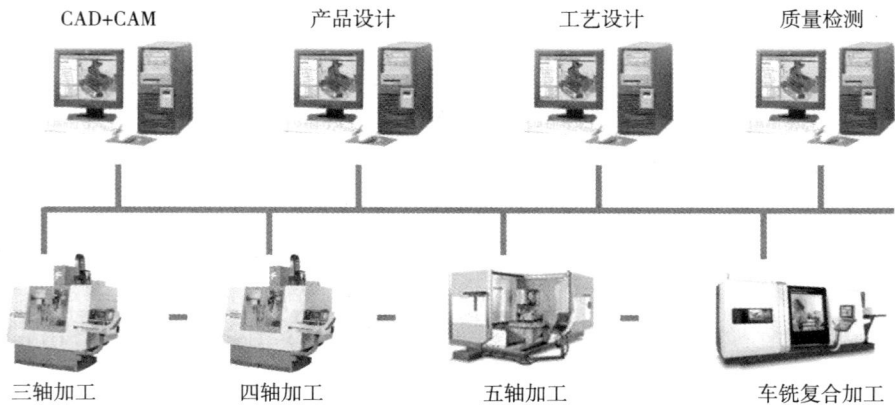

图 4-8　基于网络下的 CAD/CAM 集成解决方案

(3)建模仿真模块

基于不同的工件尺寸、刀具状态、机床状态、加工过程参数和加工工艺等影响零件加工质量的因素,通过对加工过程模型的仿真,进行参数的优化和预选,生成优化的加工过程控制指令等。

(4)过程监测模块

通过加装智能化传感器,实时在线监测零件的加工过程,包括切削力、刀具磨损、温升状态、振动情况、主轴转矩等。

(5)智能推理决策模块

根据预先建立的系统控制模型,确定零件的加工方案、切削参数和工艺路线,利用专家系统进行推理决策,部分替代人来决策。

（6）最优过程控制模块

根据工件形状变化实时优化调整切削参数，对加工过程中产生的误差进行实时补偿，从而提高加工精度，缩短加工流程，提升加工效率。

3. 智能加工技术的特点

（1）部分替代人的决策

针对难以量化和形式化的加工信息，智能加工系统利用专家系统进行决策，自动确定工艺路线、零件加工方案和初步的切削参数。在面对加工过程中出现的一些现象和问题时，系统能自行决策并加以解决。

（2）综合利用人工智能技术与计算智能技术

智能加工将加工信息量化为计算机能识别的数值和符号，再利用计算机数值计算方法对加工信息进行定量分析。

（3）多信息感知与融合

智能加工系统通过所加装的各路传感器，实时监测加工过程中各个单元的状态，如振动情况、切削温度、刀具磨损状况等，为后续的决策分析提供基础数据。

（4）自适应功能

智能加工系统能够根据传感器提供的加工状态和数据库的数据支持，自动调整切削参数，优化加工状态，实现最优控制。

（5）加工经验的继承性

智能加工技术不是从零开始，而是对加工知识和经验进行存储积累，扩大延伸，实现加工过程的延伸。

4. 智能加工技术在智能制造中的应用

（1）智能机器人系统

智能机器人系统是智能加工技术的核心，它能够根据机器学习算法实现自我学习和持续优化，并可以实现在物联网、云计算等模式下的自主决策。智能机器人系统在自动编程、在线监测、控制和数据采集等方面具有很多优势，能够有效提高加工效率和质量。

（2）自适应加工技术

自适应加工技术是指根据工件状态、刀具状态和环境状态进行自适应调整，以达到更高的效率和更好的质量。自适应加工技术主要包括自适应刀路规划、自适应加工参数设置和自适应切削力控制等方面。这些技术可以提高加工的精度和稳定性，减少加工过程中出现的问题。

（3）智能监测技术

智能监测技术是在加工过程中对各个因素进行监测和分析，以实现故障诊断、预测和预警等功能。智能监测技术主要包括声学监测、振动监测、热监测以及光学监测等方面。这些技术有助于用户及时识别隐患，预防质量问题。

总之，智能加工技术在智能制造中具有重大意义，它可以提高传统制造业的生产效率和质量，推动制造业转型升级。随着技术的不断发展和应用，智能加工技术将在未来得到更广泛的应用。

4.2.2　智能控制技术

智能控制是控制理论与人工智能的交叉成果,是经典控制理论的进一步发展,相较于经典控制方法其解决问题的能力和适应性有显著提高。

1. 智能控制的关键技术

(1)专家控制

专家控制又称专家智能控制,其基本结构如图 4-9 所示。专家控制的控制系统一般由以下几部分组成:

1)知识库:知识库由事实集和经验数据、控制规则、经验公式等构成。事实集包括对象的有关知识,如结构、类型及特征等。控制规则包括对象的自适应、自学习、参数自调整等方面的规则。经验数据包括对象的参数变化范围、控制参数的调整范围及其限幅值、传感器特性、系统误差、执行机构特性、控制系统的性能指标以及经验公式。

图 4-9　专家控制基本结构

2)控制算法库:控制算法库用于存放控制策略及控制方法,如 PID、神经网络控制、预测控制算法等,是直接基本控制方法集。

3)推理机:推理机根据一定的推理策略从知识库中选择相关知识,对控制专家提供的控制算法、事实、证据以及实时采集的系统特性数据进行推理,直至得出相应的最佳控制决策,并由决策结果指导控制作用。

(2)模糊控制

模糊控制是将模糊集理论、模糊逻辑推理和模糊语言变量与控制理论和方法相结合的一种智能控制方法,旨在模仿人的模糊推理和决策过程,实现智能控制。模糊控制首先根据先验知识或专家经验建立模糊规则;然后将来自传感器的实时信号进行模糊化处理,将模糊化后的信号输入模糊规则,进行模糊推理得到输出量;最后将推理后得到的输出量解模糊转化为实际输出量,输入执行器中。

模糊控制器包括以下几个部分:

1)模糊化接口:模糊化接口用于将输入转化为模糊量。它首先将输入变量转化到相应的模糊集论域,然后应用模糊集对应的隶属函数将精确输入量转换为模糊值。例如,对于一个输入变量误差 e,其模糊子集可表示为 $e=\{负大,负小,零,正小,正大\}$。

2)知识库:知识库由数据库和规则库组成。数据库存放的是所有输入、输出变量的全部模糊子集的隶属度矢量值,在规则推理的模糊关系方程求解过程中,向推理机提供数据。规则库由一组语言控制规则组成,例如 IF-THEN、ELSE. ALSO 等,体现了应用领域的专家经验和控制策略。

3)推理机:推理机根据模糊规则,运用模糊推理算法,获得模糊控制量。模糊推理的方法有很多,如 MAX-MIN 法、模糊加权推理法、函数型推理法等。

4)解模糊接口:系统的具体控制需要一个精确量,因此需要通过解模糊接口将模糊量转

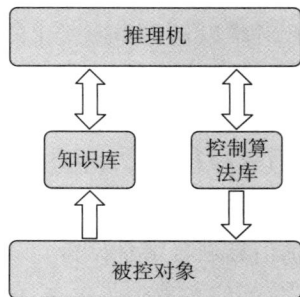

换成精确量,以实现对系统的精确控制。模糊控制器基本结构如图 4-10 所示。

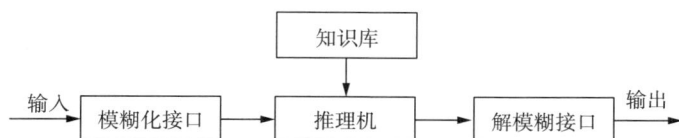

图 4-10　模糊控制器基本结构

模糊控制系统的分类方式有很多种,例如,按信号的时变特性,可以分为恒值和随动模糊控制系统;按照系统输入变量的多少,可以分为单变量和多变量模糊控制系统;按照静态误差,可以分为有差和误差模糊控制系统。

(3)神经网络控制

人工神经网络由神经元模型构成。神经元是神经网络的基本处理单元,是一种多输入、单输出的非线性元件,多个神经元构成神经网络。神经网络具有强大的非线性映射能力、并行处理能力、容错能力以及自学习自适应能力。因此,非常适合将神经网络用于不确定、复杂系统的建模与控制。

神经网络控制器一般分为两类:一类是直接神经网络控制器,它以神经网络为基础形成独立的智能控制系统;另一类是混合神经网络控制器,它利用神经网络的学习和优化能力来改善其他控制方法的性能。

(4)学习控制

学习控制是智能控制的重要分支,旨在通过模拟人类自身的优良调节机制实现优化控制。学习控制可以在运行过程中逐步获得系统非预知信息,积累控制经验,并通过一定的评价指标不断改善控制效果。学习控制方法有很多,如迭代学习控制、强化学习控制、基于神经网络的学习控制、重复学习控制等。下面以迭代学习控制和强化学习控制为例,分别进行介绍。

1)迭代学习控制。迭代学习控制具有强大的工程背景,适用于具有重复运动性质的被控对象,通过迭代修正达到改善控制目标的目的。由于迭代学习控制不依赖于系统模型,且能以简单算法在给定时间范围内实现高精度轨迹跟踪,因此其被广泛应用于工业机器人的运动控制。

2)强化学习控制。学习的一个重要目的,就是获取环境与行为之间的合理映射关系。传统的机器学习理论没有把强化学习纳入其范围。但在联结主义学习系统中,把算法分为三类,即监督学习、无监督学习和强化学习。强化学习介于监督学习和无监督学习之间,它不需要训练样本,但需要对结果进行评价,通过改进评价结果实现控制目标。

(5)智能算法

智能算法是人们受自然界和生物界规律的启发,模仿其原理进行问题求解的算法,包含自然界生物群体所具有的自组织、自学习和自适应等特性。在用智能算法进行问题求解过程中,采用适者生存、优胜劣汰的方式使现有解集不断进化,从而获得更优的解集,具有智能性。一些经典智能算法包括遗传算法、差分进化算法、粒子群优化算法、模拟退火算法等。

以遗传算法为例,其应用的基本流程如下:

1）依据问题模型，确定个体的编码和解码方式，建立适应度函数。遗传算法通常采用二进制编码。

2）初始化。设置种群规模、终止条件和搜索空间等条件，为种群个体赋值。一般情况下，对种群个体进行随机赋值。

3）个体评价。基于适应度函数计算个体的适应度数值。适应度函数用来评价个体的好坏。

4）选择。依据适应度大小，选择辈群体执行遗传操作。适应度越高，越容易被选择。

5）交叉。从父辈群体中随机选取两个个体进行交叉运算，交换基因信息。

6）变异。为防止群体趋向单一化，导致收敛过快，可以依据概率将个体中的某一个基因进行变异运算，以获得新种群。

7）根据终止条件（如迭代次数）判断是否结束。若没有满足终止条件，则返回第三步。

2. 智能控制系统的特点

（1）全局控制和容错能力

智能控制系统能有效利用拟人的控制策略和被控对象及环境信息，实现对复杂系统的有效全局控制，具有较强的容错能力和广泛的适应性。

（2）混合控制特点

智能控制系统具有混合控制特点，既包括数学模型，也包含以知识表示的非数学广义模型，实现定性决策与定量控制相结合的多模态控制方式。

（3）自适应、自组织、自学习、自诊断和自修复功能

智能控制系统具有自适应、自组织、自学习、自诊断和自修复功能，能从系统的功能和整体优化的角度来分析和综合系统，以实现预定的目标。

（4）非线性和变结构特点

智能控制器具有非线性和变结构特点，能够适应系统的非线性特性和变化，从而实现多目标优化。

3. 智能控制技术在智能制造中的应用

智能制造要求能对制造系统的运行过程进行合理控制，实现提升产品质量、提高生产效率和降低能耗的目标。因此，高水平的控制技术对实现智能制造至关重要。智能控制技术的应用，对于提高制造系统的智能化水平以满足智能制造需求具有重要意义。

（1）智能控制在工业自动化过程控制中的应用

智能控制能简化工业生产流程，提高控制效率，从而降低生产成本，提高生产工艺的稳定性。近年来，自动化生产对安全的要求越来越高，智能控制的应用可以对生产过程进行检测，发生问题时自动报警，并能依据历史信息准确分析问题产生的原因。这一方面改善了生产工艺，另一方面也确保了生产人员的安全。

（2）智能控制在机器人控制中的应用

工业机器人被大量应用在工业生产中。近年来，随着快递行业的兴起，物流机器人、无人机和其他专用机器人得到快速发展和应用。机器人种类的增多、生产规模的扩大对控制系统提出了很高的要求。传统的控制技术已经无法适应现代机器人的应用，如无法应对复

杂系统、适应性差、不具备学习能力等,限制了其在机器人控制中的应用。智能控制技术能很好地避免这些缺陷,更适合复杂化和多元化的任务要求,促进了工业机器人在智能制造方面的应用。

(3)智能控制在车床控制中的应用

传统的车床控制方法需要人工预设工艺参数,且控制精度较低,难以达到预期的控制效果。将智能控制技术应用于车床,可以提高零件的加工精度、效率和柔性。智能控制技术在车床控制中的应用主要有以下方面。

1)车床运动轨迹控制。车床进给系统存在跟踪误差,特别是当加工面较为复杂时,加工轨迹的突变会导致较大偏差,从而极大影响控制精度。应用智能控制技术对进给系统进行建模和控制,可以有效减小跟踪误差,提高系统的稳定性。图 4-11 所示,为采用迭代学习控制对车床进给系统驱动轴进行控制。通过对进给系统跟踪误差和动力学模型进行分析,并设计迭代学习更新规律,可以减小跟踪误差,进一步提高控制精度和系统稳定性。

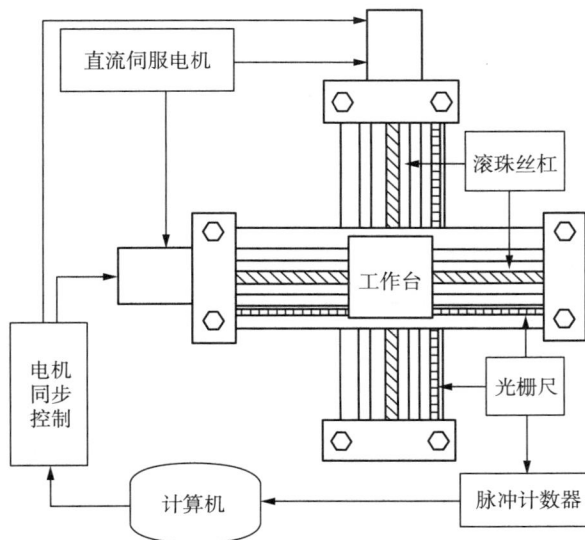

图 4-11 双轴进给驱动系统

2)工艺参数优化。在机床加工过程中,切削参数和刀具参数会直接影响零件的加工质量、效率以及能耗。通过设置相应的评价指标,采用智能算法对典型的工艺参数进行优化,可以提高加工效率,降低能耗和碳排放。

4.2.3 数字孪生技术

数字孪生是客观事物在虚拟世界的镜像。创建数字孪生的过程,集成了人工智能、机器学习和传感器数据,由此建立一个可以实时更新、现场感极强的"真实"模型,用来支撑物理产品生命周期各项活动的决策。数字孪生作为践行智能制造、工业 4.0、工业互联网、CPS、智慧城市等先进理念的一种智能技术和方法,当前被高校和企业界广泛关注。数字孪生可以根据实际情况和仿真来促进生产操作的调整,促进生产设施的数字化和范式转换,促进生产过程优化,促进生产过程控制等。

1. 数字孪生的系统架构

数字孪生的系统架构包括用户域、数字孪生体、测量与控制实体、现实物理域和跨域功能实体共五个层次,如图 4-12 所示。

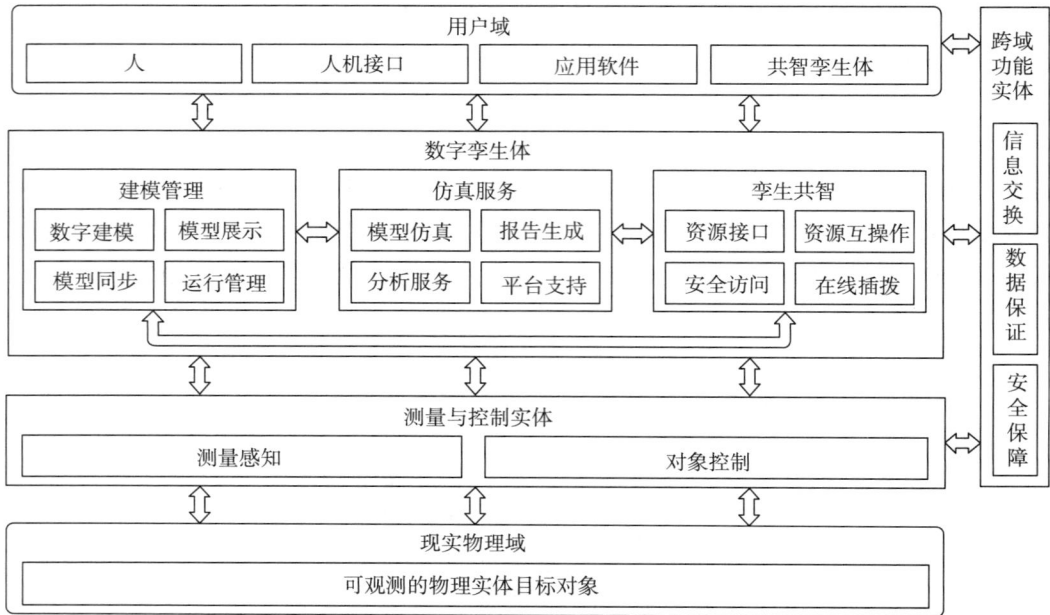

图 4-12 数字孪生的系统架构

(1)用户域

第 1 层是使用数字孪生体的用户域,包括人、人机接口、应用软件,以及其他相关数字孪生体。

(2)数字孪生体

第 2 层是与物理实体目标对象对应的数字孪生体,反映物理对象某一视角特征的数字模型,提供建模管理、仿真服务和孪生共智三类功能。

(3)测量与控制实体

第 3 层是处于测量控制域、连接数字孪生体和物理实体的测量与控制实体,实现物理对象的状态感知和控制功能。

(4)现实物理域

第 4 层是与数字孪生对应的物理实体目标对象所处的现实物理域,测量与控制实体和现实物理域之间有测量数据流和控制信息流的传递。

(5)跨域功能实体

第 5 层是跨域功能实体,负责测量与控制实体、数字孪生以及用户域之间的数据流和信息流传递,需要信息交换、数据保证、安全保障等跨域功能实体的支持。

2. 数字孪生的典型特征

(1)虚拟映射和实时性

数字孪生通过建立物理系统和数字模型之间的虚拟映射,实现了实际系统的实时模拟和监测。它可以采集和整合物理系统的传感器数据,并将其应用于数字模型中。通过实时更新和交互,数字孪生可以准确地反映物理系统的状态和行为。

(2)双向连接和信息共享

数字孪生通过双向连接实现实际系统和数字模型之间的信息共享。通过物理系统的数据输入,数字模型可以不断优化和校准以保持准确性。反过来,通过数字模型的数据输出,可以为实际系统提供预测、优化和决策支持。这种双向连接和信息共享使得数字孪生能够实现实际系统和数字模型的协同操作。

(3)物理仿真和智能分析

数字孪生结合了物理仿真和智能分析技术,可以对实际系统进行高度精确的仿真和分析。通过建立数字模型,可以在虚拟环境中模拟实际系统的运行情况,包括力学、流体、电气、热力等各方面的行为。同时,数字孪生还可以利用人工智能和数据科学的方法对模型进行分析和优化,提供智能决策支持。

(4)高度可视化和交互性

数字孪生通过高度可视化的方式将物理系统的数据和数字模型的结果呈现给用户。通过直观的界面和图形化展示,用户可以直观地了解实际系统和数字模型的状态和趋势。同时,数字孪生还具有交互性,用户可以通过界面进行参数设置、模型修改等操作,实现对虚拟双胞胎的交互式操作和控制。

(5)多学科协同和跨行业应用

数字孪生的开发和应用涉及多个学科的知识和技术,包括工程、计算机科学、数学、物理学等。它不仅应用于制造业,还扩展到能源、交通、医疗、城市规划等各个领域。数字孪生可以实现不同行业、不同领域的协同合作,促进知识和经验的共享,推动创新和发展。

(6)生命周期管理和决策支持

数字孪生覆盖了物理系统的整个生命周期,从设计、制造到运营和维护。它可以对产品进行设计和优化,模拟制造过程,实现生产效率和质量控制。在运营阶段,数字孪生可以实现实时监测和预测性维护,提高设备的可靠性和维护效率。通过为决策提供数据支持,数字孪生有助于实现更智能、高效的生命周期管理。

3. 数字孪生在智能制造中的应用

近年来,得益于物联网、大数据、云计算、人工智能等新一代信息技术的发展,数字孪生得到越来越广泛的传播。数字孪生已应用于航空航天领域、电力、船舶、城市管理、农业、建筑、制造、石油天然气、健康医疗、环境保护等行业。特别是在智能制造领域,数字孪生被认为是一种实现制造信息世界与物理世界交互融合的有效手段。随着 CAD/CAE/CAM/MBSE 等数字化技术的快速发展,其应用结果表明研发设计过程在很多方面已经离不开数字化。从产生的价值来看,在研发设计领域使用数字孪生技术,能够提高产品性能,缩短研发周期,给企业带来丰厚的回报。数字孪生驱动的生产制造,能控制机床等生产设备的自动运行,实现高精度的数控加工和精准装配;根据加工结果和装配结果,提前给出修改建议,实现自适应、自组织的动态响应,提前预估出故障发生的位置和时间进行维护,提高流程制造的安全性和可靠性,实现智能控制。

数字孪生增强的制造服务可以提前模拟和监控服务及制造资源的执行过程和结果。如图 4-13 所示,需求输入数字孪生增强制造服务的物理和虚拟部分。在数据与模型集成的驱动下,虚拟服务通过提前仿真快速获得可能的执行方案,并选择最佳方案移交给物理服务。同时,服务的虚拟部分对物理部分进行实时控制,以保证服务的准确性。物理服务还将实时数据和结果传输给虚拟业务,不断修改原有仿真模型的关键参数。满足物理服务约束的仿真方案可以同时指导物理资源的实际执行。数字孪生增强制造服务可以通过物理部件和虚拟部件之间的交互,独立地更新制造服务信息,并将相应的制造资源调整到更好的工作状态。物理服务和虚拟服务之间的同步交互和实时协调可以确保数字孪生增强制造服务有效地完成任务并输出更好的服务执行结果。数字孪生为制造资源增加了新的特征,丰富了制造资源的功能。相应地,数字孪生增强了制造服务的功能。

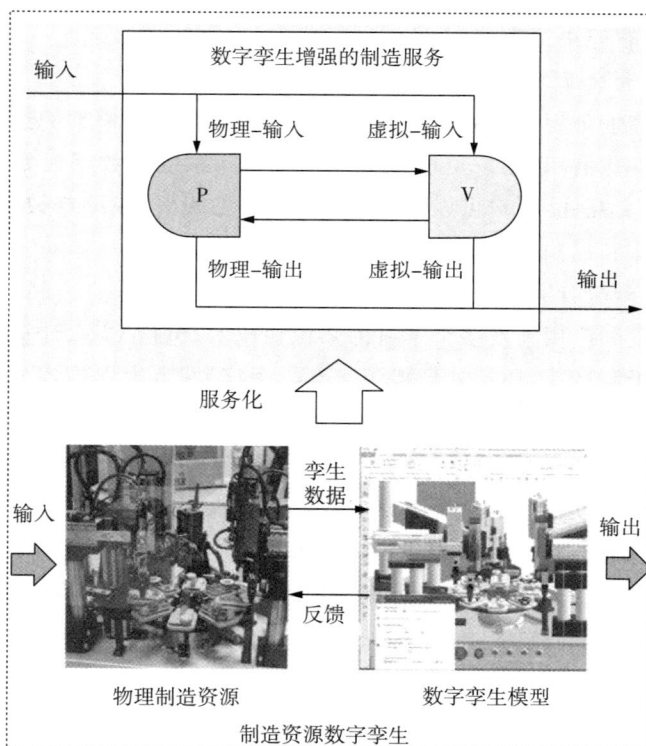

图 4-13 数字孪生服务制造资源应用

下面列举两个数字孪生在智能制造中的典型应用案例。

(1)数控机床关键零部件预测性维护数字孪生系统

数控机床作为制造业最基础、最核心的装备,其稳定性保证了加工工件的质量和生产线生产过程的顺利进行。在数控机床运行过程中,一旦发生故障造成非计划停机,轻则导致加工零件报废、生产停滞,重则导致重大经济损失,甚至人员的伤亡。当前普遍存在以下问题:①数控机床是一个机电液耦合的多层级复杂设备,缺乏数控机床的全要素模型;②数控机床的场景数据具有多源、异构、时变、耦合等特点,难以直接复用;③故障类型多,难以全面地感知及预测性维护。山东大学参考 makeTwin 架构,针对上述问题,开发了一套数控机床关键零部件故障诊断与预测性维护数字孪生系统,如图 4-14 所示。该系统具备孪生模型构建、孪生数据处理、数实 IoT 连接、算法调用适配、模型仿真等功能,面向数控机床实现了以下应用。

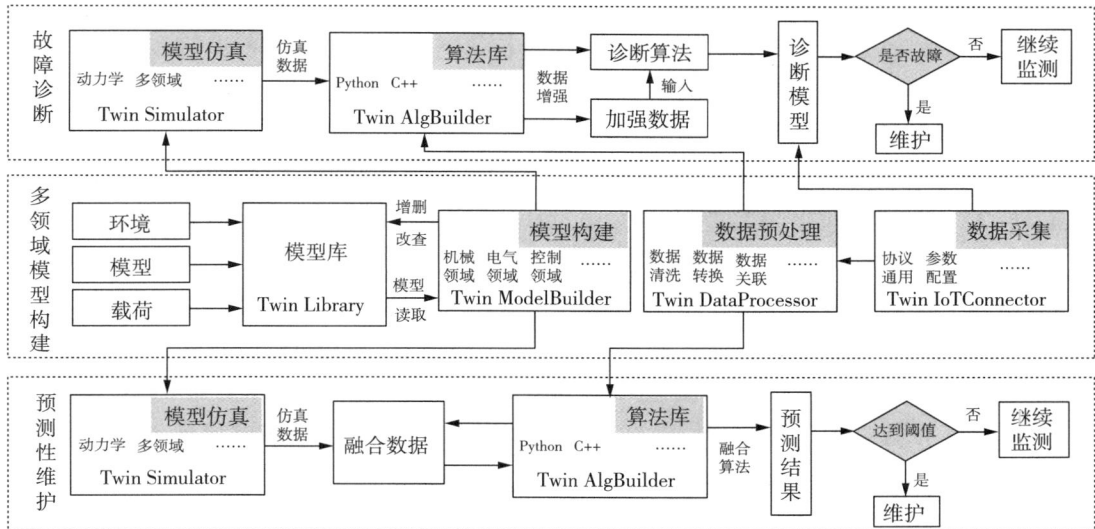

图 4-14　数控机床关键零部件故障诊断与预测性维护数字孪生系统

　　1)多领域模型构建。构建了数控机床的机械模型、电气模型、控制模型和液压模型,并进行多领域模型的耦合,实现了对数控机床复杂特性的数字化表示。这使得多领域模型能够反映机床的性能衰减退化,保持与物理机床的生命周期一致性。

　　2)多源数据处理。基于开发孪生数据处理及算法调用适配功能,针对数控机床的场景数据具有多源、异构、时变、耦合等特点,设计了场景感知数据的预处理、特征提取、特征选择等算法,实现了对复杂场景下数控机床感知数据的特征提取。

　　3)关键零部件故障诊断。基于算法调用适配功能及模型仿真功能,开发了故障注入获取数据的算法,将多领域模型仿真故障数据用于预测性维护算法训练,然后适配到实际应用环境,实现了多应用场景下数控机床关键零部件的故障诊断。

　　4)关键零部件预测性维护。在多领域模型和多源数据的基础上,利用标记的场景数据训练数据驱动模型,通过数控机床多领域模型仿真获取系统内部状态变量,然后基于滤波算法实现模型理论推导计算和数据驱动预测的融合。数据驱动结果作为系统观测值来修正模型仿真理论推导值,从而实现数控机床关键零部件的预测性维护。

　　(2)无人化智能装配车间运维系统

　　智能装配车间具备多条自动化产线,可实现关键零部件及产品全自动化生产。在自动化产线运行过程中,目前普遍存在以下问题:①缺乏对工位、工艺数据的监控,难以实现基于数据分析的可视化系统;②不能及时提示产线维护保养需求;③无法实现故障的快速定位及故障的快速消除;④难以对轮岗产线维护人员进行快速的技能培训。研发基于数字孪生技术的智能装配车间运维系统,可以实现生产过程全要素采集、基于数据的故障分析处理、便捷的虚拟培训以及可配置的装配流程仿真等功能,主要体现在以下方面:

1)产线全要素全流程三维可视化监控。智能装配车间可视化监控以三维多角度方式呈现不同产线、工种、设备的运行状况,通过三维可视化监控可采集车间的相关设备数据,并进行存储、计算及分析,以数、图、表等形式呈现在可视化界面中。

2)产线故障快速定位与维修排故决策。通过构建数字孪生车间以及与物理车间的交互,可及时对故障部位、设备编码、故障等级等进行快速分析与定位。借助智能装配车间系统获取的传感器数据及计算机视觉图像,结合专家系统,可实现维修排故方案的智能推送,进而缩短产线维护人员的定位时间,有效提升产线产能。

3)产线虚拟培训与考核评估。构建典型产线数字孪生车间场景,涵盖车间、产线、典型装备,并结合车间管理、生产工艺、专家知识、故障表征及运维等虚拟培训与考核内容,使新员工快速掌握安全生产要素。同时,可定期对员工进行作业能力培训与考核评估,通过虚拟培训熟悉装配产线的基础操作。

4)产线可配置虚拟运行与方案展示。通过孪生模型的可配置设计,可快速搭建基于不同装配工艺的孪生场景,实现数字孪生装配车间的可重构设计,进而可完成对产线架构、节拍、PLC程序的虚拟调试。通过面向客户需求的虚拟产线动态重构,最终实现产线的虚拟运行与方案展示。图 4-15 为智能装配车间数字孪生运维系统样例。

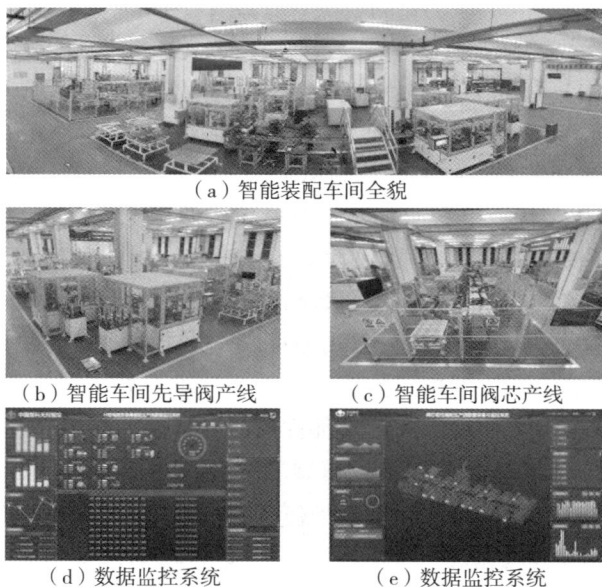

（a）智能装配车间全貌

（b）智能车间先导阀产线　　　（c）智能车间阀芯产线

（d）数据监控系统　　　　　　（e）数据监控系统

图 4-15　智能装配车间数字孪生运维系统样例

4.2.4　工业机器人技术

在智能制造领域,工业机器人作为一种集多种先进技术于一体的自动化设备,体现了现代工业技术的高效益、软硬件结合等特点,成为柔性制造系统、自动化工厂、智能工厂等现代化制造系统的重要组成部分。机器人技术的应用转变了传统的机械制造模式,提高了制造生产效率,为机械制造业的智能化发展提供了技术保障。同时,其优化了制造工艺流程,能够构建全自动智能生产线,为制造模块化作业生产提供了良好的环境条件,满足了现代制造业的生产需求和发展需求。

1. 工业机器人结构与功能

工业机器人一般由 3 个部分,6 个子系统组成,如图 4-16 所示。3 个部分是机械部分、传感部分和控制部分;6 个子系统是驱动系统、机械结构系统、感受系统、人-机交互系统、机器人-环境交互系统和控制系统。

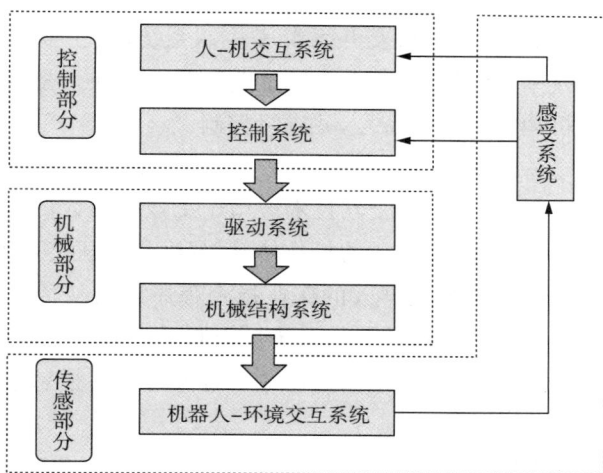

图 4-16　工业机器人结构

(1)机械部分

机械部分包括工业机器人的机械结构系统和驱动系统,是工业机器人的基础,其结构决定了机器人的用途、性能和控制特性。工业机器人的机械结构如图 4-17 所示。

1)机械结构系统。机械结构系统即工业机器人的本体结构,包括基座和执行机构,有些机器人还具有行走机构,是机器人的主要承载体。机械结构系统的强度、刚度及稳定性是机器人灵活运转和精确定位的重要保证。

2)驱动系统。驱动系统包括工业机器人的动力装置和传动机构,按动力源分为液压、气动、电动

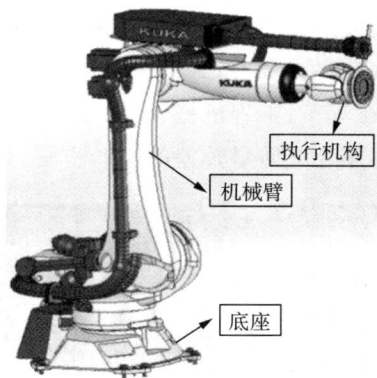

图 4-17　工业机器人的机械结构

和混合动力驱动,其作用是提供机器人各部位、各关节动作的原动力,使执行机构产生相应的动作。驱动系统可以与机械系统直接相连,也可通过同步带、链条、齿轮、谐波传动装置等与机械系统间接相连。

（2）传感部分

传感部分包括工业机器人的感受系统和机器人-环境交互系统，是工业机器人的信息来源，能够获取有效的外部信息和内部信息，以指导机器人的操作。

1）感受系统。感受系统是工业机器人获取外界信息的主要窗口，机器人通过布置的各种传感元件获取周围环境状态信息，对结果进行分析处理后，控制系统对执行元件下达相应的动作命令。

2）机器人-环境交互系统。机器人-环境交互系统是工业机器人与外部环境中的设备进行相互联系和协调的系统。在实际生产环境中，工业机器人通常与外部设备集成为一个功能单元，如加工制造单元、焊接单元、装配单元等。

（3）控制部分

控制部分包括工业机器人的人-机交互系统和控制系统，是工业机器人的核心，决定了生产过程的加工质量和效率，便于操作人员及时准确地获取作业信息，控制系统按照输入的程序对驱动系统和执行机构发出指令信号，并进行控制。

1）人-机交互系统。人-机交互系统是人与工业机器人进行信息交换的设备，主要包括指令给定装置和信息显示装置。人-机交互技术应用于工业机器人的示教、监控、仿真、离线编程和在线控制等方面，优化了操作人员的操作体验，提高了人机交互效率。

2）控制系统。控制系统是根据机器人的作业指令程序以及从传感器反馈回来的信号，支配工业机器人的执行机构完成规定动作的系统。控制系统可以根据是否具备信息反馈特征分为闭环控制系统和开环控制系统；根据控制原理可分为程序控制系统、适应性控制系统和人工智能控制系统。

2. 工业机器人在智能制造中的应用

在智能制造领域，多关节工业机器人、并联机器人、移动机器人的本体开发及批量生产，使得机器人技术在焊接、搬运、喷涂、加工、装配、检测、清洁生产等领域得到规模化集成应用，极大地提高了生产效率和产品质量，降低了生产和劳动力成本。

（1）焊接机器人

在汽车、工程机械、船舶、农机等行业，焊接机器人的应用十分普遍。作为精细度需求较高、工作环境质量较差的生产步骤，焊接的劳动强度极大，对焊接工作人员的专业素养要求较高。由于机器人具备抗疲劳、高精准、抗干扰等特点，应用焊接机器人技术取代人工焊接，可以保证焊接质量一致性，提高焊接作业效率，同时也能直观地反馈焊接作业的质量。图 4-18 所示为多关节焊接机器人正在进行焊接作业。多关节机器人运动灵活、空间自由度较高，能够调整任意的焊接位置和姿态，有效地提升了制造中的生产效率和生产质量。

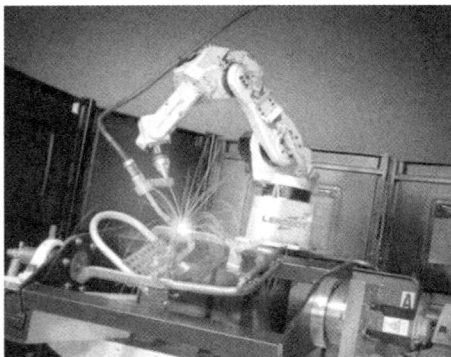

图 4-18 多关节焊接机器人

（2）搬运机器人

借助于人工程序的构架与编排，将搬运机器人应用到制造业的搬运作业中，从而实现运输、存储、包装等一系列工作的自动化进行，这不仅有效地解放了劳动力，而且提高了搬运工作的实际效率，搬运机器人如图 4-19 所示。通过安装不同功能的执行器，搬运机器人能够适应各类自动化生产线的搬运任务，实现多形状或不规则的物料搬运作业。同时，考虑到化工原料及成品的危险性，利用搬运机器人进行运输能减少安全隐患，减小危险品及辐射品对搬运人员的身体伤害。

图 4-19　搬运机器人

（3）加工机器人

随着生产制造向智能化和信息化发展，机器人技术越来越多地应用到制造加工的打磨、抛光、钻孔、铣削等工序中，加工机器人如图 4-20 所示。与传统的人工加工作业相比，加工机器人对工作环境的要求相对较低，具备持续加工的能力，同时加工产品的质量稳定、生产率高，能够加工多种材料类型的工件，而且具有较大的工作空间、较高的灵活性和较低的制造成本，有能力完成各类高精度、大批量、高难度的复杂加工任务。

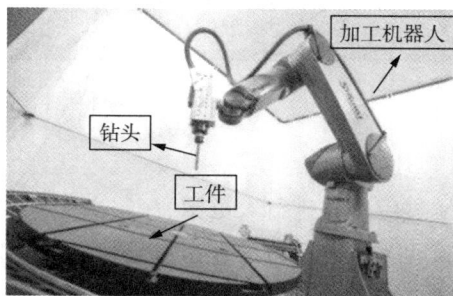

图 4-20　加工机器人

4.2.5　工业互联网技术

工业互联网的本质是通过开放的、全球化的工业级网络平台，将设备、生产线、工厂、供应商、产品和客户紧密连接和融合，高效共享工业经济中的各种要素资源。从而通过自动化、智能化的生产方式降低成本、提高效率，帮助制造业延长产业链，推动制造业转型发展。工业互联网是智能制造的核心技术之一，对智能制造的发展起着至关重要的作用。

1. 工业互联网层次结构

工业互联网通过智能传感器实时感知生产要素信息，并通过无线网络传输到工业互联网平台。工业互联网平台对信息进行分析、优化，然后对生产要素进行最优配置，从而实现智能制造。工业互联网层次结构分为四层，主要包含边缘层、IaaS 层、平台层（工业 PaaS）、应用层，如图 4-21 所示。

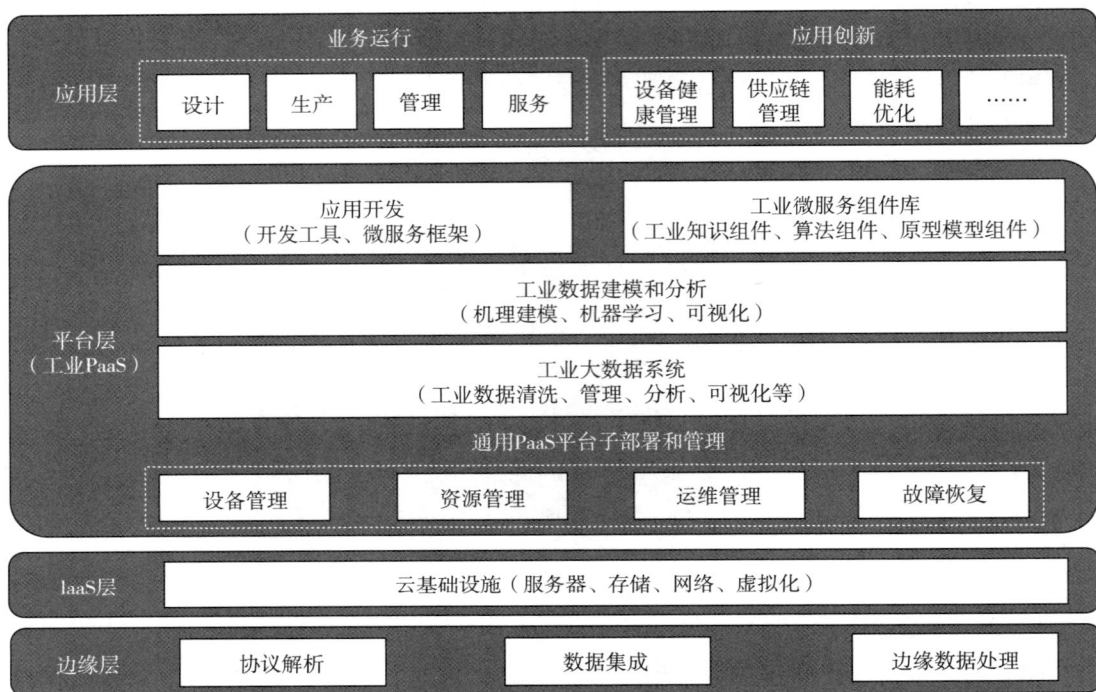

图 4-21　工业互联网层次结构

（1）边缘层

通过传感器进行大范围、深层次的数据采集，对异构数据的协议转换与边缘处理，从而构建工业互联网平台的数据基础，解决数据采集的问题。

（2）IaaS 层

通过虚拟化技术将计算、存储、网络等资源池化，向用户提供可计算、弹性化的资源服务。

（3）平台层（工业 PaaS）

根据大数据分析技术，提供最优策略，构建开发环境，从而解决工业数据处理和知识积累沉淀的问题。

（4）应用层

面向特定的工业应用场景，激发全社会资源推动工业技术、经验、知识和最佳实践的模型化、软件化，以解决工业实践和创新中的问题。

2. 工业互联网在智能制造中的应用场景

在智能制造领域，工业互联网主要应用在加工过程优化、资源管理优化、市场决策优化等三大应用场景。

（1）加工过程优化

在智能制造领域,工业互联网能够实时感知加工过程中的设备运行数据和加工工艺参数,同时将其与原材料信息、人员配置、设备状态、质量检测数据等信息关联起来,通过大数据分析技术,获取能提高产品质量的工艺参数。

（2）资源管理优化

工业互联网不仅可以感知设备级、车间级的数据,还可以将跨部门、跨层级的生产要素之间的信息关联互通,全面准确地描述生产要素在加工过程中的状态,特别是资源利用情况,如能耗、空间占用、运输成本等,从更深层次、更全面的角度对资源配置进行优化。

（3）市场决策优化

工业互联网平台能够感知产品全生命周期信息,从中分析出原材料—制造—销售—使用这几个要素之间的复杂耦合关系。通过对历史信息的分析和全局信息的实时掌握,预测未来市场可能发生的风险,进而快速对生产制造进行调整,对资源配置进行优化,从而合理规避风险。

4.2.6　机器视觉技术

机器视觉技术的发展主要经历了从黑白到彩色、从低分辨率到高分辨率、从静态到动态、从 2D 到 3D 的演变过程,其技术的迭代也是遵循相应的发展。根据美国制造工程师协会（SME）机器视觉分会和美国机器人工业协会（RIA）自动化视觉分会关于机器视觉的定义:机器视觉是通过光学的装置和非接触的传感器,自动地接收和处理一个真实物体的图像,以获得所需信息或用于控制机器人运动的装置。通俗地说,机器视觉就是用机器代替人眼,模拟眼睛进行图像采集,经过图像识别和处理提取信息,最终通过执行装置完成操作。

机器视觉系统主要由照明电源、镜头、相机、图像采集/处理卡、图像处理系统、其他外部设备等组成,如图 4-22 所示。机器视觉可分为"视"和"觉"两部分。"视"是将外界信息通过成像来显示成数字信号反馈给计算机,需要依靠一整套的硬件解决方案,包括光源、相机、图像采集卡、视觉传感器等。"觉"则是计算机对数字信号进行处理和分析,主要是软件算法。

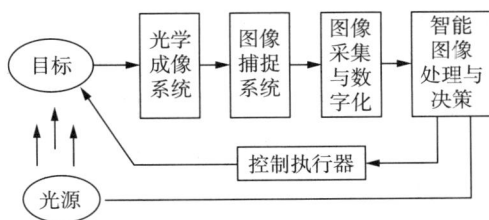

图 4-22　机器视觉系统基本构成

机器视觉系统中的采集系统包括以下几种。

（1）视觉传感器

视觉传感器是专门用于机器视觉应用的传感器,通常具有较高的分辨率和灵敏度。它们能够捕捉光线的强度和颜色信息,并将其转化为数字信号。工业上常用的视觉传感器可以分为 CCD（Charge - Coupled Device）传感器、CMOS（Complementary Metal - Oxide - Semiconductor）传感器、红外传感器、TOF（Time - of - Flight）传感器、雷达传感器（射频波)。

(2)摄像头

摄像头是机器视觉系统中最常用的采集设备之一,它可以将物体或场景的图像转换为数字信号,以供后续处理和分析。可以将其看作对视觉传感器进一步封装后的工业前端图像采集设备,提供丰富的外部数据获取接口,常用的协议有 GigE Vision、USB3 Vision、Camera Link、CoaXPress、Ethernet/IP、FireWire 等。

(3)红外热像仪

红外热像仪利用物体的红外辐射来生成热图像,以显示物体的温度分布。这种采集系统可以用于检测热量变化、热源定位和非接触式温度测量等应用。

(4)3D 扫描仪

3D 扫描仪通过投射光线或红外线来测量物体表面的形状和结构,从而生成三维模型。这种采集系统可用于精确测量和重建物体的形状和几何信息。

(5)激光雷达

激光雷达利用激光束扫描周围环境并测量返回的反射时间,以获取周围物体的距离和位置信息。它在机器视觉应用中常用于障碍物检测、导航和定位等方面。与雷达传感器的射频波检测方法相比,激光的检测精度和速度都更胜一筹,但成本也相对较高。

(6)光学扫描仪

光学扫描仪通过记录物体表面的纹理和形状信息,以创建高分辨率的二维或三维图像。它通常用于复杂物体的捕捉和数字化建模。

(7)X/γ 射线成像设备

X 射线和 γ 射线成像设备能够穿透物体并获取其内部结构和特征。它们广泛应用于医学影像、安全检查和材料缺陷检测等领域。

2. 机器视觉系统的特点

(1)高速性

机器视觉系统能够实时处理图像或视频数据,具有快速识别和分析的能力。相比于人类视觉系统,机器视觉系统可以在短时间内处理大量的图像数据,提高生产效率。

(2)高精度性

机器视觉系统通过复杂的算法和模型,能够对图像和视频数据进行准确的识别、分类和分析。它可以识别出人类难以察觉的细微差别,并能够在不同场景和光照条件下保持一定的准确性。

(3)鲁棒性

机器视觉系统在面对复杂多变的环境时,能够保持较好的稳定性和适应性。在光照不均、噪声干扰、物体遮挡等情况下,仍能进行可靠的图像处理和分析。

(4)多领域应用

机器视觉技术在工业制造、智能交通、医疗诊断、农业监测、安防监控等领域有广泛的应用。它可以帮助实现自动化生产、高效检测、精准定位等功能,提高工作效率和质量。

（5）数据驱动

机器视觉系统的训练和优化基于大量的图像和视频数据，通过机器学习和深度学习等方法进行模型训练和参数调整。它可以通过大数据的支持，不断提升自身的识别和分析能力。

（6）与人机交互

机器视觉技术可以与人机交互，实现更智能化的人机界面。它可以通过识别人脸、手势、表情等方式进行人机交互，提供更便捷和自然的用户体验。

（7）实时性

机器视觉系统能够在实时场景中进行图像和视频数据的处理和分析。它可以在短时间内完成对图像或视频的处理，并及时反馈结果，适应实时监控、实时控制等应用场景。

（8）自动化

机器视觉技术可以实现对图像和视频数据的自动处理与分析，从而减少人工干预。它可以自动完成图像识别、目标跟踪、缺陷检测等任务，进而提高工作效率和准确性。

（9）可扩展性

机器视觉技术可以与其他相关技术相结合，如物联网、大数据、云计算等，形成更强大的综合应用。它可以通过与其他技术的集成，完成更复杂的图像处理和分析任务。

（10）隐私保护

机器视觉技术在应用过程中需要处理大量的图像和视频数据，涉及个人隐私的问题。保护用户的隐私是机器视觉技术发展的重要方向，需要遵守相关的法律法规和隐私保护原则。

3. 机器视觉技术在智能制造中的应用

机器视觉技术在智能制造中的应用包括检验、计量、测量、定位、瑕疵检测和分拣。比如：在汽车焊装生产线，机器视觉系统检查四个车门和前后盖的内板边框所涂的反震和折边的胶条是否连续，是否有达到技术要求的高度；在啤酒罐装生产线，机器视觉系统检查啤酒瓶盖是否正确密封、装罐啤酒液位是否正确等质量检测。机器视觉参与的质量检验比人工检验更快更准确。如果能让机器像人一样具有自我意识，可以根据产品的位置、亮度、颜色、表面特征等信息进行对应的操作，进一步解放生产力，完成柔性化的制造，而实现这一切的前提就是为机器人装上"眼睛"，也就是"机器视觉"。机器视觉应用赋予工业机器人智慧化，并助力整个工业从 3.0 时代步入 4.0 时代，为智能制造的落地打开了"新窗口"，为智能制造实现提供了坚实的基础。

4.2.7　智能传感技术

1. 智能传感技术概述及构成

智能传感器是对传统传感器的进一步功能补充，在传感器端采集数据信息的同时，还进行更高级的数据信号处理（如滤波、小波分析等），是集传感器、计算机和计算机接口于一体的设备。智能传感器基本结构如图 4-23 所示。传感器负责设备的信息检测和采集，计算机根据设定对输入信号进行处理，通过计算机接口与其他装置进行通信。与传统传感器相比，智能传感器的物理传输接口和解析协议也更为便利，以网络或总线接口为主，协议则以数字量为主，便于实现大批量、分布式部署，便于支持上层系统解析和管理。在智能传感技术中有各式各样的传感器,包括嵌入、绝对、相对、静止和运动传感器,应用于企业生产中,共同构成了智能制造的感知网络,强力地支撑着 CPS 系统,构成了智能制造系统对整个制造业上下游装备和环境感知。

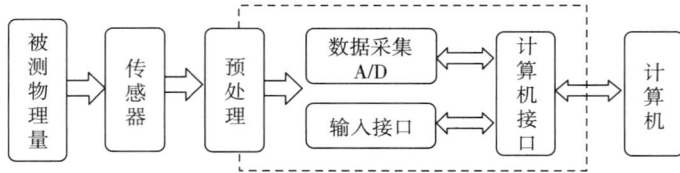

图 4-23 智能传感器基本结构

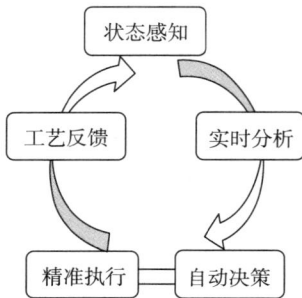

图 4-24 智能传感器感知链

从智能传感器的感知链出发,如图 4-24 所示。智能传感器的实时步骤可以拆分为:状态感知(通过智能传感器准确感知设备或系统的实时运行状态)→实时分析(对获取设备或系统的实时运行状态数据进行快速准确地加工和处理)→自动决策(根据数据处理结果,按照设定的规则自动做出判断和决策)→精准执行(执行机构实现自动决策的执行)。

智能传感技术一般具有以下数据预处理功能,以降低工业现场数据接入难度:自动标定和校正;采集数据后对数据进行预处理;检测检验、自寻故障及故障反馈;数据存储、记忆和信息处理;标准化数字输出或符号输出;判断和决策处理。

2. 智能传感器的特点

(1)高精度测量

智能传感器采用先进的测量技术,能够进行高精度、高灵敏度的测量,具备极高的测量准确度。

(2)高可靠性

智能传感器采用多种先进的防护措施,具有优异的抗干扰性和防水、防尘、防腐蚀等能力,能够在恶劣环境下长期稳定工作。

(3)可编程控制

智能传感器内置了微处理器,能够进行现场信号处理和控制,可以配置不同的逻辑控制程序和测量参数。

(4)大规模网络

智能传感器可以与其他传感器或设备组成大规模网络,实现数据共享、协同工作和远程监测等功能。

(5)实时数据处理

智能传感器可以在现场进行数据采集、处理和分析,实现实时监测和控制,并将数据上传至云端或本地网络。

（6）自学习能力

智能传感器具备自学习能力，通过收集历史数据和学习算法，能够自动调整测量参数，提高测量准确性和速度。

（7）人机互动

智能传感器可以与人机界面交互，实现简单易用的操作和控制，提高用户体验。

3. 智能传感器在智能制造中的应用

（1）生产过程监控

智能传感器可以用于监测供应链、生产设备、工艺参数以及工人操作等方面。例如，通过检测温度、湿度、压力、振动等信息，可以实时监测生产设备的状态，及时发现故障并进行维修，从而避免生产过程中的不良影响，提高了生产效率和产品质量。

（2）产品质量检测

传统的质量检测方法通常需要花费大量时间和人力资源，且存在一定的误差率。而智能传感器可以通过感知环境信息、电子信号等手段，监测制造中的产品质量，实现对产品的准确检测。

（3）故障预测与维护

智能传感器可以实时采集生产设备的运行状态和工作情况。通过分析智能传感器的数据，可以预测设备的故障和维护需求，从而降低设备维修成本，提高生产效率。

（4）库存管理

智能传感器可以通过追踪产品的生产、存储与出货等环节，实时记录库存情况，避免传统管理方式下的库存多余或短缺问题。同时，智能传感器可以通过物联网技术与其他应用相结合，提前预测未来的库存需求，做出适当的调整，降低了库存成本和库存风险。

4.3　智能制造技术典型案例分析
——汽车涡轮壳智能加工生产线

涡轮增压器位于发动机进排气系统，通过压缩空气来增加进气量，由涡轮和涡壳两部分组成。涡轮壳是连接排气管和中间壳的过渡元件，也是合金叶轮的保护罩，如图 4-25 所示。涡轮壳形状复杂，大端 V 带槽，形状各异，加工位置可视性差，进刀困难，因此对刀具设计提出了更高的要求。

图 4-25　汽车涡轮壳

4.3.1　主要汽车涡轮壳智能加工生产线技术分析

1. 零件分析

涡轮壳零件，质量约 4.5 kg。

材质：铸钢材质。

特点：加工难度大，易有磕碰伤，加工余量较大。

2. 加工难点

1）设备换刀对自动产线的影响最小。

2）车床零件尺寸测量和刀补调整的线外执行。

3）全部工序零件上下料过程中的磕碰伤处理。

4）全部工序加工后，工装和零件的冲洗及防压伤处理。

3. 涡轮壳智能加工技术方案

针对涡轮壳零件的加工难度，以及传统加工过程中存在的问题，本书利用智能制造的关键技术，如智能加工、智能控制、工业机器人等，对其方案和工艺流程进行优化，设计了一套完整的智能制造生产线，从而提高加工精度，提升产品质量，降低作业人员劳动强度，实现智能化、"无人少人化"生产。该方案综合采用了六关节机器人、抓手系统等功能模块，尽可能地代替人工，由机器人自动抓取相关产品，依次完成上下料工作，从而实现整个生产流程的高效、智能、自动化。设计的涡轮壳智能加工生产线如图 4 - 26 所示，主要由立车、立式加工中心、机械手、控制柜、进料架、出料架、清洗台等设备组成。涡轮壳智能加工生产线主要零部件见表 4 - 1。

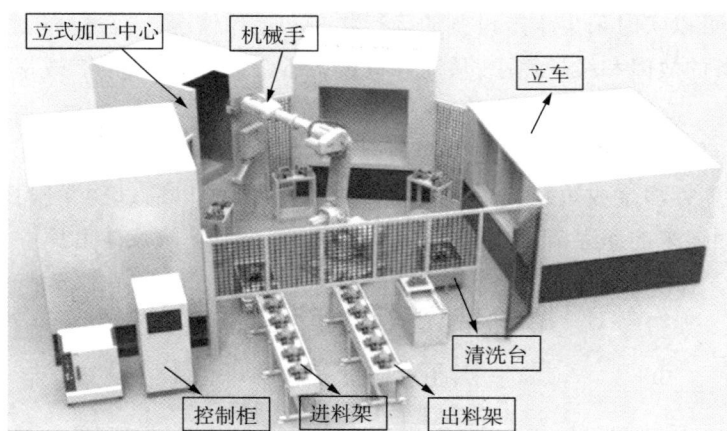

图 4 - 26 涡轮壳智能加工生产线

表 4 - 1 涡轮壳智能加工生产线主要零部件

序号	名称	序号	名称	序号	名称
1	机器人本体	8	出料架（倍速链）		电磁阀
2	抓手系统	9	中转台		气源处理器
3	三维可视化系统	10	清洗台	15	气缸
4	防护围栏＋安全门	11	控制柜		继电器
5	机器人底座	12	线外刀补		断路器
6	进料架（倍速链）	13	数字化看板		
7	抽检台	14	通信模块：I/O模块		

涡轮壳智能加工技术方案示意如图 4 - 27 所示。

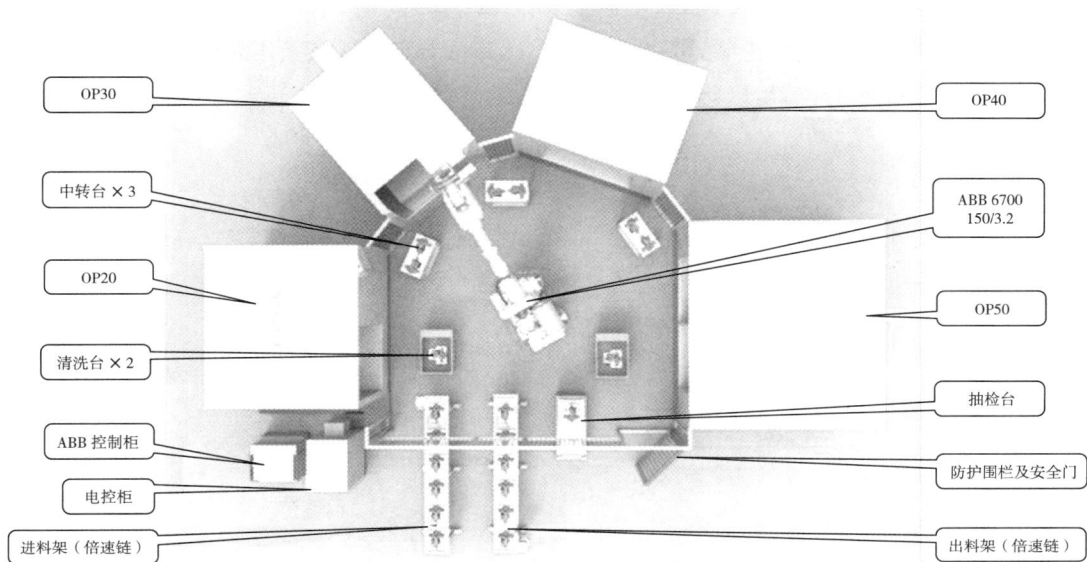

图 4 - 27　涡轮壳智能加工技术方案示意

1）采用鸟笼式防护，单台机床换刀不影响整线其他机床和机器人的运行。

2）采用抽检台进行检测，人员只需移动到车床显示屏操作即可，也可采用在线检测设备进行实时刀补。

3）手爪贴片采用钢贴片，不会对工件造成抓伤，所有接触部分均需增加清洁机构。

4）所有工序完成后，需要进行工件清洁。

4.3.2　主要零部件设计及工艺方案

1. 机器人及行走轴

现场使用的机器人采用六关节机械臂，运动半径可达 2655 mm，手腕部抓取能力为 165 kg，重复定位精度可达 ±0.05 mm。行走轴的导轨采用滚轮导轨，传动形式为齿轮齿条传动，如图 4 - 28 所示。

1）机器人配备行走轴，运行范围满足七台机床的上下料需求。

2）行走轴采用钢板焊接结构，经过时效处理，重复定位精度满足机床上下料需求。

图 4 - 28　机器人及滚轮导轨

3）极限位置设置机械限位及开关检测。

2. 上料道

1）工件上料道采用链条链板料道，如图 4 - 29 所示。上料道位于 OP10 机床旁边，长度约 4 m。一排放置 4 个工件,工件姿态大端朝上。

2)料道共储料约 72 个工件。

3)链板上对工件有定位工装,可以保证料道具有角向定位以及基本定位。

4)料道处在抓取的位置,以防卷入机构,避免工件卷入。

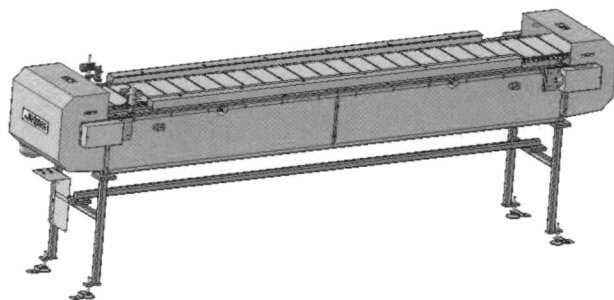

图 4-29　上料道

3. 手爪

1)手爪装有松开夹紧传感器,在手爪空夹和没有夹紧到位时都发生报警。

2)机器人头部安装 3 个手抓,方便在机内进行快速换料,减少机床停机时间。

3)机器人第一次在上料道抓取 2 个工件,涡轮壳的抓夹位置如图 4-30、图 4-31 所示。

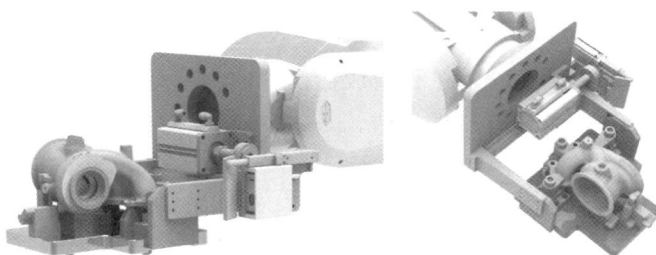

图 4-30　手爪夹持涡轮壳

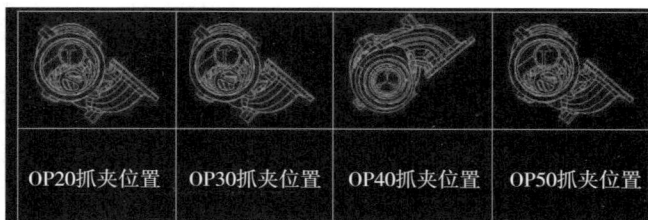

| OP20抓夹位置 | OP30抓夹位置 | OP40抓夹位置 | OP50抓夹位置 |

图 4-31　手爪抓夹位置示意

4. 下料道

下料道采用皮带下料道形式,如图 4-32 所示。其长度为 4 m,可存储工件数量为 72 件。

1）下料道工件姿态：小面朝下。

2）下料道工件下料方式：人工下料。

3）下料道兼容件换产方式：无须人工参与。

图 4 - 32　下料道

5. 翻转 + 涮洗水箱

1）翻转机构需要具备翻转和涮洗水箱的功能，如图 4 - 33 所示。

2）翻转单元形式为：固定支架，机器人进行反向抓取即可。

3）OP10、OP30、OP40、OP50 加工完成后需要翻转。

4）工件清洗单元形式为：涮洗水箱＋工件气吹。

5）清洗单元功能要求：对工件进行清洁建议。

6）清洗节拍要求：10 秒。

7）兼容件换产方式为：无须人工参与。

8）清洗单元换水方式：人工更换。

图 4 - 33　涮洗水箱

6. 抽检机构

1)抽检单元位于机械手的服务区域内,用于抽检任何一序的机床加工工件,通过拨扭选择机床进行抽检,如图 4-34 所示。

2)抽检可以实现频次抽检和手动抽检。

3)手动抽检时,可以选择指定机床进行抽检。

4)面对同一工序有一台以上的机床,抽检台可以选择其中任意一台机床进行抽检。

7. 自动生产线防护装置

1)自动生产线防护内部的地面全部安装防滑踏板,防滑踏板的下面设计接水槽,接水槽的设计需方便将切削液(油)收集、排出,如图 4-35 所示。

图 4-34 抽检机构

2)防滑踏板下面设计斜防护的接水槽,将切削液(油)导入切削液(油)收集盒中,人工定期将切削液(油)收集盒取出进行清理即可。

3)自动线设备机器人所能到达区域都设有安全护栏,采用整体式设计,防护网高度为 2200 mm。

4)防护栏设计操作工出入的安全门,只有当所有安全门处于关闭状态时自动线才能运转。

5)防护门配备电子联锁安全开关,安全门通过安全锁(开关)与系统联锁,当安全门被非正常打开时,系统急停并报警。

6)安全防护上配有三色警示灯,红灯表示停机或有故障;绿灯表示无故障正在工作;黄灯表示加工完成呼叫操作工。

7)机床安全门采用鸟笼式防护,避免人员进入导致机床停机。

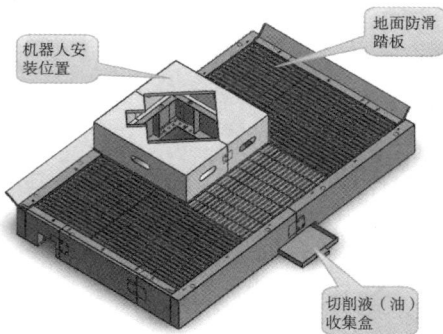

图 4-35 自动生产线防护装置

8. 三维可视化控制系统

三维可视化控制系统可以对机器人及夹具和工件的所有姿态、信号进行全方位的三维展示,通过网络连接,可以远程控制机器人启停、修改机器人程序,可通过触摸进行三维视角切换、缩放、平移,从而直观显示物料夹持状态、数控机床运行状态、产量统计、机床刀具寿命管理、多语言支持等紧贴用户的实用功能,如图 4-36 所示。

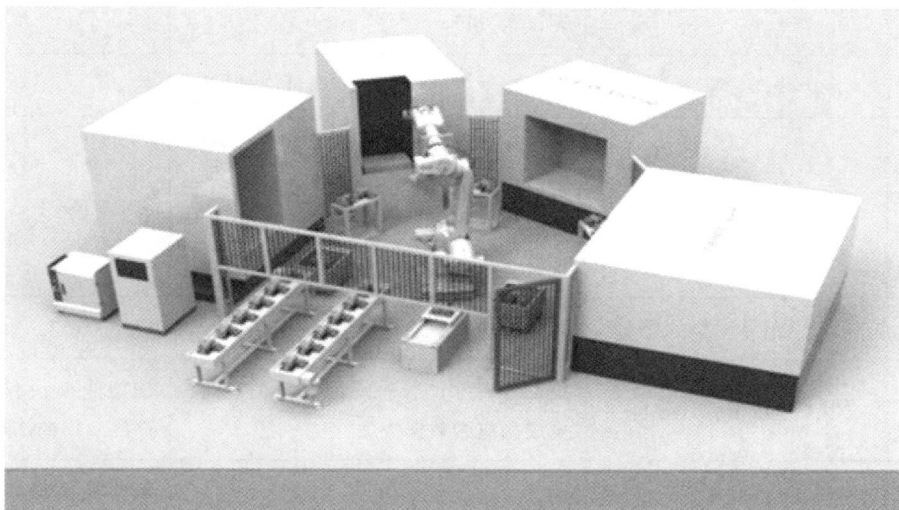

图 4-36　三维模型导入可视化控制系统

该控制系统具有以下功能。

(1)测量 I/O 模组

该系统可以适应所有数控系统各种信号的采集与控制,通过 Device Net 总线与机器人系统进行快速稳定连接。每个 I/O 模块还能直接挂接电子测量尺、激光测距等高精度传感器。测量 I/O 模块可根据现场实际需要的端口数量无缝叠加,可并联高达 52 个模块,提供800 余个 I/O 端口、200 余个测量端口。

(2)物料反识别装置

机械手爪部位装有高精度测量器,能正确识别物料有料、无料、是否反料、大小是否合格等。

(3)夹头吹气装置

通过吹气装置及时吹走残留在夹头上的料渣,实现料渣分离。

(4)机械手爪任意更换

针对加工工件的尺寸、外形不同的特点,机器人可按实际需要更换或加装手爪。

(5)实现全自动送料、取料、加工

可实现全自动上下料,并进行自动加工,使企业方便管理,节省人力资源成本,延长生产时间,降低生产成本,提高产品质量,从而帮助企业实现经济效益、环境效益,以及全面改善企业总体绩效。

9. 总控电子看板

涡轮壳智能加工生产线配备了总控电子看板,电子看板功能见表 4-2。

表 4-2 总控电子看板功能展示

序号	功能模块	功能描述	备注
1	设备状态实时采集监控	实时采集设备状态(运行、等待、报警、调试、关机)	
2	生产线产量采集监控	采集自动生产线的当前产量信息	
3	报警信息采集	采集自动线桁架机械手用户报警和报警内容,自动线物流系统报警号和报警内容,并获取自动线主机设备是否报警	
4	安全信号采集分析	采集自动线的急停、门锁等安全信号	
5	生产线产量统计分析	统计分析生产线一周的产量信息,并生成相应的数据报表	该功能模块仅分析生产线一周的产量信息
6	报警信息统计分析	统计分析生产线一周的报警信息和报警内容	该功能模块仅记录一周的报警信息和报警内容

涡轮壳智能加工生产线如图 4-37 所示。

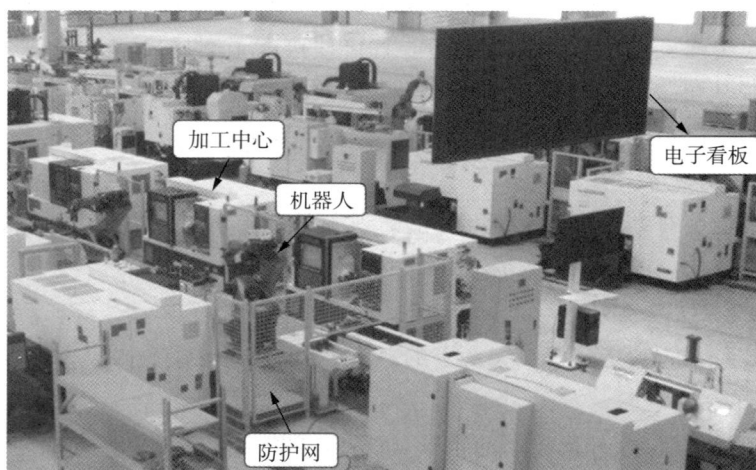

图 4-37 涡轮壳智能加工生产线

4.3.3 涡轮壳智能加工工艺

根据上述制订的加工技术方案,对其加工工艺流程进行设计,涡轮壳智能加工工艺流程如图 4-38 所示。

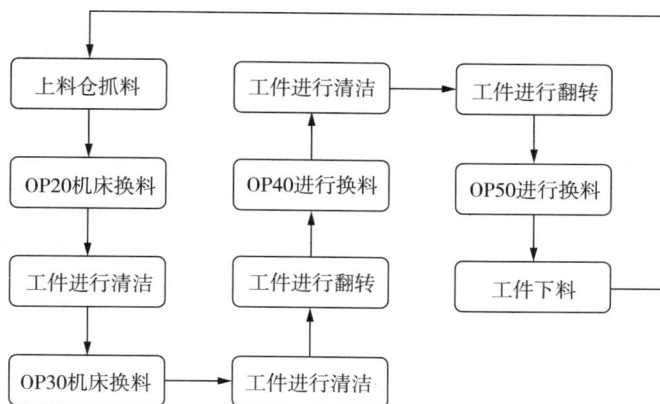

图 4-38 涡轮壳智能加工工艺流程

涡轮壳加工工序如下。

OP10:铣法兰之后在线外装随行定位,后续自动线使用随行夹具,加工节拍 4 分钟。OP10 人工生产,OP20 开始布置自动加工线。

OP20:去余量($A+H$)面,节拍 7 分钟。

OP30:立车车车削加工 A 面,节拍 7 分钟。

OP40:带动力头车床车 A 面+小眼,节拍 7 分钟。

OP50:侧孔+废气孔+两顶孔+法兰背铣,节拍 7.5 分钟。

在上述工艺流程中,OP20~OP50 都使用法兰一面两销定位,具体加工如图 4-39 所示。

1. OP10

法兰基准面加工完成后,人工将 OP10 产品装夹在随行工装上,产品毛坯来料到成品结束始终在随行工装上,采用立式加工中心,加工节拍 4 分钟,如图 4-40 所示。

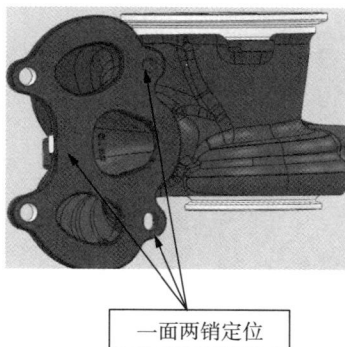

图 4-39 一面两销定位

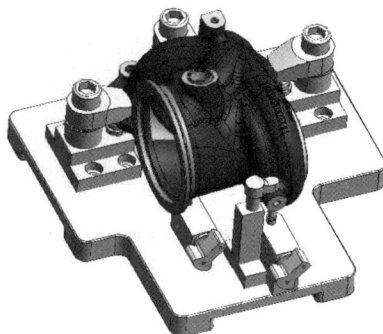

图 4-40 夹具夹紧涡轮壳

2. OP20

立式加工中心采用四轴转台,一个工位上分别加工 $A+H$ 面,采用随行工装零点定位。

采用立式加工中心,加工节拍为 7 分钟,如图 4-41 所示。

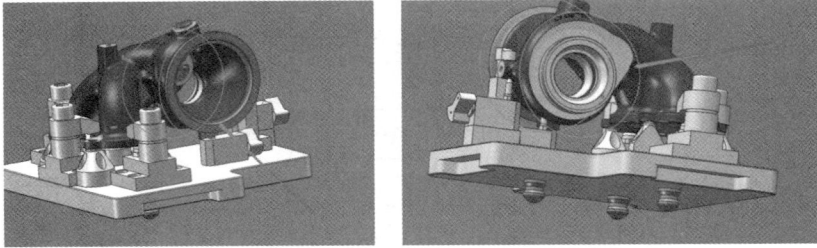

图 4-41 零点定位

3. OP30

立车车削加工 A 面,采用随行工装零点定位;采用立式加工中心,加工节拍为 7 分钟, 如图 4-42所示。

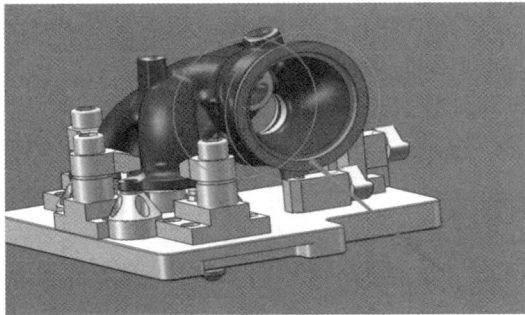

图 4-42 立车车削加工 A 面

4. OP40

立车车削加工 H 面,采用随行工装零点定位;采用立车,加工节拍为 7 分钟,如图 4-43 所示。

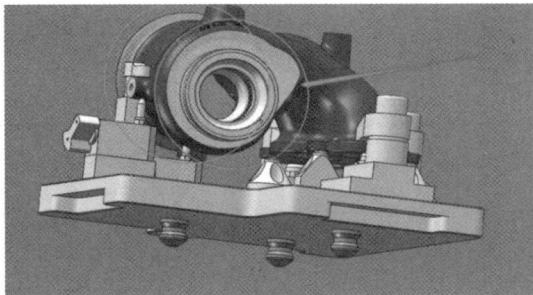

图 4-43 立车车削加工 H 面

5. OP50-1/OP50-2

立式铣削加工侧孔,采用随行工装零点定位;采用立式加工中心,加工节拍为 7.5 分钟, 如图 4-44 所示。

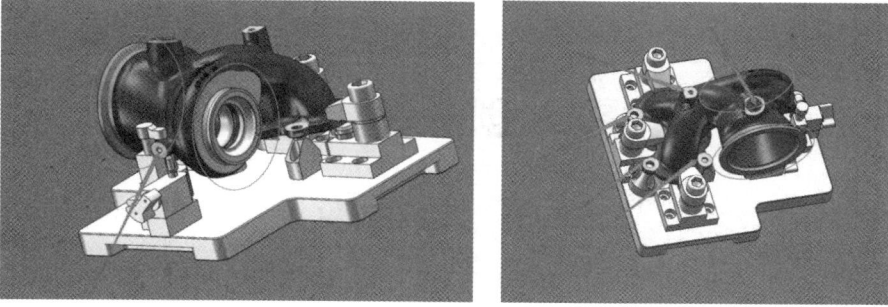

图 4 - 44　立式铣削加工侧孔

经过上述多道加工工序，最终加工成型的涡轮壳实物如图 4 - 45 所示。

图 4 - 45　涡轮壳实物

第5章 创意设计与制作

5.1 项目1 鲁班锁

5.1.1 概述

传说春秋时期鲁国工匠鲁班为了测试儿子是否聪明,用六根木条制作了一件可拼可拆的玩具,叫儿子拆开。儿子忙碌了一夜,终于拆开了,这种玩具后人就称作鲁班锁。其实这只是一种传说,鲁班锁亦称孔明锁、别闷棍、六子联方、莫奈何、难人木等,它起源于中国古代建筑中首创的榫卯结构。

1. 项目特点

1)鲁班锁结构奇巧,蕴含了我国古代建筑中榫卯结构的精华,是中国古代工匠的技术结晶。本项目将鲁班锁作为教学载体,引出榫卯互锁结构,让学生正确认识文化传承和技艺传承,树立中华文化自信和中国制造自信。

2)学生通过本项目对鲁班锁结构及装配要点进行分析,采用现代制造工艺完成鲁班锁的制作,既是传承又是创新,有助于拓展大学生的创新思维能力,增强其探索精神。

2. 项目培养目标

1)鲁班锁的制作过程,必须严格按照规范的工艺流程操作,才能够确保零件的顺利加工,有助于培养大学生严谨的科学态度。

2)在鲁班锁加工、调试、修配的每一个环节都要注重细节,追求完美。学生要有精益求精的工作态度,才能够确保零件的精度,有助于培养大学生的工匠精神。

3)鲁班锁的制作,以组为单位,组员需配合共同完成。学生需具备良好的团队合作和协调能力,有助于培养大学生的团队协作精神。

5.1.2 项目实施

1. 创意设计

鲁班锁由六根内部有槽的长方体组成,无需钉子和绳子,按横、竖、立三方向各两根凹凸相对咬合,完全依靠自身结构的连接支撑,形成一个内部卯榫相嵌的结构体。鲁班锁就像一张纸对折一下就能够立得起来,展现了一种看似简单,却凝结着不平凡的智慧。本项目中,鲁班锁的制作设备主要采用现代制造技术的数控铣来完成加工。

（1）创意建模

根据六柱鲁班锁结构,建立三维模型。如图 5-1 所示,1 是上梁,2 是下梁,上下梁为一组,称梁组。3 是左柱,4 是右柱,左右柱为一组,称为柱组。5 是前檐,6 是后檐,前后檐为一组,称为檐组。

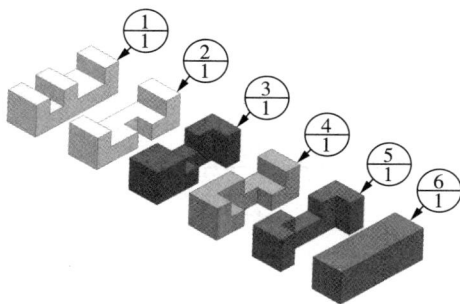

图 5-1　鲁班锁建模

（2）确定尺寸

绘制鲁班锁零件图,如图 5-2 所示。

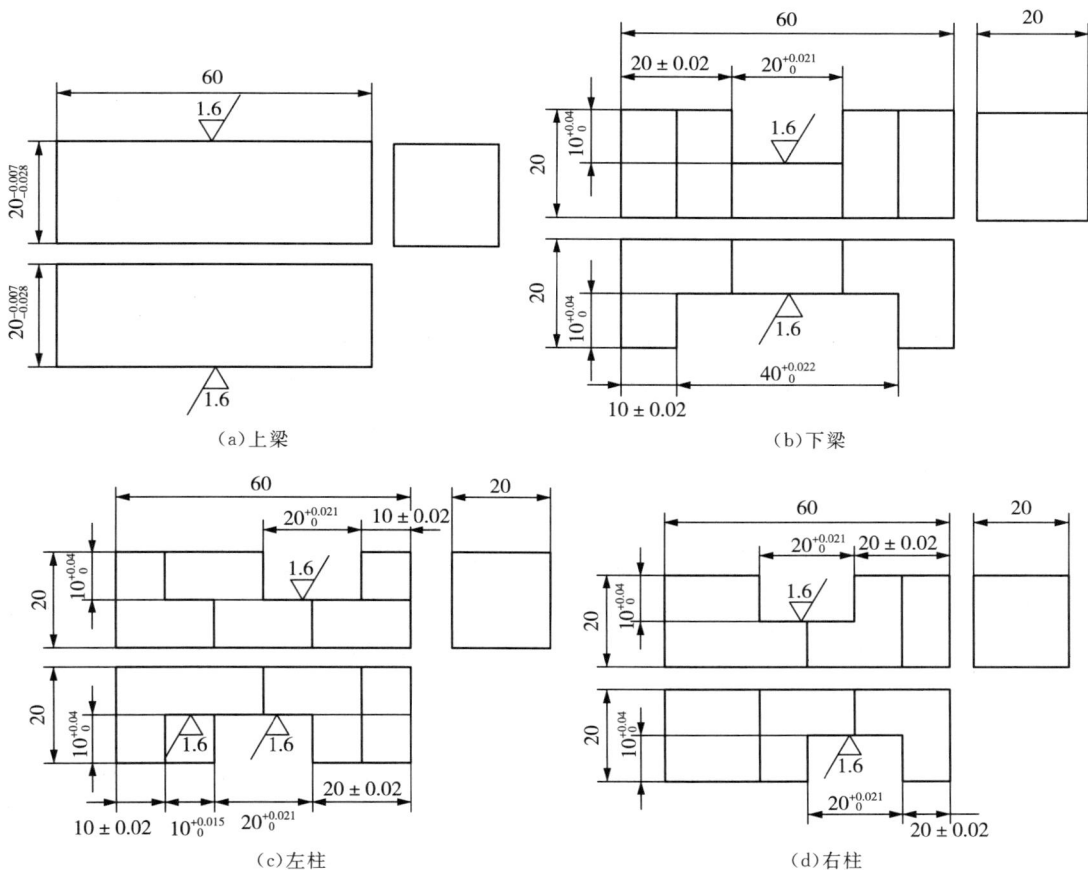

（a）上梁

（b）下梁

（c）左柱

（d）右柱

（e）前檐

（f）后檐

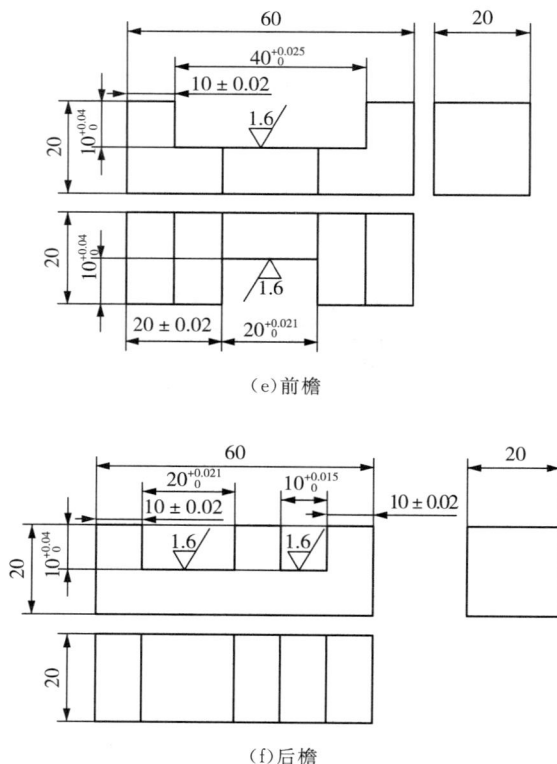

图 5 - 2　鲁班锁零件

2. 实践加工

（1）零件结构分析

根据图 5 - 2 所示，其锁柱零件形状结构均是方方正正，并不复杂，但其装配要求高，必须依据装配顺序依次安装。装配时，每个锁柱的外框和内腔都是滑移配合面。滑移时，要求顺畅不卡，配合面表面粗糙度要求较高。另外，鲁班锁装配完成后要稳固不松脱，所以每个锁柱零件的尺寸精度和形状位置精度要求相对较高。如图 5 - 2(d)所示，前檐是六个锁柱中结构最为复杂的一个，零件成型后截面最薄处只有 10 毫米，易出现断裂或凹槽加工方向颠倒的现象，是加工重点。

（2）零件选材分析

通过对六柱鲁班锁的结构分析，并考虑其后期使用情况，应选用现代工业中常用的铝合金作为制作材料。铝合金具有良好的切削加工性能，只要加工工艺合理，就能保证锁柱的加工质量，而且材料来源方便，加工成本低，不会存在生锈、腐烂等问题，保存维护极其方便。根据图 5 - 2 所示，加工零件的毛坯定为 62 mm×25 mm×25 mm(±0.2 mm)的长方体铝块。

（3）零件加工工艺分析

六柱鲁班锁的锁柱加工方法多样，下面选取普通铣床加工和数控铣床加工两种加工方法进行加工工艺的分析对比。

1）上梁机械加工，见表 5 - 1、表 5 - 2。

表 5-1　上梁机械加工工艺过程卡(普铣)

机械加工工艺过程卡	项目名称	六柱鲁班锁		班级	
				零件名称	上梁
毛坯	材料	6061 铝合金	种类	长方形型材	外形尺寸	62 mm×25 mm×25 mm
序号	工序名称	工序内容		设备	工艺装备
1	锯削	下料:切割 25 mm×25 mm 长方形铝型材,长度 62 mm,如下图所示 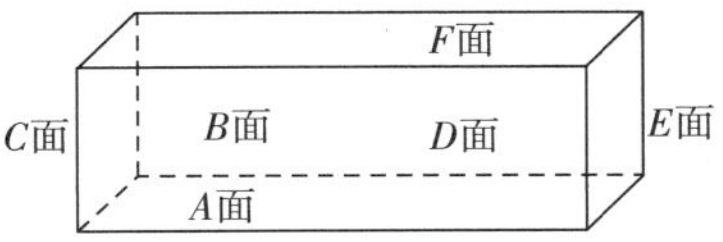 *F 面*　*C 面*　*B 面*　*D 面*　*E 面*　*A 面*		锯床	
2	铣削	毛坯加工: 1)选取两块合适的等高垫块放置于钳口中。 2)以较大一面(A 面)为定位基准面,紧贴平口钳固定钳口夹紧,铣削该面相邻一面(B 面),见光即可。 3)以 B 面为基准,紧贴平口钳固定钳口,在工件与活动钳口间放置圆棒夹紧,铣削面,见光即可,保证 A 面与 B 面垂直。 4)以 A 面为基准,紧贴平口钳固定钳口垂直放置,在工件与活动钳口间放置圆棒夹紧,铣削 A、B 两面相邻面(C 面),见光即可,保证 C 面与 B 面的垂直度。 5)以 A 面为基准,紧贴平口钳固定钳口,B 面与等高垫块上平面紧贴,铣削 B 面平行面(D 面),保证平行度和 20 mm 尺寸,公差±0.02 mm。 6)以 A 面为基准,紧贴平口钳固定钳口,C 面与等高垫块上平面紧贴,铣削 C 面平行面(E 面),保证平行度和 60 mm 尺寸,公差±0.02 mm。 7)以 B 面为基准,紧贴平口钳固定钳口,A 面与等高垫块上平面紧贴,铣削 A 面平行面(F 面),保证 F 面平行度及与 B、C、D、E 面垂直度和 20 mm 尺寸,公差±0.02 mm		立式铣床 X5032	ϕ 63 mm 面铣刀、外径千分尺
3	划线	1)以 A 面为基准,高度尺划线 F 面槽深。 2)以 C 面为基准,高度尺划线 F 面槽宽		钳工台	划线平板、高度尺
4	铣削	以 A 面为基准,紧贴平口钳固定钳口,C 面与等高垫块上平面紧贴夹紧,手工对线铣削加工凹槽,保证尺寸和表面粗糙度要求		铣床 X5032	ϕ 8 mm 立铣刀、游标卡尺、外径千分尺

表 5-2　上梁机械加工工艺过程卡(数控铣)

机械加工工艺过程卡	项目名称	六柱鲁班锁		班级	
				零件名称	上梁
毛坯	材料	6061 铝合金	种类	长方形型材	外形尺寸	62 mm×25 mm×25 mm
序号	工序名称	工序内容		设备	工艺装备
1	锯削	下料:切割 25 mm×25 mm 长方形铝型材,长度 62 mm	锯床	
2	铣削	1)选取两块合适的等高垫块放置于钳口中,保证垫块上平面与平口钳上平面尺寸为 3 mm,将切割的毛坯料水平放置于垫块上,夹紧敲实。 2)选用 φ63 mm 面铣刀程序铣毛坯上平面,见光即可。 3)选用 φ16 mm 立铣刀程序铣外形,保证 60 mm×20 mm×21 mm(±0.02 mm)尺寸及表面粗糙度。 4)选用 φ8 mm 立铣刀程序铣上平面通槽,保证尺寸和表面粗糙度。 4)调面夹紧敲实,选用 φ63 mm 面铣刀程序铣上平面的平行面,保证 20 mm 厚度尺寸和表面粗糙度	立式数控铣床 XK714B	φ63 mm 面铣刀、φ16 mm 立铣刀、φ8 mm 立铣刀、游标卡尺、外径千分尺

2)下梁机械加工,见表 5-3、表 5-4。

表 5-3　下梁机械加工工艺过程卡(普铣)

机械加工工艺过程卡	项目名称	六柱鲁班锁		班级	
				零件名称	下梁
毛坯	材料	6061 铝合金	种类	长方形型材	外形尺寸	62 mm×25 mm×25 mm
序号	工序名称	工序内容		设备	工艺装备
1	锯削	下料:同上梁	锯床	
2	铣削	毛坯加工:同上梁	立式铣床 X5032	φ63 mm 面铣刀、外径千分尺
3	划线	1)以 A 面为基准,高度尺划线 F 面槽深。 2)以 C 面为基准,高度尺划线 F 面槽宽。 3)以 B 面为基准,高度尺划线 D 面槽深。 4)以 C 面为基准,高度尺划线 D 面槽宽	钳工台	划线平板、高度尺
4	铣削	1)以 B 面为基准,紧贴平口钳固定钳口,A 面与等高垫块上平面紧贴夹紧,手工对线铣削加工 F 面凹槽,保证尺寸和表面粗糙度要求。 2)以 A 面为基准,紧贴平口钳固定钳口,B 面与等高垫块上平面紧贴夹紧,手工对线铣削加工 D 面凹槽,保证尺寸和表面粗糙度要求	铣床 X5032	φ8 mm 立铣刀、游标卡尺、外径千分尺

表 5-4　下梁机械加工工艺过程卡（数控铣）

机械加工工艺过程卡	项目名称	六柱鲁班锁			班级	
					零件名称	下梁
毛坯	材料	6061 铝合金	种类	长方形型材	外形尺寸	62 mm×25 mm×25 mm
序号	工序名称	工序内容			设备	工艺装备
1	锯削	下料:同上梁			锯床	
2	铣削	1)选取两块合适的等高垫块放置平口钳,保证垫块上平面与平口钳上平面间尺寸为 3 mm,将切割的毛坯料水平放置于垫块上,夹紧敲实。 2)选用 φ63 mm 面铣刀程序铣毛坯上平面,见光即可。 3)选用 φ16 mm 立铣刀程序铣外形,保证 60 mm×20 mm×21 mm(±0.02 mm)尺寸及表面粗糙度。 4)选用 φ16 mm 立铣刀程序铣上平面通槽,保证尺寸和表面粗糙度。 5)调面夹紧敲实,选用 φ8 mm 立铣刀程序铣侧面槽,保证尺寸和表面粗糙度。 6)再次调面夹紧敲实,选用 φ63 mm 面铣刀程序铣上平面的平行面,保证 20 mm 厚度尺寸和表面粗糙度			立式数控铣床 XK714B	φ63 mm 面铣刀、φ16 mm 立铣刀、φ8 mm 立铣刀、游标卡尺、外径千分尺

3)左柱机械加工,见表 5-5、表 5-6。

表 5-5　左柱机械加工工艺过程卡（普铣）

机械加工工艺过程卡	项目名称	六柱鲁班锁			班级	
					零件名称	左柱
毛坯	材料	6061 铝合金	种类	长方形型材	外形尺寸	62 mm×25 mm×25 mm
序号	工序名称	工序内容			设备	工艺装备
1	锯削	下料:同上梁			锯床	
2	铣削	毛坯加工:同上梁			立式铣床 X5032	φ63 mm 面铣刀、外径千分尺
3	划线	1)以 A 面为基准,高度尺划线 F 面槽深。 2)以 C 面为基准,高度尺划线 F 面槽宽。 3)以 B 面为基准,高度尺划线 D 面槽深。 4)以 C 面为基准,高度尺划线 D 面槽宽			钳工台	划线平板、高度尺
4	铣削	1)以 B 面为基准,紧贴平口钳固定钳口,A 面与等高垫块上平面紧贴夹紧,手工对线铣削加工 F 面凹槽,保证尺寸和表面粗糙度要求。 2)以 A 面为基准,紧贴平口钳固定钳口,B 面与等高垫块上平面紧贴夹紧,手工对线铣削加工 D 面凹槽,保证尺寸和表面粗糙度要求			铣床 X5032	φ8 mm 立铣刀、游标卡尺、外径千分尺

表 5-6　左柱机械加工工艺过程卡(数控铣)

机械加工工艺过程卡		项目名称	六柱鲁班锁		班级	
					零件名称	左柱
毛坯	材料	6061 铝合金	种类	长方形型材	外形尺寸	62 mm×25 mm×25 mm
序号	工序名称	工序内容			设备	工艺装备
1	锯削	下料:同上梁			锯床	
2	铣削	1)选取两块合适的等高垫块放置平口钳,保证垫块上平面与平口钳上平面间尺寸为 3 mm,将切割的毛坯料水平放置于垫块上,夹紧敲实。 2)选用 φ63 mm 面铣刀程序铣毛坯上平面,见光即可。 3)选用 φ16 mm 立铣刀程序铣外形,保证 60 mm×20 mm×21 mm(±0.02 mm)尺寸及表面粗糙度。 4)选用 φ16 mm 立铣刀程序铣上平面通槽,保证尺寸和表面粗糙度。 5)调面夹紧敲实,选用 φ16 mm 立铣刀程序铣侧面槽,保证尺寸和表面粗糙度。 6)再次调面夹紧敲实,选用 φ63 mm 面铣刀程序铣上平面的平行面,保证 20 mm 厚度尺寸和表面粗糙度			立式数控铣床 XK714B	φ63 mm 面铣刀、φ16 mm 立铣刀、游标卡尺、外径千分尺

4)右柱机械加工,见表 5-7、表 5-8。

表 5-7　右柱机械加工工艺过程卡(普铣)

机械加工工艺过程卡		项目名称	六柱鲁班锁		班级	
					零件名称	右柱
毛坯	材料	6061 铝合金	种类	长方形型材	外形尺寸	62 mm×25 mm×25 mm
序号	工序名称	工序内容			设备	工艺装备
1	锯削	下料:同上梁			锯床	
2	铣削	毛坯加工:同上梁			立式铣床 X5032	φ63 mm 面铣刀、外径千分尺
3	划线	1)以 A 面为基准,高度尺划线 F 面通槽和直角槽深。 2)以 C 面为基准,高度尺划线 F 面通槽和直角槽宽。 3)以 B 面为基准,高度尺划线 F 面直角槽高度。 4)以 B 面为基准,高度尺划线 D 面槽深。 5)以 C 面为基准,高度尺划线 D 面槽宽			钳工台	划线平板、高度尺
4	铣削	1)以 B 面为基准,紧贴平口钳固定钳口,A 面与等高垫块上平面紧贴夹紧。先手工对线铣削加工 F 面通槽,保证尺寸和表面粗糙度要求;再手工对线铣削 F 面直角槽,保证尺寸和表面粗糙度。 2)以 A 面为基准紧贴平口钳固定钳口,B 面与等高垫块上平面紧贴夹紧,先手工对线铣削 F 面直角槽,保证直角;再手工对线铣削加工 D 面凹槽,保证尺寸和表面粗糙度要求			铣床 X5032	φ8 mm 立铣刀、游标卡尺、外径千分尺

表 5-8 右柱机械加工工艺过程卡(数控铣)

机械加工工艺过程卡		项目名称	六柱鲁班锁			班级	
						零件名称	右柱
毛坯	材料	6061 铝合金	种类	长方形型材	外形尺寸	62 mm×25 mm×25 mm	
序号	工序名称	工序内容				设备	工艺装备
1	锯削	下料:同上梁				锯床	
2	铣削	1)选取两块合适的等高垫块放置平口钳,保证垫块上平面与平口钳上平面间尺寸为 3 mm,将切割的毛坯料水平放置于垫块上,夹紧敲实。 2)选用 φ63 mm 面铣刀程序铣毛坯上平面,见光即可。 3)选用 φ16 mm 立铣刀程序铣外形,保证 60 mm×20 mm×21 mm(±0.02 mm)尺寸及表面粗糙度。 4)选用 φ16 mm 立铣刀程序铣上平面通槽和直角槽,保证尺寸和表面粗糙度。 4)调面夹紧敲实,选用 φ8 mm 立铣刀清根铣直角槽,保证直角。 5)再次调面夹紧敲实,选用 φ16 mm 立铣刀程序铣侧面槽,保证尺寸和表面粗糙度。 6)再次调面夹紧敲实,选用 φ63 mm 面铣刀程序铣上平面的平行面,保证 20 mm 厚度尺寸和表面粗糙度				立式数控铣床 XK714B	φ63 mm 面铣刀、φ16 mm 立铣刀、φ8 mm 立铣刀、游标卡尺、外径千分尺

5)前檐机械加工,见表 5-9、表 5-10。

表 5-9 前檐机械加工工艺过程卡(普铣)

机械加工工艺过程卡		项目名称	六柱鲁班锁			班级	
						零件名称	前檐
毛坯	材料	6061 铝合金	种类	长方形型材	外形尺寸	62 mm×25 mm×25 mm	
序号	工序名称	工序内容				设备	工艺装备
1	锯削	下料:同上梁				锯床	
2	铣削	毛坯加工:同上梁				立式铣床 X5032	φ63 mm 面铣刀、外径千分尺
3	划线	1)以 A 面为基准,高度尺划线 F 面槽深。 2)以 C 面为基准,高度尺划线 F 面槽宽。 3)以 B 面为基准,高度尺划线 D 面槽深。 4)以 C 面为基准,高度尺划线 D 面槽宽				钳工台	划线平板、高度尺
4	铣削	1)以 B 面为基准,紧贴平口钳固定钳口,A 面与等高垫块上平面紧贴夹紧,手工对线铣削加工 F 面凹槽,保证尺寸和表面粗糙度要求。 2)以 A 面为基准,紧贴平口钳固定钳口,B 面与等高垫块上平面紧贴夹紧,手工对线铣削加工 D 面凹槽,保证尺寸和表面粗糙度要求				铣床 X5032	φ8 mm 立铣刀、游标卡尺、外径千分尺

表 5-10　前檐机械加工工艺过程卡(数控铣)

机械加工工艺过程卡		项目名称	六柱鲁班锁		班级	
					零件名称	前檐
毛坯	材料	6061 铝合金	种类	长方形型材	外形尺寸	62 mm×25 mm×25 mm
序号	工序名称	工序内容			设备	工艺装备
1	锯削	下料:同上梁			锯床	
2	铣削	1)选取两块合适的等高垫块放置平口钳,保证垫块上平面与平口钳上平面间尺寸为 3 mm,将切割的毛坯料水平放置于垫块上,夹紧敲实。 2)选用φ63 mm 面铣刀程序铣毛坯上平面,见光即可。 3)选用φ16 mm 立铣刀程序铣外形,保证 60 mm×20 mm×21 mm(±0.02 mm)尺寸及表面粗糙度。 4)选用φ16 mm 立铣刀程序铣上平面通槽,保证尺寸和表面粗糙度。 5)调面夹紧敲实,选用φ16 mm 立铣刀程序铣侧面槽,保证尺寸和表面粗糙度。 6)再次调面夹紧敲实,选用φ63 mm 面铣刀程序铣上平面的平行面,保证 20 mm 厚度尺寸和表面粗糙度			立式数控铣床 XK714B	φ63 mm 面铣刀、φ16 mm 立铣刀、游标卡尺、外径千分尺

6)后檐机械加工,见表 5-11、表 5-12。

表 5-11　后檐机械加工工艺过程卡(普铣)

机械加工工艺过程卡		项目名称	六柱鲁班锁		班级	
					零件名称	后檐
毛坯	材料	6061 铝合金	种类	长方形型材	外形尺寸	62 mm×25 mm×25 mm
序号	工序名称	工序内容			设备	工艺装备
1	锯削	下料:同上梁			锯床	
2	铣削	毛坯加工:同上梁			立式铣床 X5032	φ63 mm 面铣刀、外径千分尺
3	划线	1)以 A 面为基准,高度尺划线 F 面槽深。 2)以 C 面为基准,高度尺划线 F 面槽宽			钳工台	划线平板、高度尺
4	铣削	以 A 面为基准,紧贴平口钳固定钳口,C 面与等高垫块上平面紧贴夹紧,手工对线铣削加工凹槽,保证尺寸和表面粗糙度要求			铣床 X5032	φ8 mm立铣刀、游标卡尺、外径千分尺

表 5-12 后檐机械加工工艺过程卡(数控铣)

机械加工工艺过程卡		项目名称	六柱鲁班锁		班级	
					零件名称	后檐
毛坯	材料	6061 铝合金	种类	长方形型材	外形尺寸	62 mm×25 mm×25 mm
序号	工序名称	工序内容			设备	工艺装备
1	锯削	下料:同上梁			锯床	
2	铣削	1)选取两块合适的等高垫块放置平口钳,保证垫块上平面与平口钳上平面间尺寸为 3 mm,将切割的毛坯料水平放置于垫块上,夹紧敲实。 2)选用 φ63 mm 面铣刀程序铣毛坯上平面,见光即可;再选用 φ16 mm 立铣刀程序铣外形,保证 60 mm×20 mm×21 mm(±0.02 mm)尺寸及表面粗糙度。 3)选用 φ8 mm 立铣刀程序铣上平面通槽,保证尺寸和表面粗糙度。 4)调面夹紧敲实,选用 φ63 mm 面铣刀程序铣上平面的平行面,保证 20 mm 厚度尺寸和表面粗糙度			立式数控铣床 XK714B	φ63 mm 面铣刀、φ16 mm 立铣刀、φ8 mm 立铣刀、游标卡尺、外径千分尺

两种工艺分析:从以上两种加工方法的工艺分析可知,选用普通铣床加工时,加工工序多,加工过程多为手动完成,且需要多次装夹,累积装夹误差较大,加工效率低,加工精度差。选用数控铣床加工时,可直接将毛坯夹紧加工,使零件重要轮廓在一次装夹中完成,避免二次装夹产生的累积误差,这样不仅加工效率高,且能保证零件的尺寸精度和形状位置公差要求。

(4)分组加工制作

学生分组利用 CAM 软件和数控机床完成锁柱零件的加工。加工时,需要考虑如何消除各种产生加工误差的因素,保证锁柱零件的精度。装配时,需要精确测量每个锁柱零件的实际精度,在理解尺寸链的基础上,选择合适的零件进行精修。制作完成后,要求学生总结分析各种可能的工艺方案,并在众多的工艺方案中选择最优加工工艺。

5.1.3 项目完成评价

项目完成评价见表 5-13。

1. 项目设计:自制鲁班锁创意来源及原理分析(10 分)。

2. 项目加工:自制鲁班锁零部件加工过程,材料选择、加工工艺选择、零件的加工精度等(30 分)。

3. 产品装配:自制鲁班锁装配过程,合理安排装配顺序,实现设计功能情况(20 分)。

4. 项目创新性:自制鲁班锁在选材、设计、加工和装配方面的创新(20 分)。

5. 能力达成:自制鲁班锁项目总结报告(20 分)。

表 5 - 13　项目完成评价

项目名称	自制鲁班锁		班级		组号	
序号	评测内容	评测要求			分值	得分
1	项目设计	鲁班锁创意来源及原理分析			10 分	
2	项目加工	零件材料选择的合理性,零件加工工艺选择的合理性,零件的加工精度			30 分	
3	产品装配	装配顺序合理性,是否满足设计要求			20 分	
4	项目创新性	功能/结构/选材/工艺创新情况			20 分	
5	能力达成	自学能力,工程实践/创新能力,解决复杂工程问题的能力,团队协作能力,表达能力			20 分	
合计						

5.2　项目 2　自制益智玩具

5.2.1　概述

玩具在大学生成长过程中是不可缺少的玩伴,它不仅能给生活带来欢乐,而且能促进智力发展。市场上的玩具大多价格昂贵,如果损坏后就被束之高阁,会造成浪费。自制玩具项目,鼓励大学生用学过的知识动手制作玩具,修复被损坏的玩具,激发大学生创新实践的热情,这让大学生创意实践的范围更广泛。本项目在实施过程中,根据大学生自身特点和培养目标,结合他们的需求重新设计制作玩具。项目实施过程注重玩具制作与修复的原理,让大学生体会创意设计源于生活,也服务于生活。

1. 项目特点

1)本项目可以利用学校现有的资源和场地,以现代制造实训基地为主要载体,因地制宜地将工程训练与创新实践相结合。

2)本项目可以让学生利用所学的专业知识设计制作玩具。比如车辆专业的同学可以制作车模,飞行器专业的同学可以制作飞机模型,建筑专业的同学可以设计制作楼房等。让大学生充分发挥创造力的同时,又将其与专业知识相结合。

3)本项目采取分组完成同一作品,选择不同材质,不同加工工艺的形式。大学生通过对零部件精度和产品装配质量的比较,在实践中,掌握现代制造技术不同工艺的特点。

2. 项目培养目标

1)玩具创意设计与制作,从选材到造型设计没有规定的标准,没有思维的限制,可以充分发挥大学生想象力和创造力,有助于培养大学生创新思维和创新能力。

2)玩具创意设计与制作,重新设计修复被损坏废弃的玩具,让大学生认识到废物不废,一双勤劳的手可以变废为宝。在项目实施过程中,积极鼓励学生利用一些废弃的材料,比如收集各种废弃盒子,制作各种各样的汽车、楼房等作品;收集一些坏掉的电器、金属、螺丝等制作机器人;捡一些树叶、树枝创作树叶标签等,有助于培养大学生珍惜物品、勤俭节约的道德品质。

3)玩具创意设计与制作,以组为单位,充分发挥每位组员的特长,大家共同参与,有助于培养大学生团队协作能力,增强集体荣誉感。

5.2.2　项目实施

案例 1

月亮船

伽利略斜面实验是在轨道的一边释放一颗钢珠,如果忽略摩擦力带来的影响,钢珠从左边滚下后,再从右边的斜面滚上,钢珠将上升到与左边释放高度相同的点。利用伽利略斜面实验,设计类似市面上的玩具混沌摆以及游乐场的海盗船如图 5-3 所示的益智玩具。

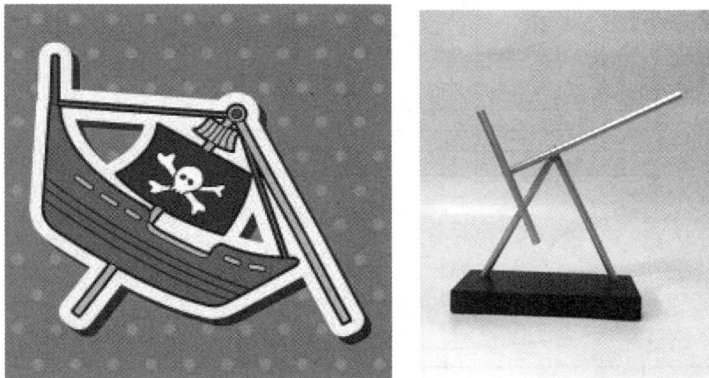

图 5-3　海盗船和混沌摆

1. 创意设计

(1)三维建模

月亮船由圆柱和月牙形船体组成。圆柱经船体中心穿过船体可以沿滑轨来回滚动,实现自身势能和动能之间的转化。滑轨部分由两块相同的凹形轨道组成,两端各留有一段平面保护部分,防止月亮船来回滚动时因惯性脱离轨道。月亮船和滑轨通过底座支撑,底座部分由四根支柱和基座组成。月亮船三维建模如图 5-4 所示。

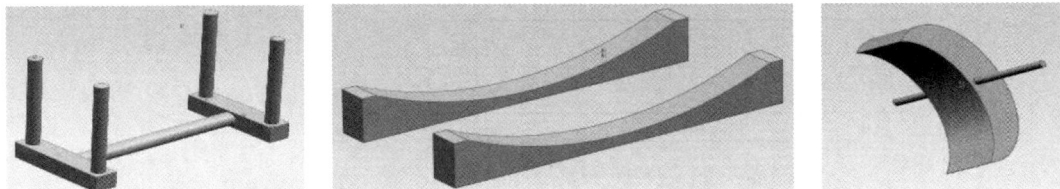

图 5-4　月亮船三维建模

（2）确定尺寸，绘制零件图

月牙船体尺寸如图 5-5 所示，滑轨尺寸如图 5-6 所示，底座尺寸如图 5-7 所示。

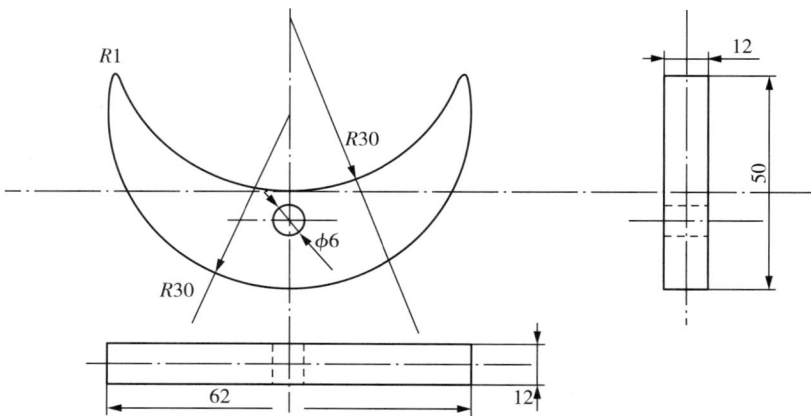

图 5-5　月牙船体尺寸

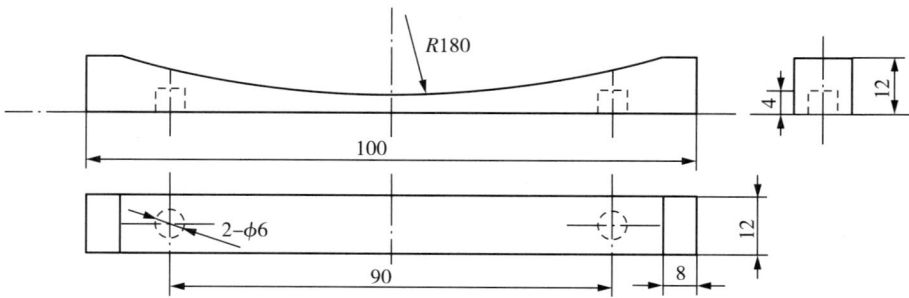

图 5-6　滑轨尺寸

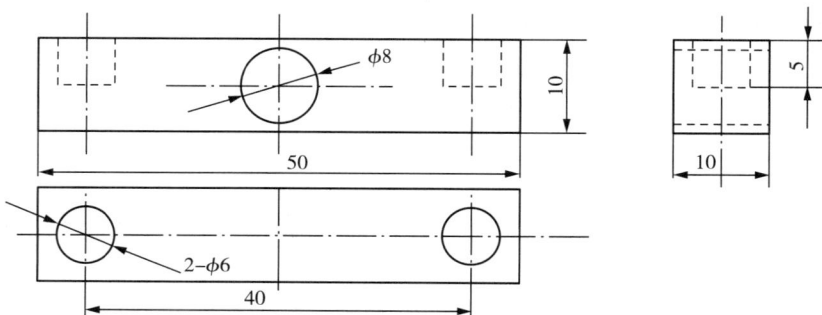

图 5-7　底座尺寸

2. 实践加工

（1）零件结构分析

如图 5-4 所示，月亮船由月牙船体、滑轨和底座三部分组成。零件形状主要是圆柱形（转动体、立柱）、长方体（底座）和圆弧面（滑轨、船体）。其中，滑轨和底座通过圆柱形棒料连接。

（2）零件选材分析

本项目选料时，不限定使用材料，鼓励学生收集一些边角料。月牙船体主要完成混沌摆功能，不能太重，可以选择木头、亚克力板、铝合金板。为了保证月牙船体能在滑轨上来回往复运动，滑轨的材质选择和月牙船体一致。底座起支撑作用，可选择铸铁、木头、亚克力板、铝合金板等。转动轴和立柱可以选择木棒、铝棒、铁棒。

（3）选择零件加工工艺

选择零件加工工艺时，需要结合零件的形状、材质等因素综合考虑。本项目自制的玩具是月亮船，主要零部件有五个：月牙船体、滑轨、底座、转动轴和立柱。其中月牙船体和滑轨有大直径的圆弧面和小半径的过渡圆弧，优先考虑采用特种加工技术的数控电火花线切割和激光切割。数控电火花线切割只能加工导电体；激光切割可以切割金属和非金属。考虑到月亮和滑轨的厚度 12 mm，如果用激光切割木板和铝板需要大功率激光切割机，所以月牙船体和滑轨材料选择亚克力板时，采用激光切割。如果用木板制作月牙船体和滑轨，加工工艺只能选择数控铣。底座优先考虑使用铸铁，加工工艺选择数控铣。转动轴和立柱加工工艺选择数控车。月亮船零件可选材质和加工工艺见表 5-14。

表 5-14 月亮船零件可选材质和加工工艺

项目名称	自制玩具		项目内容	月亮船	班级		第（ ）组	
序号	零件	材质	工艺	材质	工艺	材质	工艺	
1	月牙船体	木板	数铣	亚克力板	激光	铝板	线切割	
2	滑轨	木板	数铣	亚克力板	激光	铝板	线切割	
3	底座	铸铁、木头	数铣	亚克力板	激光	铝板	线切割	
4	转动轴、立柱	木棒、铝棒	数车	铁棒	数车			

（4）分组完成零件加工和产品装配

学生分组选择不同材料、不同加工工艺、不同加工工艺优化方案，完成月亮船零部件加工和产品装配。表 5-15 为其中一个选择方案，图 5-8 所示是加工月亮船的过程，图 5-9 所示为装配成型的月亮船。

表 5-15 零件材质和加工工艺

项目名称	自制玩具	项目内容	月亮船	班级		第( )组
序号	零件		材质			工艺
1	月牙船体		铝板			数铣、线切割
2	滑轨		铝板			线切割
3	底座		铝板			数铣
4	转动轴、立柱		木棒、铝棒			数车

图 5-8 加工月亮船的过程

图 5-9 装配成型的月亮船

3. 项目总结

每组撰写一份创意实践总结报告,包括项目原理、实施过程、不同材质和不同工艺总结分析、产品存在问题的改进提升方案等。

案例 2

人造卫星模型

1970 年 4 月 24 日,我国自行设计、制造的第一颗人造地球卫星"东方红一号",由"长征一号"运载火箭一次发射成功,是我国"卫星时代"的开端。在天气晴好的日子里天文爱好者还可以拍摄到这颗卫星经过祖国上空的照片,而且有专家估计"东方红一号"照目前的趋势应当还能在太空中运行上百年的时间。半个世纪后中国航天事业取得了丰硕的成果:2020年中国成功实施了以"嫦娥五号"首次地外天体采样返回、"北斗三号"卫星导航系统部署完成并面向全球提供服务、"天问一号"探测器奔向火星为代表的航天任务……一系列航天重大事件有力推动了航天强国建设,与此同时也引起了全世界的广泛关注。中国人的航天梦从一颗小小的卫星开始。2020年是我国第一颗人造地球卫星"东方红一号"成功发射升空50周年,本项目让学生从人造卫星开始,完成人造卫星模型设计与制作,种下大学生"工业报国"之梦。

1. 创意设计

(1)三维建模

利用建模软件初步设计出了人造卫星的外形,进行 3D 建模和模拟装配。本项目设计的人造卫星模型如图 5 - 10(a)所示,主体、太阳板、连接件如图 5 - 10(b)至图 5 - 10(e)等所示。

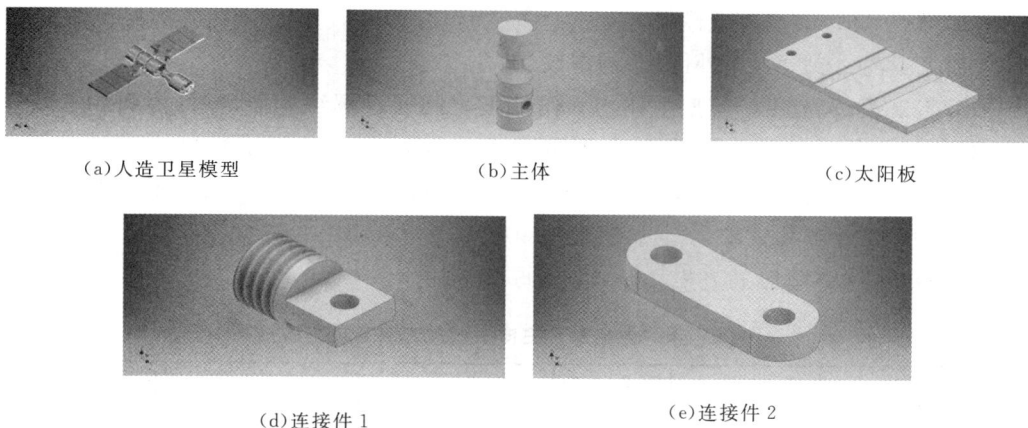

(a)人造卫星模型　　　　　(b)主体　　　　　(c)太阳板

(d)连接件 1　　　　　(e)连接件 2

图 5 - 10　三维建模

为了支撑人造卫星模型,鼓励学生发挥创新思维,设计不同形状的支撑底座。图 5 - 11所示是三种形状的底座三维建模。

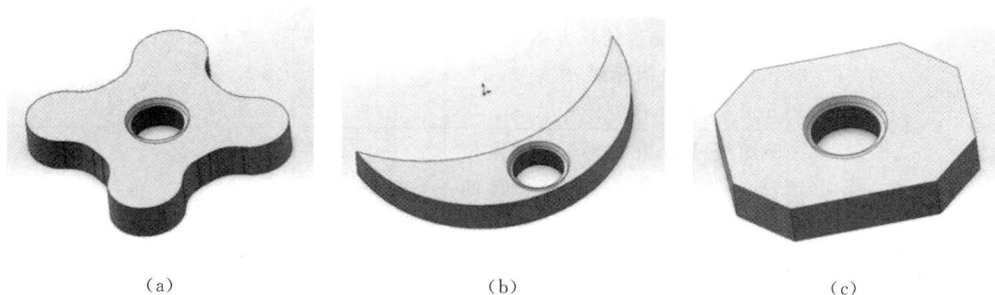

(a)　　　　　　　　(b)　　　　　　　　(c)

图 5 - 11　三种形状的底座三维建模

（2）确定尺寸，绘制零件图

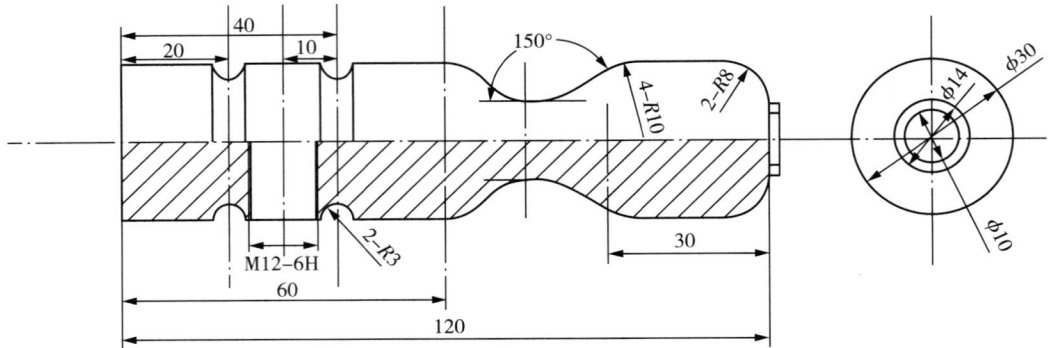

图 5 - 12　人造卫星主体

2. 实践加工

（1）主要零件材质和加工工艺优化方案

1）人造卫星主体。人造卫星主体结构、尺寸如图 5 - 12 所示。

① 选材：ϕ 32 mm 铝合金棒料。

② 加工工艺：铣平面、车外圆、车内螺纹、钻孔、攻丝。

③ 工艺分析：人造卫星模型主体与太阳能板之间通过螺纹连接，零件内圆加工精度较高，粗、精加工需分开。人造卫星模型主体螺纹孔与两个 ϕ 6 的孔相互垂直，需要铣两个相互垂直的平面。人造卫星模型主体形状复杂，有锥形、螺纹、小直径孔等，选用数控车床加工可以保证同轴度，减小累积误差。

人造卫星主体机械加工工艺过程卡见表 5 - 16。

表 5 - 16　人造卫星主体机械加工工艺过程卡

自制玩具		机械加工工艺过程卡	项目名称	人造卫星模型设计与制作		共　页
		班级		零件名称	卫星主体	第　页
毛坯	材料牌号	铝合金	种类	棒料	外形尺寸	ϕ 32 mm×130 mm
序号	工序名称	工序内容		设备	工艺装备	
1	下料	下与毛坯尺寸大致相同的棒料		切割机		
2	铣削	按照图纸尺寸，先粗精铣出 12 mm×30 mm×2 mm 长方体形状；旋转 90°，距已加工的长方体中心线 93 mm，粗精铣粗精铣出 16 mm×30 mm×2 mm 长方体形状		数控铣	平口钳、三面刃铣刀、卡板	
3	划线	按照图纸尺寸，在棒料上划线定位 12 mm×30 mm×2 mm 长方体的位置；旋转 90°，划线定位 16 mm×30 mm×2 mm 长方体中心线和两个 ϕ 6 mm 孔的位置				

（续表）

自制玩具		机械加工工艺过程卡		项目名称	人造卫星模型设计与制作		共　页	
		班级			零件名称	卫星主体	第　页	
毛坯	材料牌号	铝合金	种类	棒料	外形尺寸	$\phi 32$ mm$\times 130$ mm		
序号	工序名称	工序内容			设备	工艺装备		
4	车削	车端面,钻中心孔; 粗、精车外圆 $\phi 30$ mm 至图样要求; 粗、精车各档外圆及锥形至图纸要求;车螺纹;钻孔; 调头装夹,找正,车端面保证总长 120 mm,倒钝锐边			数车	外圆面车刀、钻头、游标卡尺		

2）人造卫星连接件。连接件结构、尺寸如图 5-13 所示。

① 选材：$\phi 14$ mm 铝合金棒料。

② 加工工艺：铣平面、车外圆、车螺纹、钻孔、攻丝。

③ 工艺分析：人造卫星连接件一端是回转体需要车螺纹，另一端需要铣平面和钻孔，用车铣复合机床加工精度最高。还可以利用数控车床先加工外圆和车螺纹，随后在数控铣床上铣平面和钻孔。

人造卫星连接件机械加工工艺过程卡，见表 5-17。

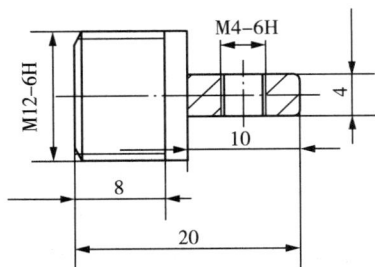

图 5-13　人造卫星连接件

表 5-17　人造卫星连接件机械加工工艺过程卡

自制玩具		机械加工工艺过程卡		项目名称	人造卫星模型设计与制作		共　页	
		班级			零件名称	人造卫星连接件	第　页	
毛坯	材料牌号	铝合金	种类	棒料	外形尺寸	$\phi 14$ mm$\times 24$ mm		
序号	工序名称	工序内容			设备	工艺装备		
1	下料	下与毛坯尺寸大致相同的棒料			切割机			
2	车削	按照图纸尺寸,粗精车出 $\phi 12$ mm 外圆至图样要求; 车 M12 外螺纹,螺纹长度为 8 mm 车端面,保证总长 20 mm			数控车	外圆面车刀、螺纹刀、游标卡尺板		
3	线切割	按照图纸尺寸,在连接件另一端, 沿轴线切割 10 mm$\times 4$ mm 平面			中走丝线切割机床			
4	攻丝	按照图纸要求,攻丝 M4						

3)人造卫星太阳能板。人造卫星太阳能板结构、尺寸如图 5-14 所示。

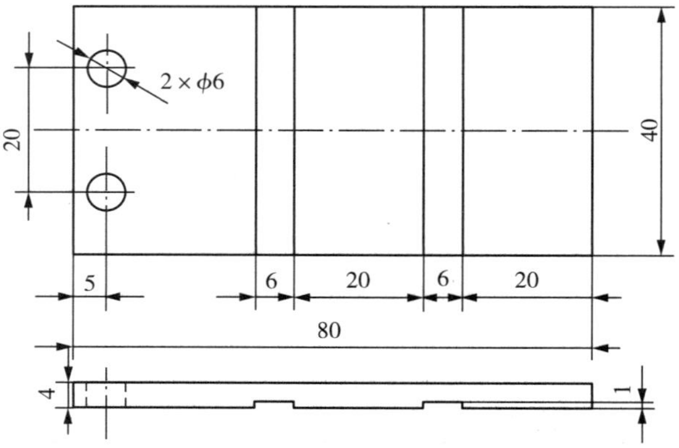

图 5-14　人造卫星太阳能板

① 选材：4 mm 厚度铝合金板。

② 加工工艺：铣平面、激光切割。

③ 工艺分析：人造卫星太阳能板是两个宽 6 mm、深度 1 mm 的槽，采用数铣加工。卫星太阳能板可以采用线切割和激光切割加工。考虑太阳能板通过两个 φ6 mm 的通孔和连接件与卫星主体配合，孔的定位精度高，采用激光切割可以一次定位完成加工。如果用线切割加工，需要先钻两个 φ6 mm 的通孔的定位孔，三次穿丝才能完成加工，累积误差大。因此，选择激光切割加工。

人造卫星太阳能板机械加工工艺过程卡见表 5-18。

表 5-18　人造卫星太阳能板机械加工工艺过程卡

自制玩具		机械加工工艺过程卡		项目名称		人造卫星模型设计与制作		共　页	
		班级				零件名称	人造卫星太阳能板	第　页	
毛坯	材料牌号	铝合金	种类	板材料		外形尺寸			
序号	工序名称	工序内容				设备	工艺装备		
1	下料	下与毛坯尺寸大致相同的棒料				切割机			
2	铣削	按照图纸尺寸，铣宽 6 mm、深度 1 mm 的槽				数控铣	立铣刀、平口钳、游标卡尺		
3	激光切割	按照图纸尺寸，切割外轮廓和两个 φ6 mm 的通孔				激光切割机			

（2）分组完成零件加工和产品装配

学生分组选择不同材料，不同加工工艺，完成人造卫星模型零部件加工和产品装配。作为实践类课程，实践的过程是最重要的，在前期图纸的设计基础上，要考虑实际情况，加工时也要不断调整、优化。图 5-15 所示为火箭模型主体在数控车上加工。图 5-16 所示是火箭模型主要零部件，图 5-17 所示是装配完成的火箭模型。

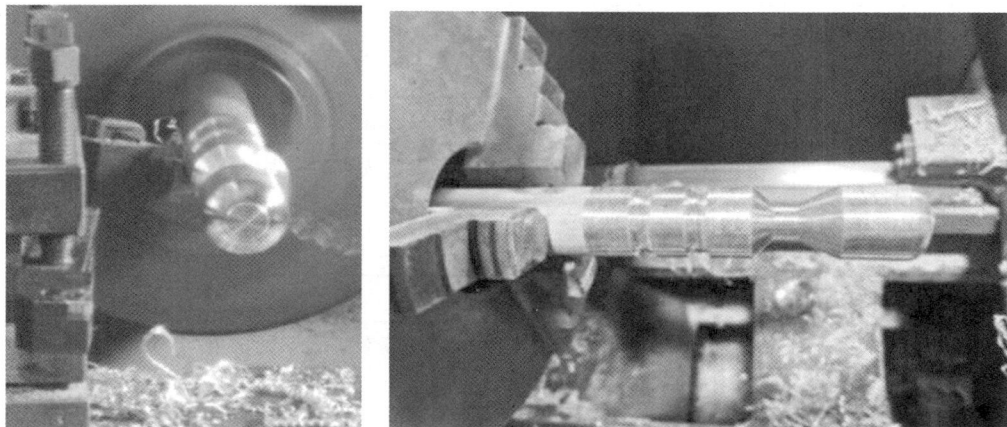

图 5-15　火箭模型主体加工

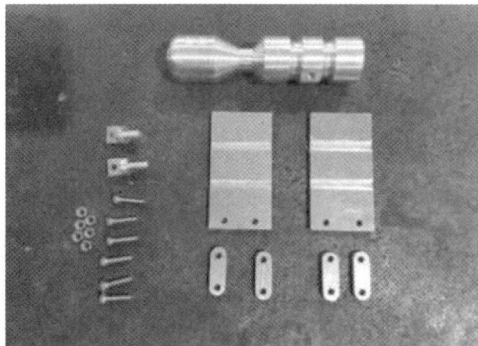

图 5-16　火箭模型主要零部件

图 5-17　装配完成的火箭模型

3. 项目总结

每组撰写一份创意实践总结报告,内容包括项目原理、实施过程、不同材质和不同工艺总结分析、产品存在问题的改进提升方案等。

5.2.3　项目完成评价

项目完成评价见表 5-19。

1. 自制玩具结构和零部件设计(20 分)。

2. 自制玩具及零部件加工过程,材料选择、加工工艺选择、零件的加工精度等(30 分)。

3. 自制玩具装配后,是否满足设计预期要求,实现设计功能情况(10 分)。

4. 自制玩具在选材、设计、加工和装配方面的创新(20 分)。

5. 自制玩具项目自学能力,工程实践、创新能力,解决复杂工程问题的能力,团队协作能力,表达能力等达到程度(20 分)。

表 5 - 19　项目完成评价

项目名称	玩具创意设计与制作（　）		班级			组号	
序号	评测内容	评测要求				分值	得分
1	项目设计	作品及零部件结构设计(含零件图/装配图)的合理性				20 分	
2	项目加工	零件材料选择的合理性,零件加工工艺选择的合理性,零件的加工精度				30 分	
3	产品装配	是否满足设计预期要求				10 分	
4	项目创新性	功能/结构/选材/工艺创新情况				20 分	
5	能力达成	自学能力,工程实践/创新能力,解决复杂工程问题的能力,团队协作能力,表达能力				20 分	
合计							
项目负责人			审核			日期	

5.3　项目3　精密平口钳

5.3.1　概述

机械加工中,平口钳是较为常见的装夹工具,它分机用和手用两种,都是利用两钳口作为定位基准,靠丝杠、螺母传递机械力的原理进行工作。随着工业的发展和制造业水平的提高,传统制造业中的机用虎钳已无法满足现代制造业中产品的加工要求,随之出现了现在的精密平口钳。精密平口钳是一种用于高精度加工的专用夹具,常用于数控铣床、加工中心等先进制造机床上,可以作为精密定位用,也可以作为组合夹具的一种"合件",适用于多品种小批量生产加工。由于其具有定位精度高、夹紧速度快、通用性强、操作简单等特点,因此一直是精密加工中应用最广泛的一种机床夹具。在日常生活场景下,很多时候也需要这样的夹具,如 DIY 爱好者制作小物件、核桃把玩者修磨核桃等。本项目设计制作一款轻便小巧、便于携带的小型精密平口钳,以满足人们的日常生活需求。

1. 项目特点

本项目以"新工科"人才培养为宗旨,以现代制造训练中心为平台,旨在提高学生的工程实践创新综合能力。通过基础性、普适性、综合性的项目化工程训练,适合更多学生参与,能够有效提升现代制造工程实践创新综合能力。学生通过本项目的训练,不仅能够提升工程训练各项目的综合运用能力,同时在自主学习、自主设计、自主制作、创新思维、团队合作等方面也能得到有效锻炼。

2. 项目培养目标

1)项目实施时,通过对现有精密平口钳的拆装、测绘,了解其基本工作原理和结构,有助于锻炼学生的机械零部件测绘能力和结构分析能力。

2)项目实施过程中,通过分析精密平口钳的结构提出优化方案,建立三维模型,并利用运动仿真等方法验证其可行性,有助于提高学生的计算机辅助设计能力和计算机辅助制造能力。

3)项目实施时,需要绘制零件图、选择零件材料、设计加工工艺路线,有助于提高学生的加工工艺分析与设计能力。

4)学生在加工制作,装配、调试一台灵活便携的精密平口钳过程中,通过综合使用车工、铣工、磨工、钳工、数控加工、特种加工、热处理等设备,能够提高自主获取工程训练、现代制造知识的能力,提升机械加工零件质量检测能力、成本分析与管控能力,并养成机械制造设备与环境保护意识、安全意识。

5)整个项目实施需要组员通力协作,有助于培养学生的团队合作意识。

5.3.2　项目实施

1. 精密平口钳设计

(1)精密平口钳功能及结构分析

精密平口钳是通过转动手柄→驱动梯形丝杠转动→通过丝杠带动滑动钳口沿丝杠直线运动,从而实现平口钳的夹紧与松开。其基本组成如图 5-18 所示,涵盖了轴类、平面类、盘类、箱体类,所用材料包括金属材料(钢、铝合金、铜合金)、非金属高分子材料(塑料、橡胶)等。

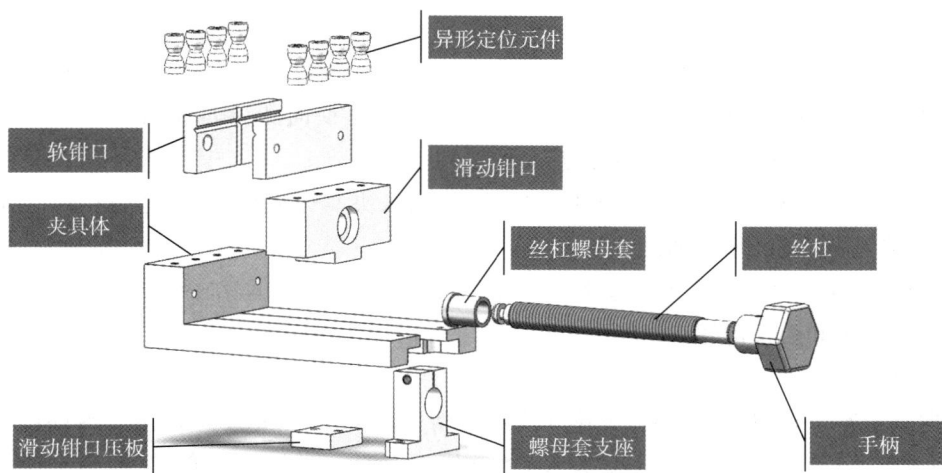

图 5-18　精密平口钳基本组成

(2)精密平口钳三维模型建立

依据精密平口钳的结构分析,结合其用于夹持类似核桃类异形零件的功能,建立本次设计的精密平口钳三维模型,如图 5-19 所示。

(3)创新优化设计

1)夹具体:夹具体相当于平口钳的基座,主要作用是固定连接其他零件,为其他零件提供安装区域。在进行设计时,由于要考虑其承载稳定性和承载的适应性,故采用一体化设计增加强度。单件研发制作时,选用整块材料,用线切割和铣削组合加工;如果大批量生产,可采用铸造手段。

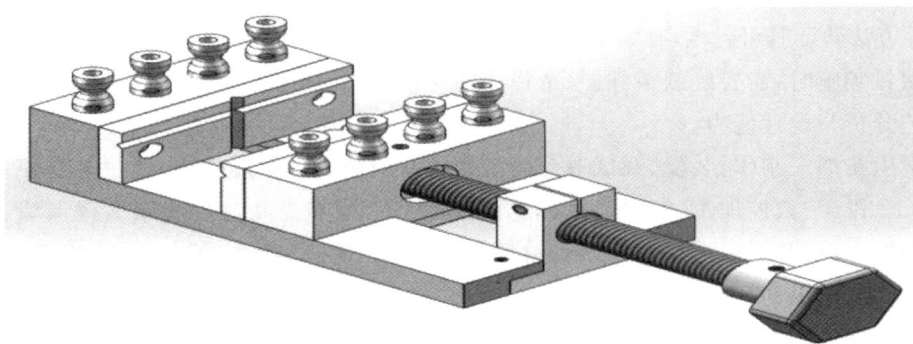

图 5-19　精密平口钳三维模型

2）滑动钳口：滑动钳口采用 T 字形设计，背部设计沉孔与梯形丝杆连接，底部凸台嵌入夹具体滑槽中，这样定位精确，滑动顺畅。

3）滑动钳口压板：滑动钳口压板结构简单，但设计时需要注意尺寸、螺丝过孔的形式等细节。

4）异形定位元件：异形定位元件用于夹持形状不规则的零件，属于非通用部件。将异形定位元件设计成多个小轴，通过内六角螺钉固定在夹具体和滑动钳口顶部，根据零件需要可以随时拆装。

5）软钳口：软钳口通过螺钉安装在夹具体的固定钳口和滑动钳口上，直接与工件接触，保护平口钳，延长使用期限。软钳口的创新优化设计在于横向和纵向分别设计了一条 V 形槽，且两条 V 形槽相互垂直，以便夹持圆柱形零件。

6）螺母套支座：螺母套支座采用 T 字形设计，嵌入夹具体底面凹槽，通过内六角螺钉固定，既能节省材料，还能增加强度。

7）手柄：手柄整体为台阶轴，尾部呈六边形加圆弧面过渡。操作手柄时，无需借助于其他辅件即可锁紧和松开虎钳。

（4）确定加工尺寸

根据对精密平口钳结构分析、三维建模和创新优化设计，精密平口钳主要零件包括夹具体、滑动钳口、滑动钳口压板、异形定位元件、软钳口、丝杠、丝杆螺母套、螺母套支座和手柄等。各主要零件的三维模型图和毛坯尺寸见表 5-20。

表 5-20　精密平口钳主要零件

项目名称	精密平口钳创新设计与制作			
序号	零件名称	模型图	数量	毛坯
1	夹具体		1	6061 合金铝块 155 mm×85 mm×45 mm

（续表）

项目名称	精密平口钳创新设计与制作			
2	滑动钳口		1	6061 合金铝块 85 mm×40 mm×30 mm
3	滑动钳口压板		1	6061 合金铝块 35 mm×25 mm×10 mm
4	异形定位元件		8	6061 合金铝棒 ϕ 12 mm×30 mm
5	软钳口		2	6061 合金铝块 85 mm×35 mm×10 mm
6	丝杠		1	45♯圆钢 ϕ 14 mm×150 mm
7	丝杠螺母套		1	黄铜圆棒 ϕ 20 mm×30 mm
8	螺母套支座		1	6061 合金铝块 50 mm×45 mm×10 mm

（续表）

项目名称	精密平口钳创新设计与制作		
9	手柄	1	6061 合金铝棒 $\phi 45 \text{ mm} \times 50 \text{ mm}$

2. 精密平口钳的制作

（1）主要零件加工

1）夹具体如图 5-20 所示。

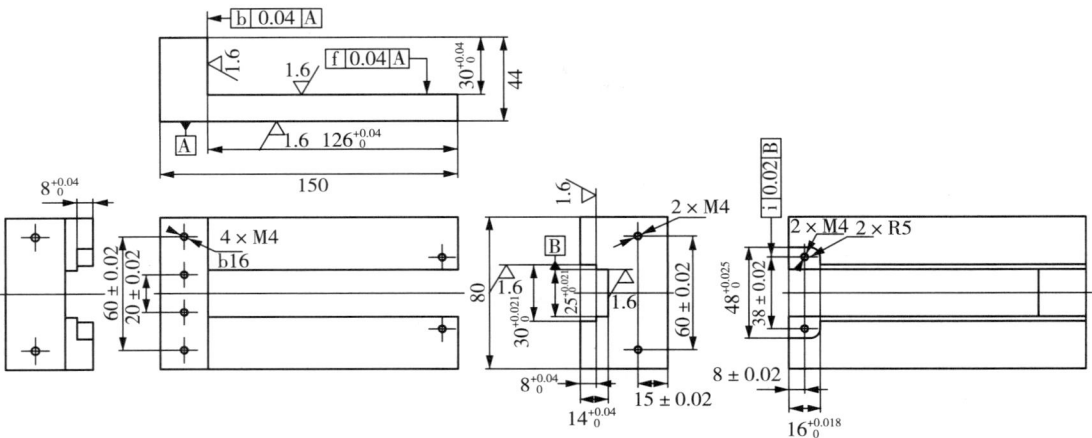

图 5-20 夹具体

① 选材：夹具体作为精密平口钳的主架，起到定位与稳固的作用，其承载适应性和承载稳定性十分重要，因此选用具有良好的可成型性、可焊接性、可机加工性能等热处理可强化合金 6061 合金铝块，毛坯尺寸为 155 mm×85 mm×45 mm。

② 加工工艺：数控加工中心铣削加工夹具体外轮廓、上下端面、固定钳口面和导轨面、导轨槽及丝杠支座固定槽；钻床钻削加工所有过孔及螺纹底孔；攻丝机攻丝加工所有螺纹孔。

③ 加工工艺分析：夹具体下端面与工作台面全面接触，属于定位基准面，其精度直接决定精密平口钳的精度，采用大直径面铣刀通过粗、精铣完成加工；导轨面和导轨槽与滑动钳口配合，使滑动钳口稳定滑动，表面粗糙度要求极高，采用立铣刀通过粗、精铣完成加工；丝杠支座固定槽深度是关键尺寸，采用立铣刀通过粗、精铣完成加工；夹具体上所有孔均关乎定位，能采用数控铣床加工的可直接加工到尺寸，无法加工或风险较高的先采用数控铣床点中心孔，再采用钻床和攻丝机加工；为保证使用安全，防止划伤，所有直角均需倒角。具体加工工艺过程见表 5-21。

表 5 - 21　夹具体加工工艺过程卡片

(×××)学院	机械加工工艺过程卡片		产品名称	便携式精密平口钳	班级班号	×××班		
			产品型号	BX - JM70	零件名称	夹具体	共 1 页	第 1 页
材料	6061	毛坯种类	铝合金	毛坯外形尺寸	155 mm×85 mm ×45 mm	每毛坯件数	1	每台件数	1	备注
序号	工序名称	工序内容			车间	设备	工艺装备	工时
1	铣削	粗铣整体外形,加工余量 0.3 mm			现代制造	数控铣床	平口钳、φ16 四刃立铣刀、游标卡尺	
2	铣削	精铣整体外形至图纸要求尺寸			现代制造	数控铣床	平口钳、φ12 四刃立铣刀、游标卡尺	
3	铣削	粗铣导轨面,加工余量 0.3 mm			现代制造	数控铣床	平口钳、φ63 面立铣刀、游标卡尺	
4	铣削	精铣导轨面至图纸要求尺寸,并保证表面粗糙度			现代制造	数控铣床	平口钳、φ16 四刃立铣刀、游标卡尺	
5	钻孔	钻固定钳口顶面 M4 螺纹孔底孔			现代制造	数控铣床	平口钳、φ3.2 麻花钻	
6	铣削	精铣底面至图纸要求高度尺寸			现代制造	数控铣床	平口钳、φ63 面立铣刀、游标卡尺	1 个单元 (4 小时)
7	铣削	粗铣底面滑动钳口滑槽,加工余量 0.3 mm			现代制造	数控铣床	平口钳、φ16 四刃立铣刀、游标卡尺	
8	铣削	精铣底面滑动钳口滑槽至图纸要求尺寸			现代制造	数控铣床	平口钳、φ12 四刃立铣刀、游标卡尺	
9	铣削	粗铣底面滑动钳口压板滑轨面,加工余量 0.3 mm			现代制造	数控铣床	平口钳、φ16 四刃立铣刀、游标卡尺	
10	铣削	精铣底面滑动钳口压板滑轨面至图纸要求尺寸			现代制造	数控铣床	平口钳、φ12 四刃立铣刀、游标卡尺	
11	铣削	粗铣底面螺母套支座安装槽,加工余量 0.3 mm			现代制造	数控铣床	平口钳、φ16 四刃立铣刀、游标卡尺	
12	铣削	精铣底面螺母套支座安装槽至图纸要求尺寸			现代制造	数控铣床	平口钳、φ12 四刃立铣刀、游标卡尺	
13	钻孔	钻底面螺母套支座安装槽 M4 螺纹孔底孔			现代制造	数控铣床	平口钳、φ3.2 麻花钻	
14	钻孔	钻固定钳口端面 M4 螺纹孔底孔			钳工	钻床	平口钳、φ3.2 麻花钻	
15	攻丝	手工攻 M4 螺纹			钳工	钳工台	台虎钳、M4 手攻丝锥	
设计 年　月		校对 年　月		审核 年　月		标准化 年　月		会签 年　月

2)滑动钳口如图 5-21 所示。

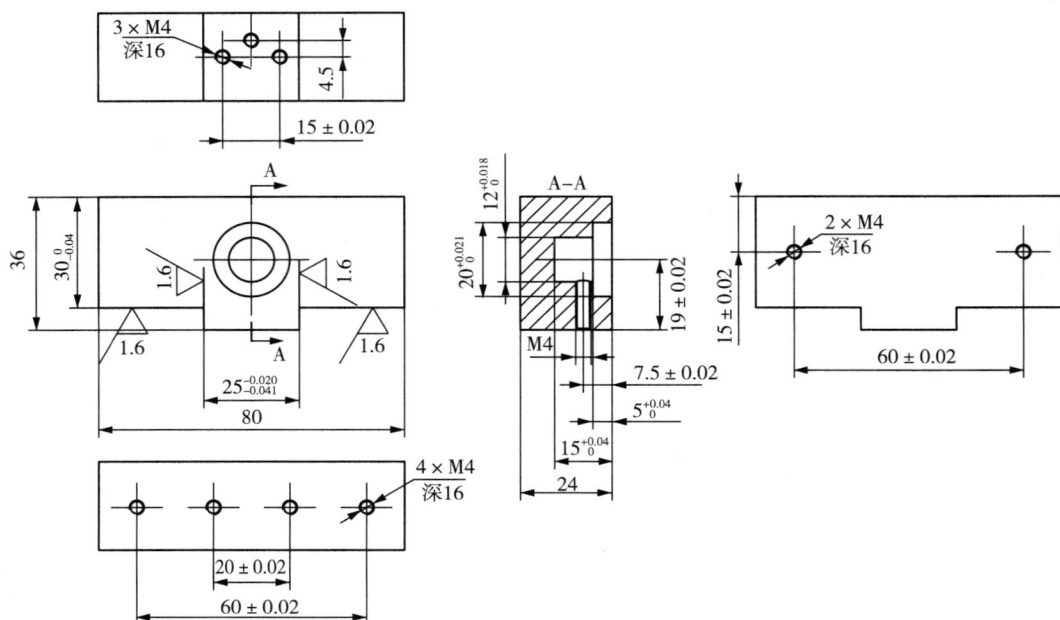

图 5-21　滑动钳口

① 选材：滑动钳口作为精密平口钳的夹紧元件，起到夹紧的作用，选用 6061 合金铝块，毛坯尺寸为 85 mm×40 mm×30 mm。

② 加工工艺：数控加工中心铣削加工滑动钳口外轮廓、上下端面、滑动钳口面和滑动面及丝杆连接孔；钻床钻削加工所有过孔及螺纹底孔；攻丝机攻丝加工所有螺纹。

③ 加工工艺分析：滑动钳口在夹具体导轨面上滑动，实现精密平口钳的夹紧与松开，其表面粗糙度要求极高，采用立铣刀通过粗、精铣完成钳口面、滑动面及丝杠连接槽的加工；滑动钳口上所有孔先采用数控铣床点中心孔，再采用钻床和攻丝机加工；为保证安全使用，防止划伤，所有直角均需倒角。具体加工工艺过程参考表 5-21。

3)滑动钳口压板如图 5-22 所示。

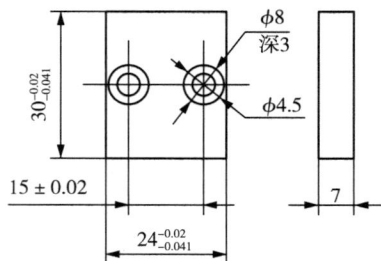

图 5-22　滑动钳口压板

① 选材：选用 6061 合金铝块，毛坯尺寸为 35 mm×25 mm×10 mm。

② 加工工艺：铣床铣削加工四方和沉孔，钻床钻削加工通孔。

③ 加工工艺分析：滑动钳口压板形状简单，考虑到加工经济性，直接采用普通铣床加工外形和沉孔，再采用钻孔加工通孔；为保证安全使用，防止划伤，所有直角均需倒角。具体加工工艺过程参照表 5-21。

4) 异形定位元件如图 5 - 23 所示。

① 选材:异形定位元件主要用来夹持形状不规则的物件,使用场景倾向于核桃、檀香木珠等把玩件的修磨,为避免夹持过程中损坏物件,选材优先考虑塑性较好的非金属材料。但加工过程中发现塑性材料的加工相对困难,加工质量较差,所以最终选取 6061 合金铝棒,毛坯尺寸为 ϕ 12 mm×30 mm。

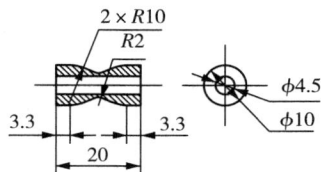

图 5 - 23　异形定位元件

② 加工工艺:数控车床车削加工外形及通孔。

③ 加工工艺分析:异形定位元件外形由圆弧和直线组成,整体为回转体,因此采用数控车床车削加工整体外形,以保证表面质量;为了保证通孔与外形同轴,采用一次装夹,直接在数控车床上钻削加工通孔;为保证安全使用,防止划伤,所有直角均需倒角。具体加工工艺过程参考表 5 - 21。

5) 软钳口如图 5 - 24 所示。

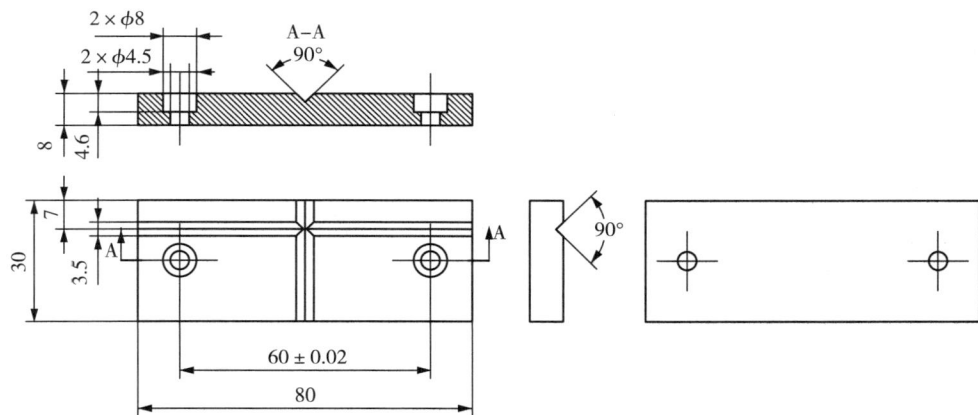

图 5 - 24　软钳口

① 选材:为了避免精密平口钳在使用过程中损伤夹具体钳口面和滑动钳口,设计了一套软钳口;考虑到能夹持回转类零件,特设计了一副十字槽。为了保证夹持面持久耐用,选用 6061 合金铝块,毛坯尺寸为 85 mm×35 mm×10 mm。

② 加工工艺:铣削加工四方、十字槽及沉孔,钻削加工通孔。

③ 加工工艺分析:滑动钳口压板形状简单,考虑到加工经济性,先采用普通铣床加工外形和沉孔,再选用 90°倒角刀铣削加工十字槽,最后采用钻孔加工通孔;为保证安全使用,防止划伤,所有直角均需倒角。具体加工工艺过程参考表 5 - 21。

6) 螺母套支座如图 5 - 25 所示。

① 选材:选用 6061 合金铝块,毛坯尺寸为 50 mm×45 mm×10 mm。

② 加工工艺:线切割机床加工外形和开口孔、铣削加工圆弧、沉孔及通孔。

③ 加工工艺分析:螺母套支座形状简单,由于其有 1 mm 开口槽,故先采用线切割机床

加工整体外形和开口孔；再采用数控铣床加工圆弧、沉孔和通孔；为保证安全使用，防止划伤，所有直角均需倒角。具体加工工艺过程参考表 5 - 21。

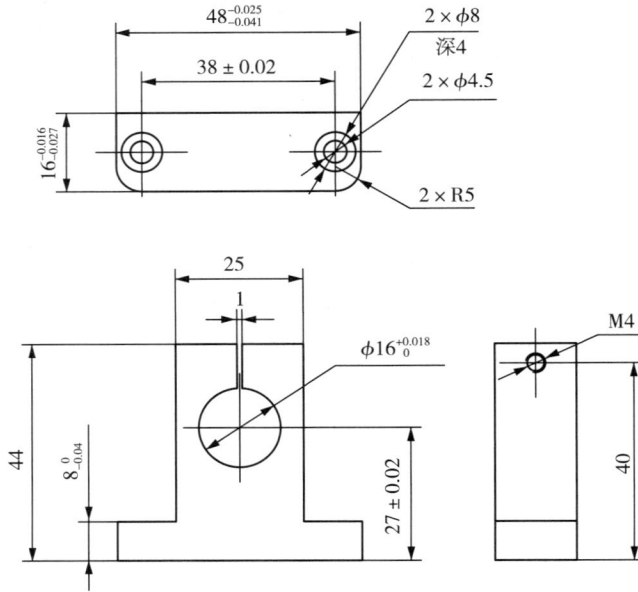

图 5 - 25 螺母套支座

7)手柄如图 5 - 26 所示。

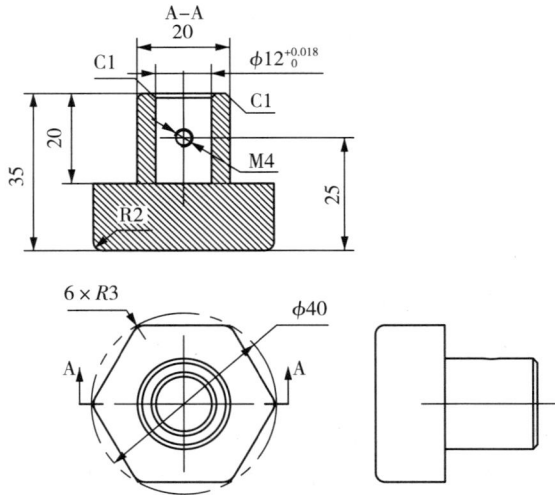

图 5 - 26 手柄

① 选材：6061 合金铝棒，毛坯尺寸为 ϕ 45 mm×50 mm。

② 加工工艺：车削加工外圆和台阶及端面盲孔、铣削加工六边形外形。

③ 加工工艺分析：手柄由丝杆固定端和手持端两部分组成，形状简单。考虑到加工经济性，先采用普通车床车削加工外圆和丝杆固定端台阶及盲孔，再采用数控铣床加工手持端

六边形外形;为保证安全使用,防止划伤,所有直角均需倒角。具体加工工艺过程参考表5-21。

(2)便携式异形精密平口钳成品

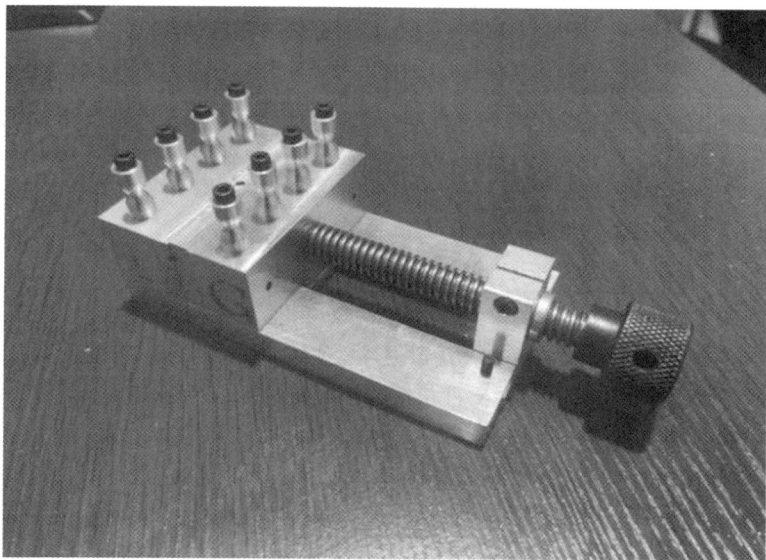

图 5-27 便携式异形精密平口钳成品

由于加工工序、工步多,多次装夹等原因,零件难免出现些许误差,致使装配过程中会发生一些新的问题,需要及时调整。便携式异形精密平口钳成品,如图 5-27 所示。

1)滑动钳口底部台阶高度尺寸不够,导致滑动钳口锁死无法滑动,需采用垫片垫起滑动钳口压板,以保证其与导轨槽底面有滑动间隙。

2)滑动钳口与丝杠连接采用顶丝固定,此处顶丝不能拧死,否则丝杠将无法转动。

5.3.3 项目完成评价

项目完成评价见表 5-22 所列。

1. 项目设计:结构设计合理性,制造成本,图纸绘制清晰明显、无错误,是否设计有异形件夹持结构(10 分)。

2. 项目加工:能根据零件设计要求,合理设计加工工艺、编制加工工艺卡片,选用正确的设备和加工手段进行零件加工制作;制作过程中会正确使用检测工具对零件精度进行检测,以保证加工零件满足图纸要求(25 分)。

3. 产品装配:平口钳装配可靠、牢固、定位精度高,满足平行度、垂直度要求,能够自主分析、解决装配过程中出现的问题(15 分)。

4. 项目创新性:分析各部件的力学性能、技术参数,给出最优方案(10 分)。

5. 能力达成:掌握如何选材,降低材料成本,掌握三维扫描,能独立进行测绘,能独立利用三维软件建模、制图,能进行加工工艺分析,制定加工工艺方案,……技术文档写作等(40 分)。

表 5 - 22　项目完成评价

项目名称	精密平口钳创新设计与制作		班级		组号	
序号	评测内容	评测要求			分值	得分
1	项目设计	1. 要求在实物测绘和给定原始数据模型的基础上,自行设计和确定精密平口钳所有零件的尺寸、几何公差和技术参数; 2. 要求在保证功能的前提下,尽可能考虑结构合理性和制造成本,创新精密平口钳的结构,不能局限于提供测绘的实物和原始数据模型; 3. 要求绘制的零件图、装配图、三维图及装配爆炸图清晰明了,无明显错误; 4. 要求设计的精密平口钳可以夹持异形零件			10 分	
2	项目加工	能够根据零件设计要求,合理设计加工工艺、编制加工工艺卡片,选用正确的设备和加工手段进行零件加工制作;制作过程中会正确使用检测工具对零件精度进行检测,以保证加工零件满足图纸要求			25 分	
3	产品装配	1. 要求装配完成的精密平口钳装夹可靠、牢固、定位精度高,底座底面与钳口滑动面的平行度≤0.02 mm,钳口与钳口滑动面的垂直度≤0.02 mm; 2. 能够分析加工和装配过程中出现的问题,并设计合理方案予以解决			15 分	
4	项目创新性	1. 能够在测绘精密平口钳成品和给定原始数据模型的基础上进行结构创新,并对各零部件的力学性能、技术参数等进行理论分析及实验研究,得出最优值; 2. 在现有基础上,科学分析精密平口钳零部件的力学性能和经济效益,优化材料配置,实现选材创新; 3. 在编制精密平口钳零件加工工艺时,需综合考虑零件的技术参数要求、现有加工条件和成本控制,进行工艺创新			10 分	
5	能力达成	1. 产品选材能力:能够分析精密平口钳零件的力学性能,正确理解所用材料的组织、结构、性能与工艺间的内在关系,学会材料选择; 2. 三维激光扫描能力:能够使用三维激光扫描仪进行关键零部件的扫描测绘; 3. 工程制图能力:能够绘制出精密平口钳每个零件的工程图和装配图; 4. 计算机辅助设计能力:能够运用 CAD 软件进行精密平口钳的实体建模和装配爆炸图制作; 5. 加工工艺分析能力:能够正确分析和制定精密平口钳机械制造工艺流程中的加工工艺;			40 分	

（续表）

项目名称		精密平口钳创新设计与制作	班级		组号	
5	能力达成	6. 计算机辅助制造能力:能够运用 CAM 软件进行精密平口钳零件的数控加工刀具路径规划和编程,实现部分零件的数控加工; 7. 数控编程能力与各类机床的操作能力:能够加工出精密平口钳的全部机加工零件; 8. 力学分析能力:对精密平口钳结构进行力学性能计算; 9. 热处理能力:能够编制精密平口钳部分零件的热处理工艺并进行热处理; 10. 机械加工零件质量检测能力:能够正确选用恰当的工量具进行机加工零件加工质量的检测; 11. 激光加工能力:能够运用 CAD 进行精密平口钳 LOGO 设计,并利用激光打标设备完成 LOGO 打标; 12. 3D 打印运用能力:能够运用 CAD 进行精密平口钳软钳口的设计,并利用 3D 打印设备完成软钳口的塑性成形; 13. 实验操作能力:能够运用制作的精密平口钳进行工件装夹和加工实验; 14. 生产信息化管理能力:能够运用 MES 制造执行系统进行精密平口钳机械制造的全过程管理; 15. 环境保护意识:在产品的设计、制造、实验过程中均考虑对环境的影响; 16. 安全意识、团队精神和工程意识:小组成员有效合作,顺利完成项目工作; 17. 能够初步形成生产成本分析与管控能力; 18. 能够初步具备解决复杂工程技术问题的能力; 19. 能够熟练运用办公软件进行技术文件的撰写与排版,具备良好的语言表达和现场应变的能力			40 分	
合计						
项目负责人			审核		日期	

5.4　项目 4　家用手动面条机

5.4.1　概述

图 5-28 所示是一台家用手动面条机,要求将和好的面团挤压成面皮,或将面皮切成不同宽窄规格的面条。

这个项目涉及的知识点包括金属切削工艺学、材料学、机械原理与设计、机械建模软件及工程实训的全部知识,具有一定的高阶性、创新性和挑战性,适合具有一定机械原理基础的机械类同学训练解决复杂工程问题及创新思维能力。

1. 项目特点

1)家用手动面条机的设计与制作可以利用学校现有的资源和场地,以实训基地为主要载体,因地制宜,让学生在实践加工中掌握现代制造加工工艺。

2)本项目的家用手动面条机在结构和功能

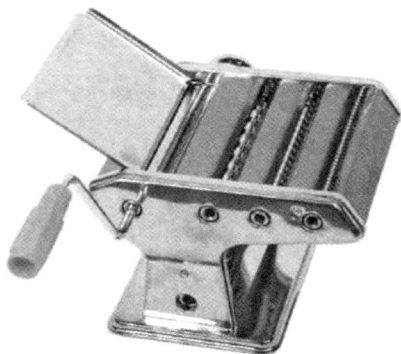

图 5-28 家用手动面条机

上有很大的改进和拓展空间,学生可以利用所学的专业知识,发挥创新思维,进行创新设计。

3)在家用手动面条机的设计过程中,鼓励学生利用三维软件建模,先对面条机的外观有全面、准确的了解,然后再确定设计方案。这样不仅能缩短设计周期,而且可以利用三维建模软件分析零部件的动态特性,避免零部件在装配时相互干涉,造成无法安装或装配不到位的问题,从而影响设计制作周期,增加成本。

2. 项目培养目标

1)本项目通过家用手动面条机的设计,将机械设计与制造的知识点嵌入面条机结构设计的各个环节,有助于培养学生将所学的专业课理论知识运用于实践的能力。

2)本项目通过分析手动面条机的功能与结构,学生提出创新改进点,培养他们不墨守成规,勇于创新的能力。

3)本项目由 3~5 位学生为一组,通过面条机零部件的加工,将现代制造技术创新实践教程课程内容与工程实训相结合,培养大学生的动手能力、综合设计能力与团队协作精神,以更好地适应新工科对大学生人才培养的要求。

5.4.2 项目实施

1. 家用手动面条机设计

(1)家用手动面条机功能分析

手动面条机需要完成面皮厚度(压面皮)和面皮宽度(切面条)两个功能,通过设计两对传动装置——压面机构和切面机构来实现。

面皮厚度加工过程中,通过一对压面辊的相对转动将面团挤压成面皮。挤压时,先将面粉和水按照一定比例混合,揉成面团,放入面板,进入主动压面辊;转动手柄→驱动主动压面辊→通过相互啮合齿轮→带动从动面辊,主动面辊和从动面辊之间的相互挤压,完成面皮厚度加工。通过套在从动面辊内部的偏心轴上的间隙调节机构调节,可以挤压出不同厚度的面皮。

面条宽度加工过程中,通过一对切面辊的相对转动将面皮切成一定宽度的面条。切面时,转动手柄→驱动主动切面辊(主动辊刀)→通过相互啮合齿轮→带动从动切面辊(从动辊刀),完成切面加工。不同齿宽的辊刀切出不同宽度的面条。

(2)家用手动面条机结构分析

家用手动面条机主要结构包括传动装置和支撑装置。传动装置完成压面和切面功能,包含一对压面辊、一对切面辊、两对齿轮和间隙调节机构等。支撑装置主要用于支撑传动装置和一些附件,保证面条机安全、稳定工作。支撑装置主要有底板和各种挡板等。

为了使手动面条机结构紧凑,操作方便,设计时进行了如下优化。

1)一对压面辊和一对切面辊刀并排平行分布。

2)用同一个驱动手柄进行换槽操作,驱动槽放在同一侧。

3)传动机构齿轮分布在另一侧。

家用手动面条机主要零部件包括一对压面辊、一对切面辊、两对齿轮、偏心轴、支撑板侧封盖、面辊盖、进面板、驱动手柄等,基本结构如图 5-29 所示。

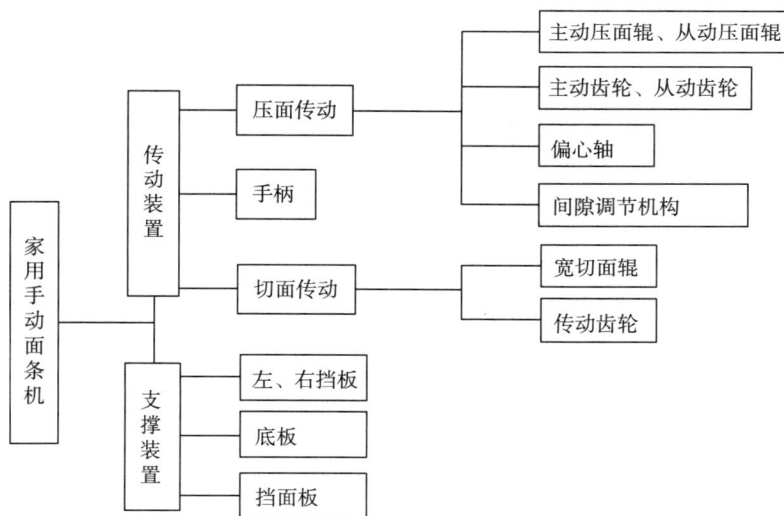

图 5-29　家用手动面条机基本结构

(3)主要零件设计

1)主动压面辊与从动压面辊设计。主动压面辊与从动压面辊的作用是压面。压面时,一对压面辊间进行相对回转运动;面团在摩擦力和压力的作用下被一对压面辊挤压延伸;随着两个压面辊的间隙逐渐减小,其间的压力和剪切作用逐渐加大,使面团在脱离压面辊后延展成厚薄均匀的面片,完成压面过程。主动压面辊与从动压面辊的压面原理如图 5-30 所示。

一对压面辊间的相对回转运动通过驱动装置完成。驱动时,先转动手柄带动主动压面辊运动;主动压面辊运动驱动一对相互啮合的大齿轮,带动从动压面辊运动。为了减轻重量,主动压面辊和从动压面辊设计成圆筒,中间一段为中空。主动压面辊、从动压面辊的三维建模如图 5-31、图 5-32 所示。

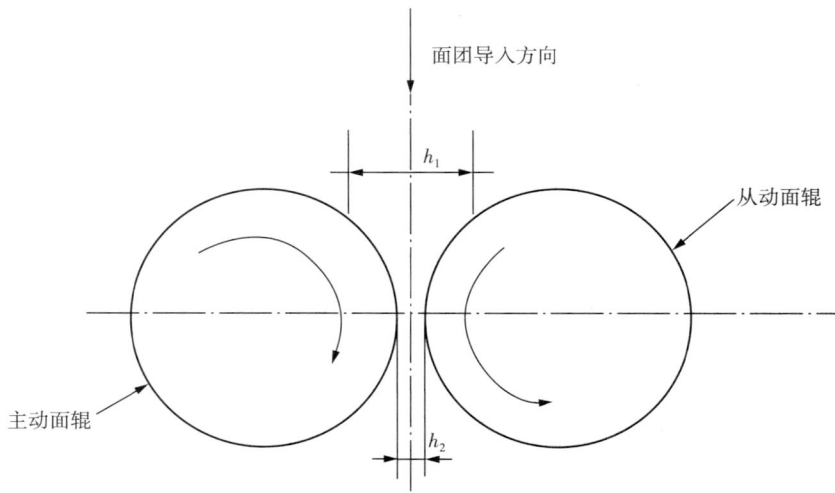

图 5 - 30　压面原理

图 5 - 31　主动压面辊

图 5 - 32　从动压面辊

2)偏心轴设计。面皮厚度调节是通过安装在从动切面辊内部偏心轴的惯性作用完成。面皮厚度调节时,先调节偏心轴圆心与从动压面辊的轴心偏离,实现从动切面辊的自转;再通过从动压面辊的自转,调节从动压面辊和主动压面辊之间的中心距,进而调节面皮厚度。如图 5-33 所示,主动压面辊和从动压面辊开始中心距是 26 mm,如图 5-33(a)所示。由于偏心轴的偏心运动,主动压面辊和从动压面辊的中心距变为 30mm,如图 5-33(b)所示。在设计中,偏心轴的长度要大于从动压面辊的长度,再加上支撑挡板的厚度。偏心轴三维建模如图 5-34 所示。

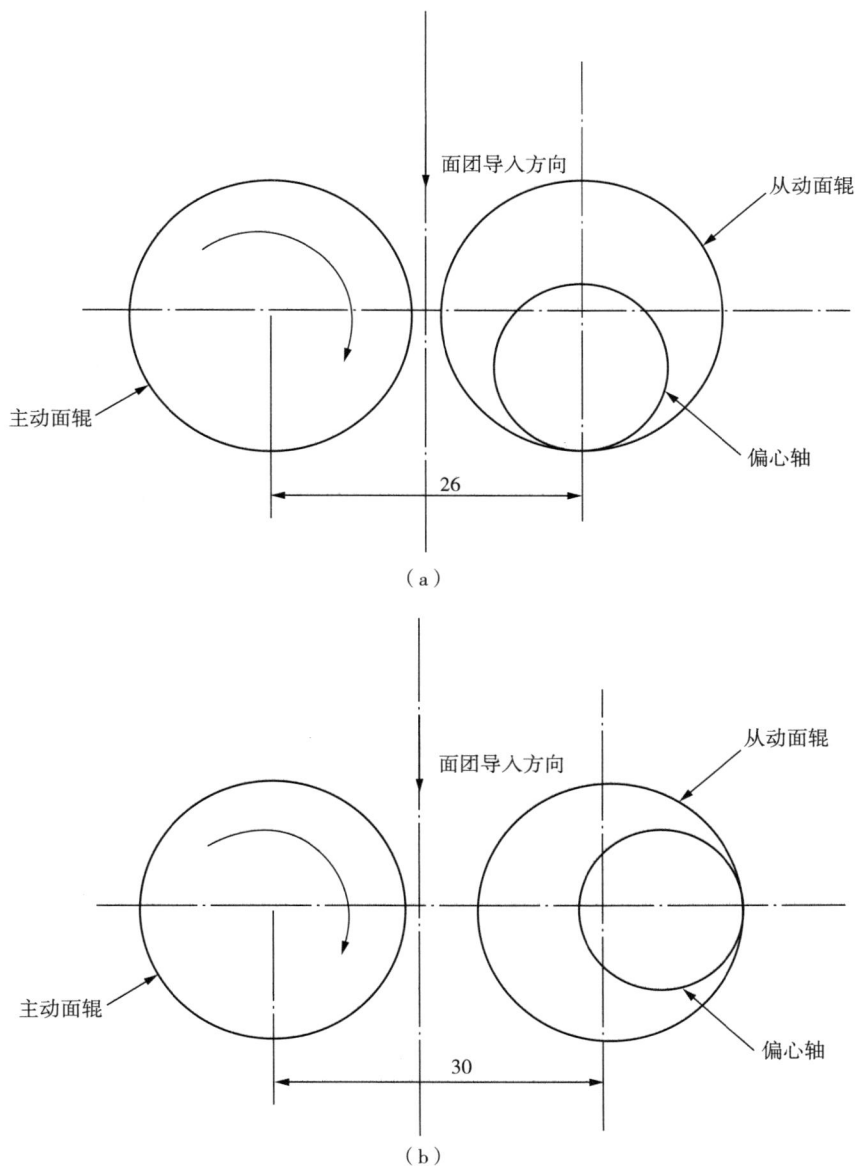

图 5-33 偏心轴工作原理

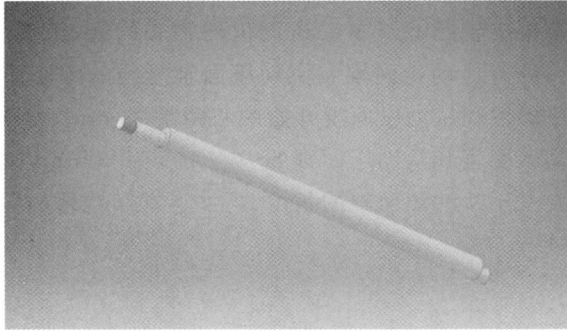

图 5 - 34　偏心轴三维建模

　　3)切面辊设计。家用手动面条机利用一对切面辊上等距分布的齿和齿槽,切出宽窄一致的面条。每对齿采用间隙配合,面条的宽度由齿槽宽度控制。切面辊的齿宽与齿间距方案,如图 5 - 35 所示。本项目拟压面宽度 6 mm,切面辊齿数 12,齿槽宽深 2.5 mm。一对切面辊(辊刀)的三维建模如图 5 - 36 所示。

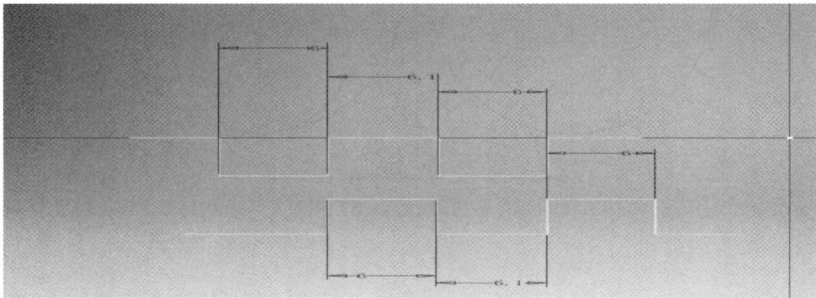

图 5 - 35　面辊齿宽与齿间距方案

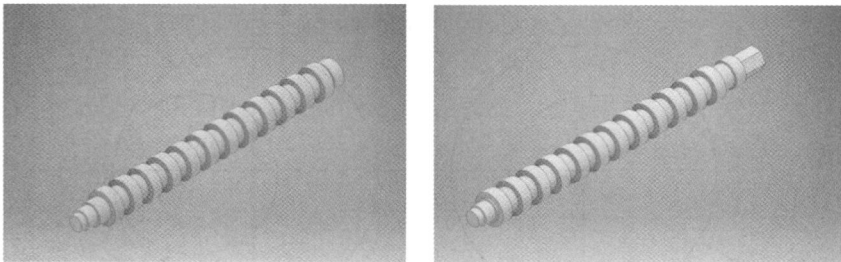

图 5 - 36　切面辊三维建模

　　4)齿轮选择。家用手动面条机有两对相互啮合的齿轮。一对用于带动主动压面辊和从动压面辊对滚,完成面皮的加工;另一对用于带动主动切面辊和从动切面辊对滚,完成面条的加工。因此是压面皮还是切面条,都要求主动辊和从动辊等速对滚,所以两对齿轮的传动比均为 1∶1。

① 带动切面辊的一对相互啮合的齿轮(大齿轮):

确定模数 m

模数决定齿轮的大小和承载能力。齿轮模数需要从《通用机械和重型机械用圆柱齿轮模数》(GB/T 1357—2008)中选择,见表 5 - 23。选用模数的原则:优先采用第一系列,其次是第二系列,括号内的模数尽可能不用。

表 5 - 23　标准模数系列(GB/T 1357—2008)

第一系列	1	1.25	1.5	2	2.5	3	4	5	6	8
	10	12	16	20	25	32	40	50		
第二系列	1.125	1.375	1.75	2.25	2.75	3.5	4.5	5.5	(6.5)	7
	9	11	14	18	22	28	36	45		

压面皮时,要求齿轮有足够的强度和刚性。因此,从标准模数系列表选择齿轮模数 $m=2$。

确定齿数 z

选用主动压面辊和从动压面辊 $\phi=25$ mm,齿轮啮合中心距 $a=25$ mm。$z=a/m=12.5$,取整 $z=12$。

家用手动面条机采用定传动比,一般选用圆形齿轮机构。同时,由于面条机的压面辊需要压制出不同厚度的面皮,齿轮啮合中心距也随着面皮的厚度改变,因此选择角变位的正传动齿轮。因为从动压面辊内有偏心轴,齿轮和压面辊之间采用螺纹配合。

② 带动切面辊的一对相互啮合的齿轮(小齿轮):

确定模数 m

切面辊把压面辊压好的面皮切成一定宽度的面条,传动精度要求较高,从标准模数系列表(GB/T 1357—2008),见表 5 - 23,选择 $m=1.5$。

确定齿数 z

选用主动切面辊和从动切面辊 $\phi=17$ mm,齿轮啮合中心距 $a=17$ mm。$z=a/m=11.33$,取整 $z=11$。

主动切面辊和从动切面辊采用 304 不锈钢棒料加工。由于切面辊齿数 12,齿槽多,需要传递的扭矩大,切面辊齿容易磨损。因此,齿轮与切面条辊的周向固定采用键形式连接,易于拆卸,方便清洗和更换。

(4)创新优化方案

通过分析普通家用手动面条机的功能和结构,发现存在面辊不易清洗的问题。本项目在优化设计过程中,提出可拆卸式面条机设计方案:由可拆卸刀槽代替原来固定式刀槽,如图 5 - 37 所示。拆卸过程中,只需要将可拆卸机构右侧部分的卡子和下方的弹簧卡针取下,即可将切面辊拆下清洗。改进后的面条机,切面辊易于更换,采用一对切面辊,减轻面条机前半部分重量,增强了面条机的稳定性,不易倾翻。

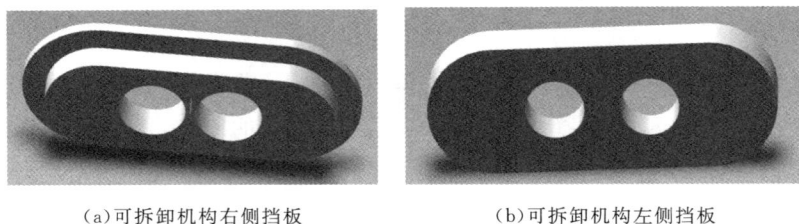

(a)可拆卸机构右侧挡板   (b)可拆卸机构左侧挡板

图 5-37 可拆卸机构

(5)利用软件三维建模

通过对家用手动面条机结构和功能的分析,以及拟设计的主要零部件参数,利用软件,建立家用手动面条机三维模型,如图 5-38 所示。

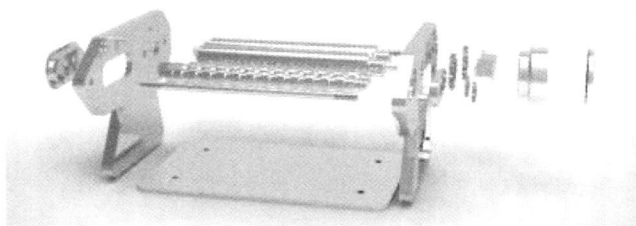

图 5-38 可拆卸式家用手动面条机爆炸图

(6)主要零件三维建模图、毛坯材料和尺寸。

家用手动面条机主要零件及毛坯尺寸,见表 5-24。

表 5-24 家用手动面条机主要零件及毛坯尺寸

项目名称	家用手动面条机		
序号	零件名称	模型图	毛坯尺寸
1	主动压面辊		厚度 2 mm 304 不锈钢空心管 φ28 mm×180 mm
2	从动压面辊		厚度 2 mm 不锈钢空心管 φ25 mm×176 mm
3	偏心轴		45♯钢 φ6 mm×194 mm
4	主动宽面辊		304 不锈钢棒 φ17 mm×180 mm
5	从动宽面辊		304 不锈钢棒 φ17 mm×180 mm
6	连接轴		45♯钢 φ6 mm×180 mm

（续表）

项目名称		家用手动面条机	
7	左挡板		304 不锈钢板 φ120 mm×25 mm
8	右挡板		304 不锈钢板 φ120 mm×25 mm
9	底板		304 不锈钢板 204 mm×140 mm
10	挡面板		0.2 mm 厚度不锈钢板 148 mm×100 mm
11	刮面器		0.2 mm 厚度不锈钢板 148 mm×128 mm
12	可拆卸刀槽左侧		304 不锈钢板 65 mm×28 mm×5 mm
13	可拆卸刀槽右侧		304 不锈钢板 75 mm×40 mm×5 mm

2. 家用手动面条机制作

（1）主要零件加工

1）主动压面辊。主动压面辊一端需要安装驱动装置，驱动主动面辊运动；另一端需要安装一对相互啮合的大齿轮，带动从面辊旋转。为了减轻重量，主动切面辊由三部分组成：中间一段为中空的光筒，结构如图 5-39 所示；光筒两端，一端安装传动件大齿轮，结构如图 5-40 所示；另一端连接驱动手柄，与光筒通过螺纹连接，结构如图 5-41 所示。

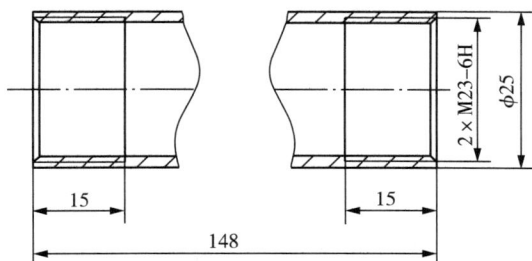

图 5-39 主动压面辊 1

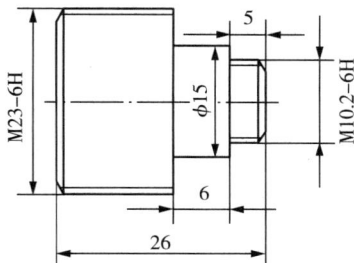

图 5-40 主动压面辊 2（传动）

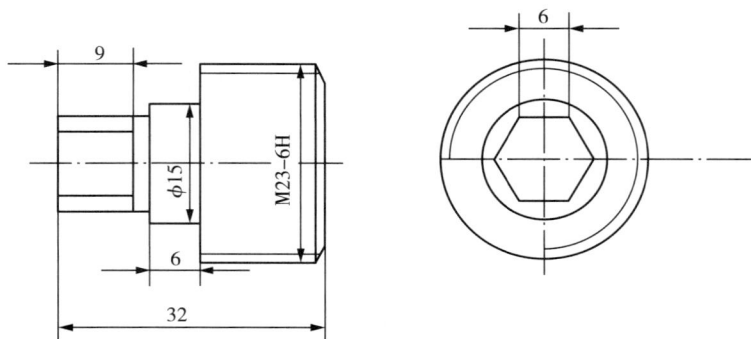

图 5-41 主动压面辊 3(驱动)

① 选材:主动压面辊由三个零件组成:主动压面辊 1(主体)、主动压面辊 2(传动)、主动压面辊 3(驱动)。压面辊和面皮直接接触,材料需符合食品安全要求;同时,为减轻重量和降低成本,压面辊 1 选用 2 mm 厚度的 304 不锈钢空心管。主动压面辊 2、主动压面辊 3 不与面皮直接接触,为降低成本选用 45♯钢。

② 主要加工工艺:车外圆、车端面、车螺纹、钻孔、铣六方。

③ 工艺分析:

(a)主动压面辊 1 为主体,表面要求达到抛光,防止面皮粘连;与主动压面辊 2、主动压面辊 3 通过螺纹配合,内圆和螺纹加工精度要求较高。

(b)主动压面辊 2 一端通过螺纹与主动压面辊 1 连接,另一端通过螺纹与大齿轮连接。为了保证两端螺纹加工精度,防止累积误差,采用数控车加工。

(c)主动压面辊 3 一端通过螺纹与主动压面辊 1 连接,另一端通过六方与手动把手配合。铣六方时,装夹定位要保证同轴度,并且粗、精铣分开,以保证精度。

④ 主动压面辊三部分加工机械工艺过程卡,见表 5-25 至表 5-27。

表 5-25 主动压面辊 1 机械工艺过程卡

机械加工工艺过程卡		项目名称	家用手动面条机		班级	
					零件名称	主动压面辊 1
毛坯	材料	304 不锈钢	种类	2 mm 厚空心管	外形尺寸	φ25 mm×180 mm
序号	工序名称	工序内容			设备	工艺装备
1	下料	下与毛坯尺寸大致相同的棒料			切割机	
2	车削	车端面、车一端内螺纹; 车端面,保证总长 148 mm; 车另一端内螺纹			数车	外圆车刀、切断刀、平口钳、游标卡尺

表 5‐26　主动压面辊 2 机械工艺过程卡

机械加工工艺过程卡	项目名称	家用手动面条机		班级	
				零件名称	主动压面辊 2
毛坯	材料	45♯钢	种类	棒料	外形尺寸	φ25 mm×40 mm
序号	工序名称	工序内容		设备	工艺装备
1	下料	下与毛坯尺寸大致相同的棒料		切割机	
2	车削	车端面、钻中心孔； 采用一夹一顶安装，车外圆 φ23 mm； 精车各档外圆及长度至图样要求； 车 M23‐6H 螺纹,长度 15		数车	外圆车刀、切断刀、平口钳、游标卡尺
3	套丝	M10.2—6H 外螺纹			

表 5‐27　主动压面辊 3 机械工艺过程卡

机械加工工艺过程卡	项目名称	家用手动面条机		班级	
				零件名称	主动压面辊 3
毛坯	材料	45♯钢	种类	棒料	外形尺寸	φ25 mm×40 mm
序号	工序名称	工序内容		设备	工艺装备
1	下料	下与毛坯尺寸大致相同的棒料		切割机	
2	车削	车端面、钻中心孔； 采用一夹一顶安装，车外圆 φ23 mm； 按图纸要求，一端车 φ23 mm×17 mm 外圆； 车端面，保证零件总长 32 mm		数车	外圆车刀、切断刀、平口钳、游标卡尺
3	铣削	按图纸要求，铣六方		数铣	平口钳、φ4 四刃立铣刀、游标卡尺

2) 从动压面辊。从动压面辊也是由三个零件组成：从动压面辊 1(主体)、从动压面辊 2(传动件)、从动压面辊 3。其中,从动压面辊 1、从动压面辊 2 与主动压面辊一样,参照主动压面辊 1、2 的制作过程。

从动压面辊 3 是为了塞住从动压面辊空心管一端内孔和 φ6 mm 偏心轴之间的空隙。选用尼龙材料空心管加工,外圆 φ23 mm,壁厚 8.5 mm,长度 15 mm。

3) 主动切面辊。主动切面辊如图 5‐42 所示。

① 选材:φ17 mm×180 mm 食品级不锈钢 304 棒料。

② 主要加工工艺:车外圆、车齿槽、车台阶、铣四方。

③ 工艺分析:

(a)零件长径比 L/d 较大,刚性差,易变形。轴向均布 11 个槽,切削时,径向力较大。

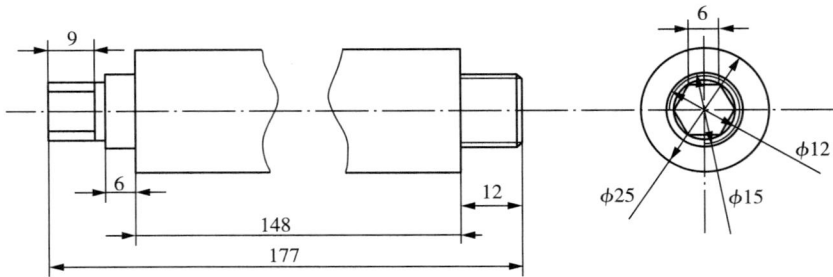

图 5-42 主动切面辊

(b)零件材质为 304 不锈钢,属难加工材料,加工硬化现象严重;加工切削力大;切削温度高;刀具易磨损;易形成积屑瘤。

(c)零件位置精度要求较高,调头加工需找正以符合图样要求。11 个 6.1 mm 宽的槽轴向精度要求高,加工时要避免超差。

(d)加工时,主动切面辊机械工艺过程卡采用硬质合金刀具,外圆用 90°偏刀,切槽用2～3 mm 宽的切断刀。

④ 主动切面辊机械工艺过程卡,见表 5-28。

表 5-28 主动切面辊机械工艺过程卡

机械加工工艺过程卡		项目名称	家用手动面条机	班级	
				零件名称	主动切面辊
毛坯	材料	304 不锈钢	种类	2 mm 厚空心管	外形尺寸	ϕ 25 mm×180 mm
序号	工序名称	工序内容		设备	工艺装备
1	下料	下与毛坯尺寸大致相同的棒料		切割机	
2	车削	车端面,钻中心孔		数车	车刀、钻头、平口钳、游标卡尺
3	车削	粗、精车ϕ 17 mm 至图纸要求,粗车过程中逐步校正尾座,消除锥度		数车	车刀、平口钳、游标卡尺
4	车削	车 11 个 6.1 mm 宽、2.5 mm 深的槽		数车	车刀、平口钳、游标卡尺
5	车削	粗、精车右端各档外圆及长度至图纸要求		数车	车刀、平口钳、游标卡尺
6	车削	倒钝锐边 C0.2		数车	车刀、平口钳、游标卡尺
7	车削	调头装夹,找正,车端面保证总长176.5 mm		数车	车刀、平口钳、游标卡尺
8	车削	车另一端各档外圆及长度至图纸要求			车刀、平口钳、游标卡尺
9	车削	倒钝锐边 C0.2		数车	车刀、平口钳、游标卡尺
10	铣削	铣六方		数铣	立铣刀、平口钳、游标卡尺
11	攻丝	一端攻长 12 mm 的外螺纹			

⑤ 数控车加工主动切面辊程序

```
O0001；
M03 S300；
T0101；
G99 G00Z－21.5M08；
　X20；
G75 R3；
G75 X12Z－142.5 P2500 Q12100 F0.1；
　Z－23；
G75 R3；
G75 X12 Z－144 P2500 Q12100 F0.1；
　Z－20；
G75 R3；
G75 X12 Z－141 P2500 Q12100 F0.1；
G00 X100；
　Z1；
T0100；
M30；
```

（2）家用手动面条机主要零件外形尺寸和加工工艺

家用手动面条机主要零件外形尺寸和加工工艺，见表 5 - 29。

表 5 - 29　家用手动面条机主要零件外形尺寸和加工工艺

项目名称	家用手动面条机			
序号	零件名称	材料	外形尺寸	工艺
1	主动压面辊 1	2 mm 厚度 304 不锈钢管	ϕ 25 mm×148 mm×2 mm	车削
2	主动压面辊 2	45♯钢	ϕ 23 mm×26 mm	车削、套丝
3	主动压面辊 3	45♯钢	ϕ 23 mm×32 mm	车削、铣削
4	从动压面辊 1	2 mm 厚度 304 不锈钢管	ϕ 25 mm×148 mm×2 mm	车削
5	从动压面辊 2	45♯钢	ϕ 23 mm×26 mm	车削、套丝
6	从动压面辊 3	ABS	ϕ 23 mm×15 mm	3D 打印
7	偏心轴	45♯钢	ϕ 6 mm×163 mm	车削
8	主动宽面辊	304 不锈钢棒料	ϕ 17 mm×176.5mm	车削、铣削
9	从动宽面辊	304 不锈钢棒料	ϕ 17 mm×163.5 mm	车削
10	连接轴	45♯钢	ϕ 6 mm×160 mm	车削
11	左、右挡板	0.5 mm 厚 304 不锈钢板	130 mm×130 mm	线切割、钻孔
12	底板	铸铁	204 mm×140 mm×10 mm	铣削、钻孔
13	挡面板	0.5 mm 厚 304 不锈钢板	148 mm×100 mm	钻孔、钣金

（续表）

项目名称	家用手动面条机			
14	刮面器	0.5 mm 厚 304 不锈钢板	148 mm×20 mm	线切割、钣金
15	可拆卸刀槽左侧	304 不锈钢板	59 mm×22 mm×5 mm	激光切割
16	可拆卸刀槽右侧	304 不锈钢板	71 mm×33 mm×5 mm	激光切割

（3）家用手动面条机的装配与调试

在零件加工过程中，由于工序和工步多，多次装夹等操作会产生累积误差，在装配与调试时出现一些新的问题，需要及时调整。即使零件加工质量很好，如果装配质量不佳，也会造成产品不合格。

1）装配前准备。熟悉面条机需要装配的主要零部件，准备所需的装配工具，如图 5-43 所示。

图 5-43 面条机主要零部件

2）确定装配顺序。安装按从下往上的顺序，先固定底座；再按从左往右的顺序安装左挡板、主动压面辊、从动压面辊、一对大齿轮和右挡板；最后安装连接轴、偏心轴、左右可拆卸刀槽、间隙调整机构、刮面器和挡面板等。

3）装配过程注意事项：

① 从动面辊的轴与挡板上的孔需要间隙配合，否则无法调节主从动面辊之间的距离。

② 用螺钉连接时，不仅需要用砂轮将多余的部分磨掉，还需要对螺钉进行倒角，以便于螺钉放入螺纹孔中。

③ 套丝时，不能一转到底，应该转一圈回半圈，这样不仅可以更加省力，而且可以防止把工具里面的金属丝扭断。

④ 钣金时，若零件圆角不同导致孔位置不对称，需要用锉刀将孔扩大以满足要求。

4）创新优化部分（可拆卸刀槽）的安装与拆卸：

① 安装：将可拆卸机构插入面条机中，用螺丝刀拧紧可拆卸右刀槽上方的螺丝卡子后，将面条机翻转并将刮面器一一放入对应的切面辊上，一手扶住刮面器，一手将弹簧卡针插入对应的孔中，安装完成。

② 拆卸：用螺丝刀拧下可拆卸右刀槽上方的螺丝卡子后，卸下可拆卸机构下方的弹簧卡针，取下刮面器后，可拆卸机构便可以从右侧挡板取出，拆卸完成，如图 5-44、图 5-45 所示。

图 5-44　可拆卸刀槽安装　　　　图 5-45　可拆卸刀槽和切面辊

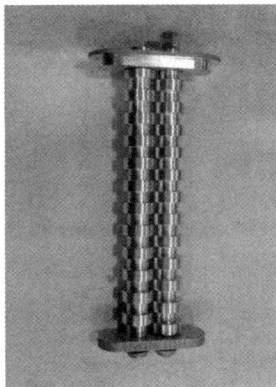

3. 项目总结

每组撰写一份家用手动面条机创意实践总结报告,内容包括项目原理、实施过程、不同材质和不同工艺总结分析、产品存在问题的改进提升方案等。

5.4.3　项目完成评价

项目完成评价见表 5-30。

1. 自制玩具结构和零部件结构设计(20 分)。

2. 自制玩具及零部件加工过程,材料选择合理性、加工工艺选择合理性、零件的加工精度等(30 分)。

3. 自制玩具装配后,实现设计功能情况(10 分)。

4. 自制玩具在选材、设计、加工和装配方面的创新(20 分)。

5. 自制玩具项目能力达成情况(20 分)。

表 5-30　项目完成评价

项目名称	玩具创意设计与制作		班级		组号	
序号	评测内容	评测要求			分值	得分
1	项目设计	作品及零部件结构设计(含零件图/装配图)的合理性			20 分	
2	项目加工	零件材料选择的合理性,零件加工工艺选择的合理性,零件的加工精度			30 分	
3	产品装配	是否实现设计要求			10 分	
4	项目创新性	选材/设计/加工和装配方面的创新情况			20 分	
5	能力达成	自学能力,工程实践/创新能力,解决复杂工程问题的能力,团队协作能力,表达能力			20 分	
合计						
项目负责人		审核			日期	

5.5 项目5 基于数字孪生技术的指尖陀螺智能装配

5.5.1 概述

指尖陀螺是一种中心对称结构,可以在手指上空转的小玩具。它是以一个双向或多向的对称体为主体,在主体中间嵌入一个轴承的设计组合,整体构成一个可平面转动的新型物品。这种物品的基本原理与传统陀螺相似,但需要利用几个手指进行把握和拨动才能让其旋转。目前,大多数生产厂家在指尖陀螺的装配过程中效率较低、成本较高。近年来,随着机器学习、大数据、云计算和IoT等技术的快速发展,装配技术由数字化模型仿真为主的虚拟装配技术逐渐向虚实深度融合的智能化装配方向发展。如何实现装配虚实空间的深度融合,是推动智能化落地的关键。数字孪生通过集成新一代信息技术实现了虚拟空间与物理空间的信息交互与融合,即由实到虚的实时映射和由虚到实的实时智能化控制。

1. 项目特点

该项目以"工业4.0""智能制造""工业互联网"需求人才培养为宗旨,旨在提高学生在智能制造方面的创新综合能力。项目以数字化、虚拟化、前瞻性的项目工程训练为目标,通过搭建虚拟的指尖陀螺装配生产线,使学生在实验室或虚拟环境中进行实际操作和实践,从而模拟真实的工业场景,有助于学生熟悉和理解数字孪生技术在智能装配中的相关应用。同时,开展基于数字孪生技术的指尖陀螺智能装配实训,旨在为数字孪生项目式教学提供一个全面的学习环境,将数字化、信息化、模块化、虚拟化进行有机结合,有助于学生全面应用所学知识,提高自主学习、自主设计、自主制作以及解决实际问题的能力。

2. 项目培养目标

开展基于数字孪生技术的指尖陀螺智能装配实训,学生通过规划合理的生产工艺,搭建工艺产线,设计不同的加工单元,利用数字化技术与人工智能技术对工业现场的零件进行智能化加工、转运、装配、包装等,并以虚拟化的场景方式呈现,从而实现生产效率和质量的提升,降低人工成本并缩短生产周期。同时,这能使学生在掌握基本专业知识的基础上,了解和掌握数字孪生技术,为将来从事相关行业奠定基础,为学生提供一个创新实践和科研平台,有助于培养他们的创新精神和团队协作能力。

5.5.2 项目实施

1. 零件组成及装配工艺分析

(1)零件组成

指尖陀螺主要由陀螺盘、轴承、轴套、陀螺头和陀螺体等组成。陀螺盘是指尖陀螺的主体部分,通常呈扁平圆形,它由不同材质制成,如铝合金、钛合金或塑料。陀螺盘的大小和重量会影响其旋转时间和稳定性。轴承是陀螺球与陀螺轴之间的支撑结构,通常由高精度钢制成,能够提供非常低的摩擦力和高速旋转。
轴套是固定陀螺盘和轴承的外壳,通常由塑料
或金属制成,能够提供足够的保护和结构支持。
其三维模型的爆炸图如图 5-46 所示。

（2）装配工艺分析

基于数字孪生技术的智能装配步骤为:在
装配设计阶段,通过建立零件的数字孪生模型,
在装配约束条件下进行装配工艺仿真,并对装
配体总成模拟进行干涉检查;在装配分析阶段,
进行设计和验证装配工艺,得出满足装配质量
要求的装配工艺;在实际装配阶段,建立装配设
备数字孪生模型和装配操作数字孪生模型,控
制和监测实际装配活动。同时,建立装配质量

图 5-46　指尖陀螺仪三维模型的爆炸图

评估数字孪生模型,对装配过程进行阶段性和综合性的装配质量评估,并对装配质量评估不
合格的部分工艺进行多目标优化。

在数字孪生智能生产线上,搭建的装配单元由机器人完成,工人只需监控和调整机器人
的工作状态。机器人具有高度的精确度和速度,能够在短时间内完成大量的装配任务。智
能生产线还配备了各种传感器和控制系统,用于监测和控制装配过程中的各个环节。例如,
通过安装在装配线上的压力传感器,可以检测陀螺盘与轴承之间的安装压力是否合适。当
安装压力超过设定范围时,控制系统会及时发出警报并停止装配过程,以避免产品质量问题
的发生。其具体的智能装配工艺如下:

1）陀螺盘的安装。将陀螺盘放置在装配线上的固定位置,然后将轴承放置在陀螺盘中
央的轴承槽内。轴承的安装需要精确操作,确保其稳固且能够自由旋转。

2）轴套的安装。将轴套放置在轴承的外侧,并确保轴套与轴承之间的间隙适当。轴套
的作用是使陀螺能够顺畅地旋转,减少摩擦力。

3）陀螺头的安装。陀螺头是指陀螺的顶部部分,通常有各种造型和设计。将陀螺头放
置在轴套的顶部,确保其与轴套紧密相连。陀螺头的安装需要一定的力量,以确保其稳固性
和耐用性。

4）陀螺体的组装。将陀螺体放置在陀螺盘上,并将其与陀螺盘上的轴承连接起来。组
装过程要耐心细致,确保陀螺体与陀螺盘之间的连接紧密,并且陀螺能够自由旋转。

整个指尖陀螺装配过程通过数字孪生呈现,采用由实到虚的实时映射和由虚到实的
实时智能化装配,大大提高了生产效率和产品质量。通过机器人的自动化操作和各种传
感器的监测与控制,装配过程更加精确、高效,并且能够保证产品一致性。这种智能生产
线的应用在指尖陀螺生产领域取得的成功,也为其他工业领域的生产提供了有益的借鉴
和启示。

2. 数字孪生工厂软件

数字孪生工厂软件（Digital Twin Factory,简称 DTF）是一款国际领先的全方位智能制

造数字孪生工厂仿真软件,软件将工业机器人、机械及自动化设备、PLC、电气及周边设备进行三维虚拟仿真与数字孪生,它向用户提供工程规划、工程验证、工艺分析、逻辑验证等全流程数字化工厂解决方案,帮助企业在研发前期进行产能确认,提升行业竞争力。DTF 软件支持导入 3D Studio、NX、SolidWorks、CATIA、IGRIP、Quest/VNC、Pro/E、Autodesk、JT 等格式的模型,兼容绝大多数的 CAD 格式,用户可以方便地导入自己设计的模型,节省工作时间。软件还支持 3D 点云格式文件导入,将设施的点云模型直接导入 3D 世界,并在其中配置布局,可以轻松地将它们进行包括布局再优化设计,距离和角度测量以及碰撞分析等任务。该软件有以下功能:

(1)流程布局搭建

软件提供了一种简单而强大的方法来管理布局中的产品和生产流程,"process"模块选项卡包括用于定义产品,编辑工艺和管理生产流程。快速的定义和管理产品,可以使工艺和生产流程更加直观。工艺编辑器可以在布局搭建过程中可视化的管理工艺和生产流程。用户可以直接在 3D 世界中管理工艺流程,使得分析、排除故障、修改流程和生产逻辑变得很容易。流程编辑器可以为不同的产品流程组定义流程顺序和流程之间的传输方式。

(2)虚拟仿真

在软件中搭建的实物数字模型,可以仿真设计方案的合理性,对机器人进行示教编程,并添加了可以对机器人编程的逻辑指令,分析机器人可达性和干涉检测,包括机器人与机器人、机器人与外围设备的信号交互。观察虚拟仿真环境中各组件的运动情况,查看每个机器人、设备的效率,使用线形图、饼状图等统计数据,了解生产线的动态情况,识别瓶颈并评估生产性能的变化,方便修改设计缺陷,仿真不同的方案。仿真的结果可输出动态 3D 的 PDF 文件,也可输出高清的 AVI、MP4 视频文件。其支持 3D 手机 APP 展示,支持自带软件直连 VR 播放和交互操作。

(3)设备连接

具备 PLC 连接功能,支持倍福、西门子 PLC+SIMIT、WINMOD 和 OPC UA 等直连接口,以及机器人的控制器直连接口,可以测试验证 PLC 和机器人程序,也可以实现对生产过程的实时监控。

(4)开放式体系结构

DTF 软件的开放度和模块化更高,软件建立在 .NET 的技术上,为使用者提供了熟悉的开发界面。软件提供 Python API 接口,便于用户定制自己的 UI 界面和特定的仿真功能。在软件中对模型进行定义,通过 Python 语言编写触发信号,OPC UA 接口将 PLC 数据与数字孪生软件进行通信交互,实现软件与 PLC 之间的虚实结合,从而实现数字孪生功能。

3. 数字孪生指尖陀螺智能装配工艺布局

根据指尖陀螺智能装配工序,搭建智能装配产线,并对其进行工艺布局。该生产线设备主要由加工制造单元、机械手、夹爪工具、吸盘工具、物料传输带、装配单元、可视化单元等组成。通过搭配 DTF 软件,可以仿真模拟设备运行,也可以与实体设备进行通信连接,实现数字孪生。搭建的虚拟数字孪生产线如图 5-47 所示,实物平台如图 5-48 所示。

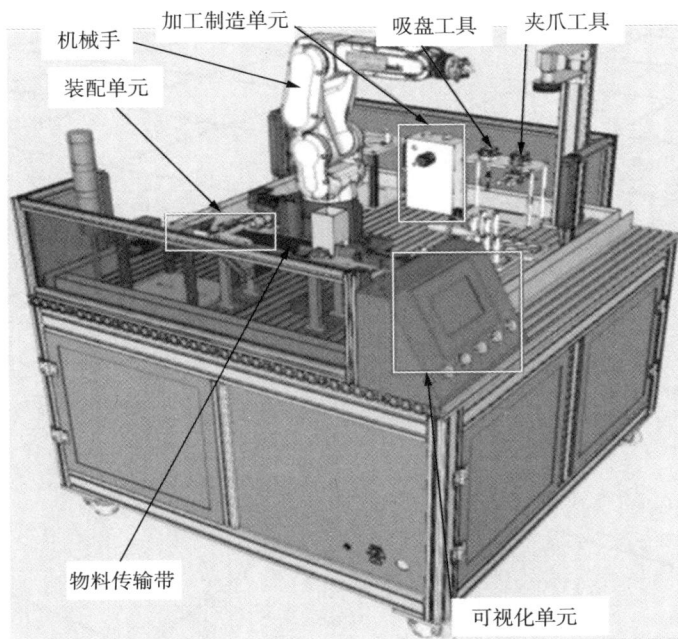

图 5-47　数字孪生指尖陀螺智能装配产线

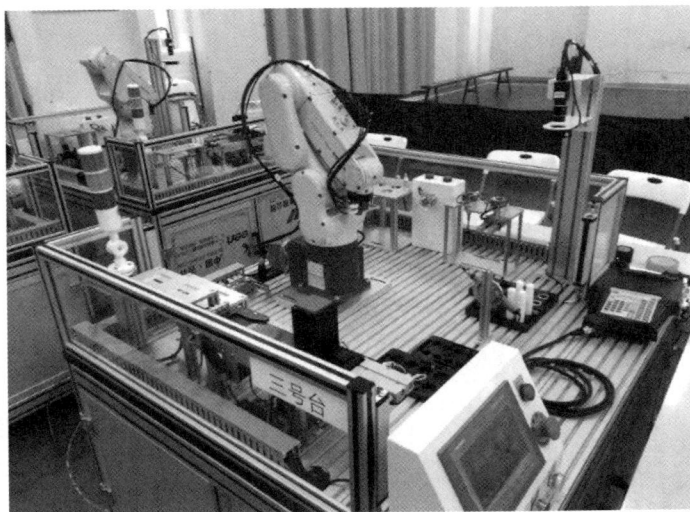

图 5-48　指尖陀螺智能装配平台展示

4. 数字孪生指尖陀螺智能装配过程

（1）三维模型导入及初步处理

打开 DTF 软件，进入软件初始界面，软件初始如图 5-49 所示。

将 SolidWorks 设计好的指尖陀螺装配模型导入 DTF 软件，为了提高文件可移植性，降低模型复杂度，可将模型保存为 STEP 格式，并在保存时进行模型轻量化处理，隐藏无效特征。图 5 - 50 右侧中的参数,为导入模型时,对模型的预处理操作,主要目的是降低模型复杂度,提高软件处理效率。

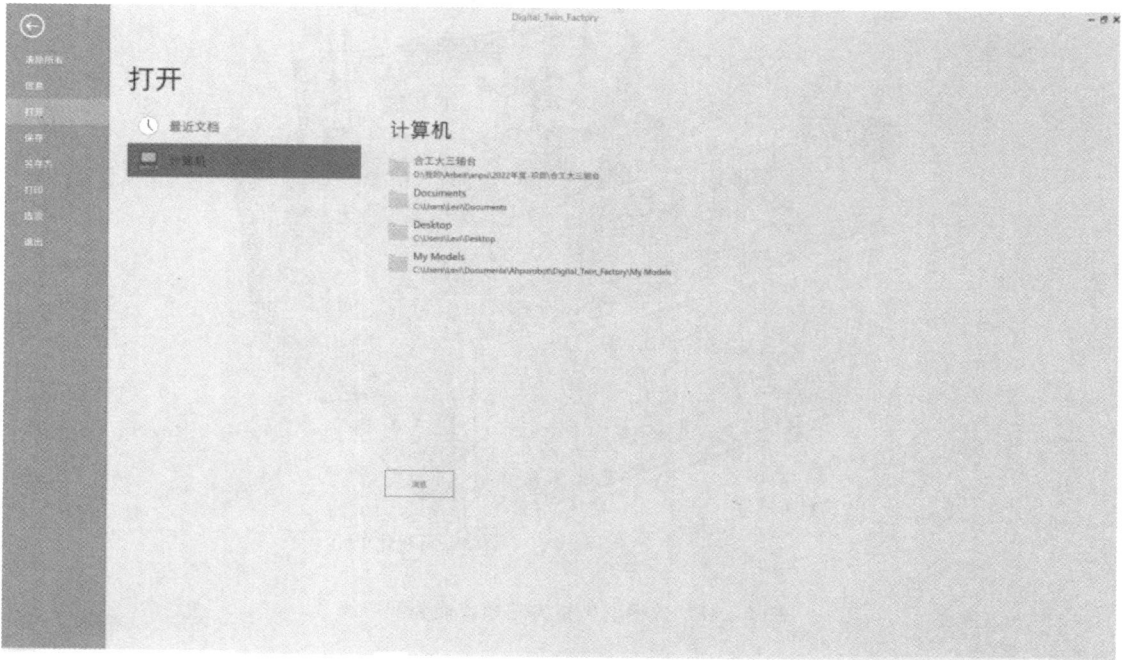

图 5 - 49　软件初始界面

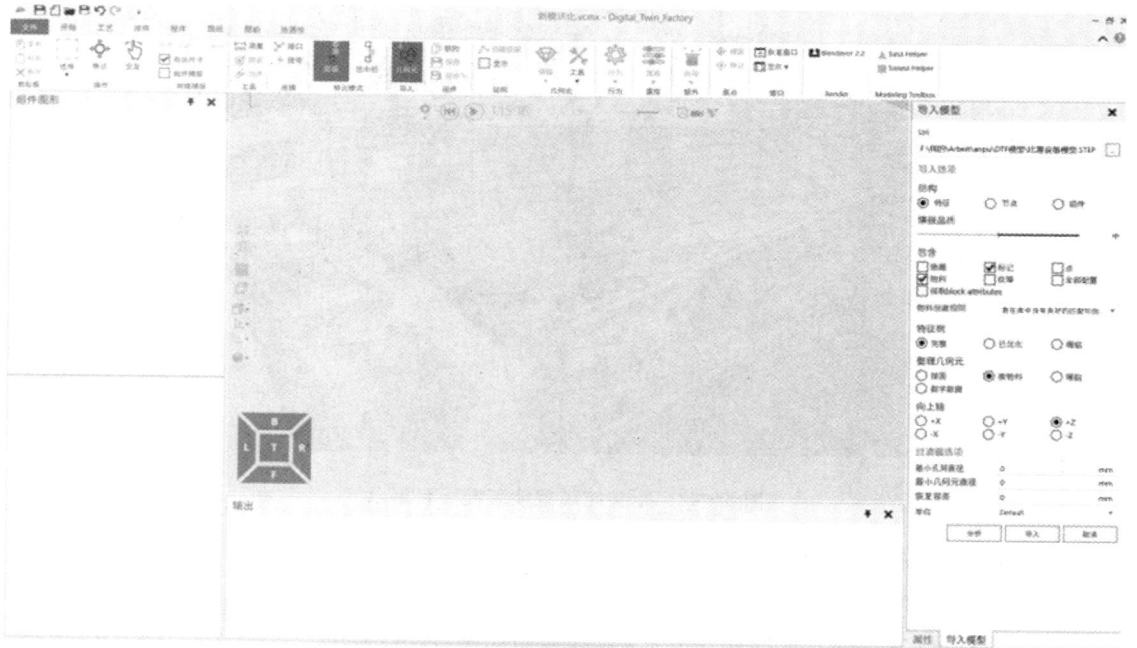

图 5 - 50　模型参数

在上述步骤完成后，点击"导入几何元"，便可呈现初步的数字孪生界面，如图 5 - 51 所示。

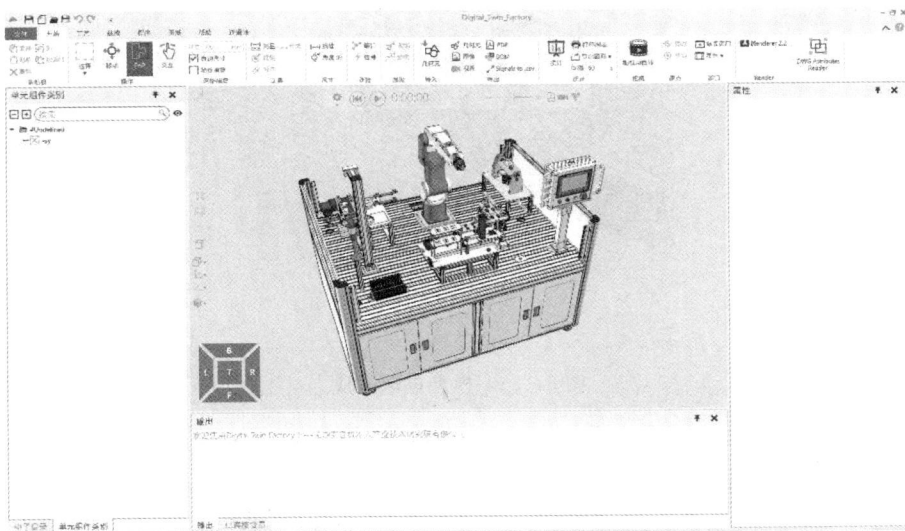

图 5 - 51　数字孪生界面

在三维模型导入后，如发现当前模型姿态倒置，不方便操作，可将其调节为正常姿态，以便后续与其他设备进行联动联调。在工业机器人的数字孪生体制作过程中，为了方便确定位置，需要将模型的远点调整为与实际工业机器人控制系统中标定的原点一致。点击原点一栏中的"移动"，控制模型绕 X 轴、Y 轴或 Z 轴旋转，即可使其与实际工业机器人的世界坐标系方向一致。再按住鼠标右键转动视角，观察模型是否符合要求。

（2）建模

从状态栏切换至"建模"页面，选择多余的模型，按下"Delete"键，删除该部分模型。先在左下角特征树一栏进行多选，选择工作台模型，将其拖拽出来，观察是否有漏选。若有漏选模型，先撤销移动"Ctrl＋Z"，再按住"Ctrl"键，选择剩余模型。有些模型被隐藏在其他模型的里面，可以通过取消勾选可见，找到剩余的模型进行操作。选择完成后，再次将工作台模型拖拽出来，确认工作台模型选择完毕。在左下角特征树一栏，光标停留至选中模型处，右键弹出菜单栏，左键选择"提取组件"。此时，在单元组件类别里，可以观察到虚拟场景的模型文件由之前的一个增加到了两个，则可以确定模型已被提取完成，已经独立于整个模型，结果如图 5 - 52 所示。

本书以核心组件夹爪为例，详细对提取组件、修改原点、塌陷特征、合并特征、提取链接、添加相关行为与属性、连接信号等进行介绍，其他零件可参照夹爪的操作过程。夹爪模型提取如图 5 - 53 所示。

完成上述操作后，选择左下角组件的部分部件，进行塌陷特征后再合并特征，使组件整体和组件部分部件的原点一致，这样可以有效防止后续操作出现错误。选取的部分组件如图 5 - 54 所示。

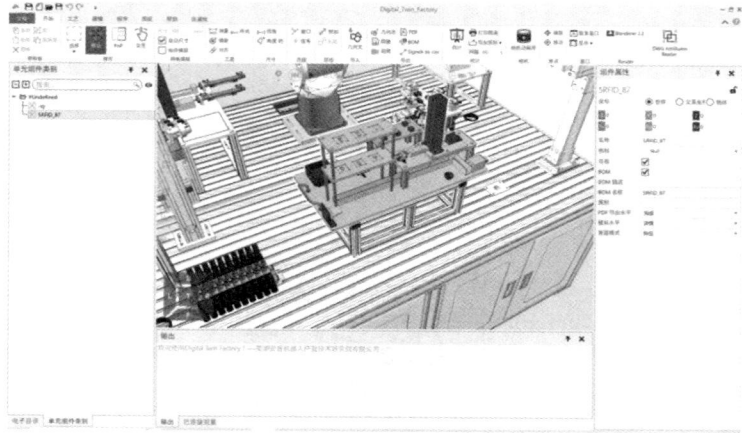

图 5-52　模型提取完成

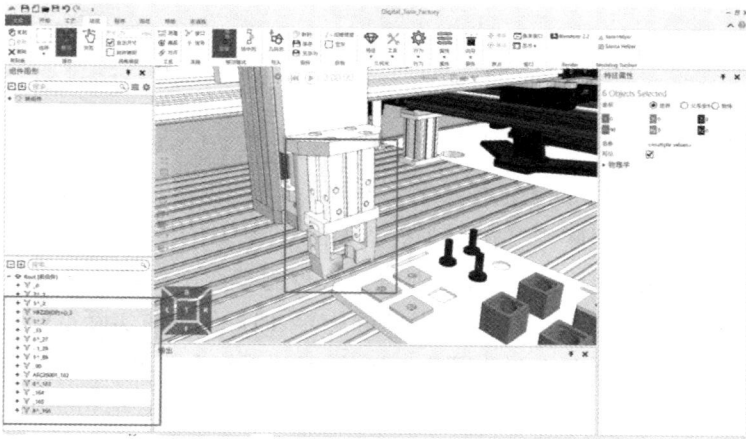

图 5-53　提取组件

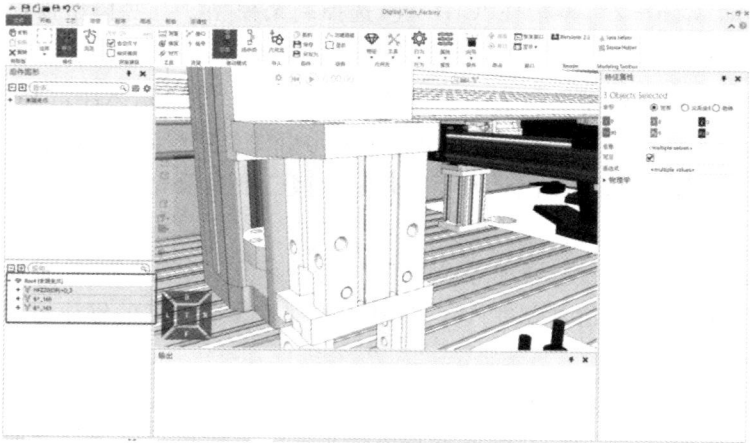

图 5-54　塌陷特征

完成整体的定义后，使用工具中的分开功能，选择相应的分开等级，将需要进行轴定义的部件，即夹爪部件分开，再提取链接，便可进行行为和属性的定义，如图 5-55 所示。

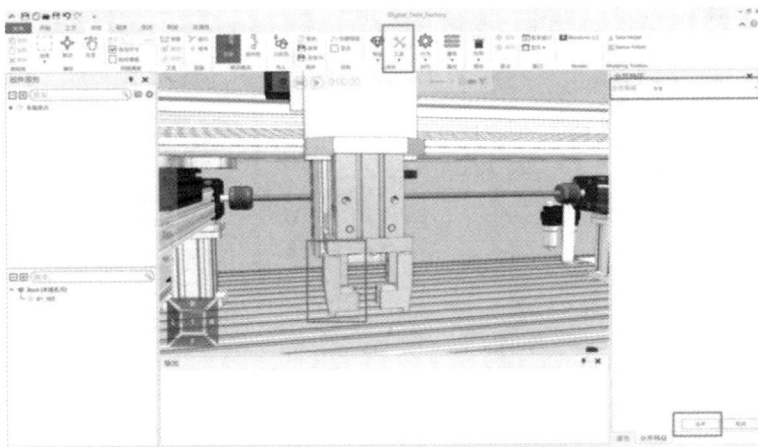

图 5-55 分开需要运动的部件

准备好前期定义工作后，选择组件整体，在行为中添加伺服控制器 Servo Controller，然后选择需要定义的链接，定义相应的关节属性。由于夹爪的运动方式为平移，因此 Joint Type 的类型选择平移，并根据虚拟世界的坐标系方向，确定左边的夹爪沿着 X 轴正方向运动，所以轴的类型选择 + X。在关节属性中，Controller 选择在整体中添加的 Servo Controller，最小限制和最大限制对应轴的运动范围。完成轴运动属性定义后，可以看见在其原点的中心会出现一个小的箭头，表示轴运动方向。此时，可切换至"交互"模式，拖拽自定义运动部件，验证运动状态是否符合预期，如图 5-56 所示。

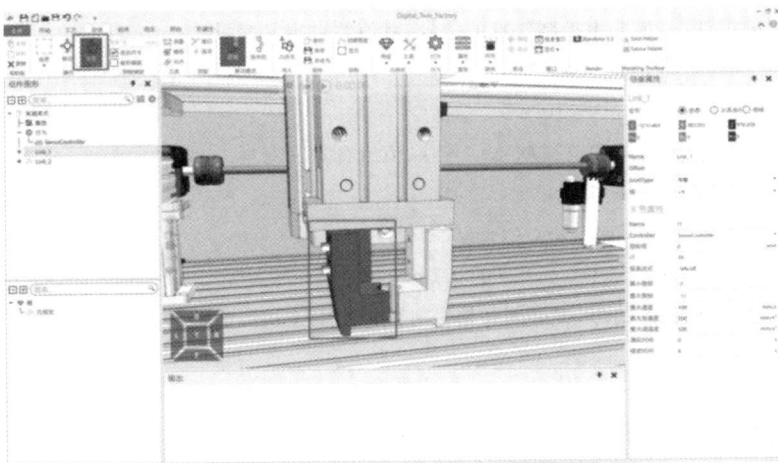

图 5-56 交互界面

在物理设备中，右边的夹爪与左边的抓夹同步运动，因此 Joint Type 类型选择平移从动件，轴类型选择 - X 方向，驱动器选择 J1，对应左边的夹爪的链接，即 Link_1。同理，可完成另一运动部件的定义,如图 5 - 57 所示。

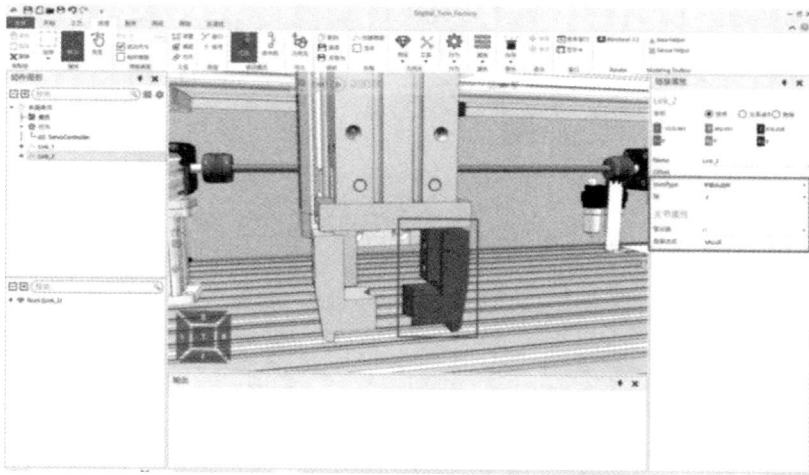

图 5 - 57　定义另一运动部件

(3)信号连接与虚拟仿真

在完成夹爪运动属性定义后,需要对信号控制的功能进行设定。首先选择 Link_1,在行为中添加四个布尔信号 Boolean Signal 和一个 Python 脚本,根据相应的功能修改名称,并将布尔信号与脚本关联,最后输入相应的 Python 程序,完成信号自动控制定义。所用的 Python 脚本如下:

```
from vcScript import *
# 获取此模型中的各种行为组件以及属性
comp = getComponent()
# 从获取到的组件中,提取出控制气缸的信号,赋值给自定义变量
open = comp. findBehaviour('open')
close = comp. findBehaviour('close')
# 从获取到的组件中,提取出气缸状态信号,赋值给自定义变量
OpenState = comp. findBehaviour('OpenState')
CloseState = comp. findBehaviour('CloseState')
servo = comp. findBehaviour('ServoController')
# 注意,脚本中使用到的信号,都必须在信号属性设置中关联到该脚本
def OnSignal(signal):
pass
# 下面就是主程序
def OnRun():
# 虚拟场景设备刚开始运行时,气缸都处于缩回状态
# 所以,运行时首先激活气缸缩回到位的信号
CloseState. signal(True)
```

```
while True:
    #等待条件触发,条件是打开信号为真,并且关闭信号为假
    triggerCondition(lambda:open. Value and close. Value = = False)
    #气缸开始伸出,立即取消关闭到位信号,符合实际情况
    CloseState. signal(False)
    #气缸运动指令,0 为轴号。点击 Link,在其"关节属性"的 Name 中
    #说明了这个 Link 是轴几(J),通常情况下(按顺序设定 Link 属性)
    #J1 轴号就是 0,J2 轴号就是 1
    servo. moveJoint(0,102. 7)
    #气缸伸出到位,才激活打开到位信号,符合实际情况
    OpenState. signal(True)
    #等待条件触发,条件是关闭信号为真,并且打开信号为假
    trigger Condition(lambda:open. Value = = False and close. Value)
    #气缸开始缩回,立即取消打开到位信号,符合实际情况
    OpenState. signal(False)
    #气缸运动指令
    servo. moveJoint(0,0)
    #气缸缩回到位,才激活关闭到位信号,符合实际情况
    CloseState. signal(True)
    #利用延时防止 while 死循环
    delay(0.01)
```

经过上述一系列操作之后,点击信号可以观察到模型旁边有对应的信号控制,运行项目,通过控制信号激活状态,控制模型的运动,如图 5-58 所示。至此,在无数据源的情况下,实现了数字孪生虚拟仿真效果。

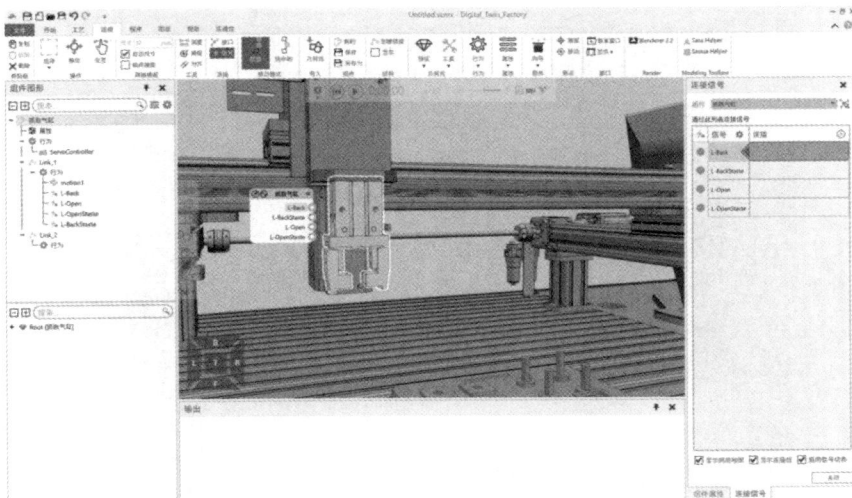

图 5-58　信号控制界面

（4）虚实联动

实现数字孪生虚实联动，应先启用软件的"连通性"功能。启用连通性后，进入"连通性"界面，本数字孪生系统对应的物理平台使用西门子 S7 - 1200 系列 PLC，因此需添加 Siemens S7 服务器。同时，将运行数字孪生系统的计算机与物理平台中的 PLC 进行连接，设定合适的参数，进行虚实连接，如图 5 - 59 所示。

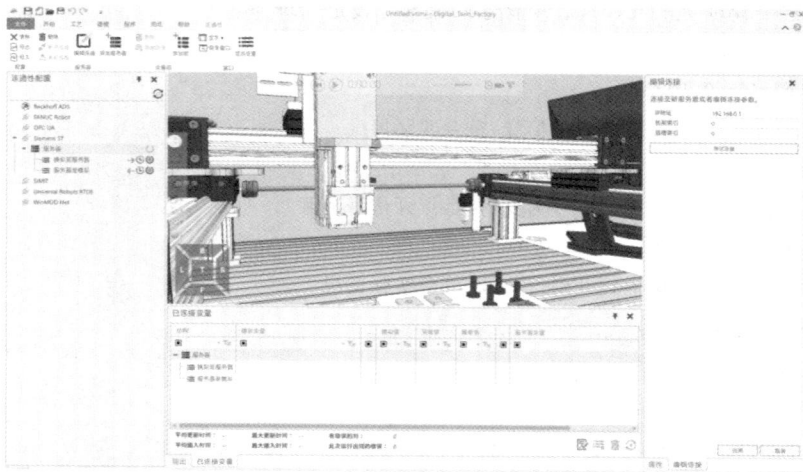

图 5 - 59　与 PLC 连接界面

连接成功后，导入 PLC 变量表，关联虚实信号。注意区分模拟至服务器以及服务器至模拟的区别。前者为"以虚控实"，后者为"以实控虚"。运行物理平台和数字孪生项目，即可实现虚实联动的数字孪生效果。指尖陀螺智能装配操作控制平台如图 5 - 60 所示，虚实联动界面如图 5 - 61 所示。

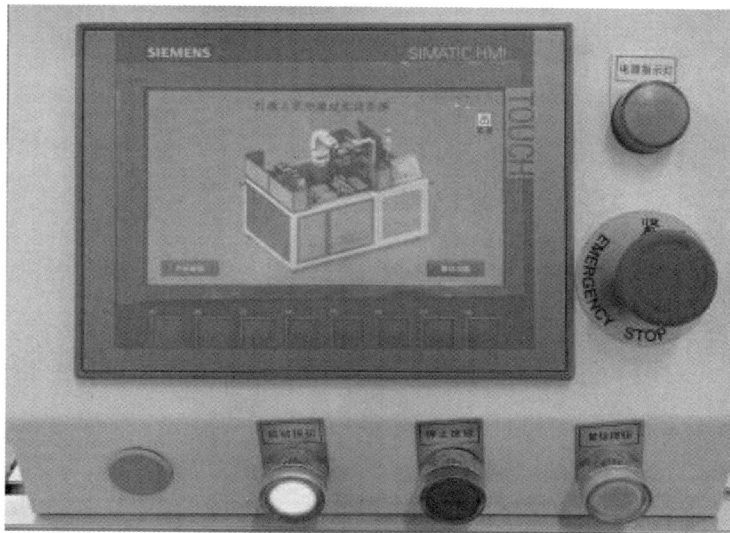

图 5 - 60　指尖陀螺智能装配操作控制平台

图 5-61 虚实联动界面

5.5.3 项目完成评价

项目完成评价见表 5-31。

1. 知识获取:产品涉及的核心知识点数量及掌握情况(20 分)、答辩情况(10 分)。

2. 功能实现:产线布局(20 分)、功能模拟(20 分)、数字孪生展示(25 分)、安全操作及环境保护(5 分)。

3. 功能与制作分=功能实现分+综合能力+过程检查成绩。

表 5-31 项目完成评价

项目名称	基于数字孪生技术的指尖陀螺智能装配		班级	×××	组号	×××
序号	评测内容	评测要求			分值	得分
1	零件设计	1. 能用三维软件,如 SolidWorks、UG、PRO/E 等软件对指尖陀螺进行建模。 2. 要求自行设计和确定指尖陀螺的所有零件尺寸、几何公差和技术参数。 3. 要求绘制的零件图、装配图、三维图及装配爆炸图清晰明了,无明显错误。 4. 设计的指尖陀螺结构合理、外观美观			10 分	
2	虚拟产线设计	1. 虚拟产线搭建,具备原料仓储单元、加工单元、成品仓储单元、转运单元、上下料机构、机器人集成应用平台等。 2. 根据指尖陀螺装配步骤,能够合理布局产线,如各台设备、各个工序之间能形成有效衔接			20 分	

（续表）

项目名称	基于数字孪生技术的指尖陀螺智能装配	班级	×××	组号	×××
3	功能模拟	1. 加工单元为机器人集成应用平台，至少运行两种工艺。 2. 对原料进行加工或装配，体现工艺过程。 3. 功能模拟：成品仓储单元存放加工装配后的产品，具备上下料机构，能从转运单元处接收成品，并执行入库		20分	
4	数字孪生展示	1. 数字孪生功能：数字孪生项目成功与物理设备连接。 2. 虚拟设备中的机器人与物理设备中的机器人同步运动，并能成功安装快换工具。 3. 数字孪生功能：所选择的工艺均能实现数字孪生。 4. 虚实同步率：根据虚拟设备动作与实际设备动作的同步效果打分，误差越小，得分越高		30分	
5	能力达成	1. 自主学习能力：自主学习 SolidWorks、UG、PRO/E 等三维软件，并能绘制三维图、爆炸图等；自主学习 DTF 软件，学习虚拟产线设计和装配，以及数字孪生基本知识。 2. 空间模型和行为模型的构建能力：理解工程数字化的理念，掌握利用工业软件进行空间模型、行为模型构建的基本方法和步骤，能够完成简单生产线的机电一体化设计（MCD），并具备自主学习和终身学习的意识。 3. 连接与集成能力：理解数字孪生体与物理实体连接映射、信息传输、交互与集成、连接测试的基本原理、方式、方法，掌握利用 OPC 软件实现数字孪生体与物理实体的连接与集成技术。 4. 数字孪生系统调试能力：掌握网络配置与 IO 测试、机器视觉成像测试、参数配置等技术，理解并掌握硬件在环虚拟调试技术。 5. 数据的采集、聚合、分析、洞见，对预计发生的偏离实施预先的控制能力		20分	
合计					
项目负责人	×××	审核	×××	日期	×××

参 考 文 献

[1] 中国就业培训技术指导中心. 数控铣工:高级[M]. 北京:中国劳动社会保障出版社,2008.

[2] 丛娟. 数控加工工艺与编程[M]. 北京:机械工业出版社,2007.

[3] 黄健求,韩立发. 机械制造技术基础[M].3版. 北京:机械工业出版社,2020.

[4] 曹永洁,王凌云. 典型零件数控加工工艺:项目式教学法[M]. 北京:机械工业出版社,2018.

[5] 朱华炳,田杰. 制造技术工程训练[M].2版. 北京:机械工业出版社,2019.

[6] 陈颂阳. 数控车铣复合加工[M]. 北京:机械工业出版社,2016.

[7] 孙康宁,梁延德,于化东,等. 大学生知识、能力、实践、创新(KAPI)一体化培养理论与实践:2018教育部新工科项目研究进展[M]. 北京:高等教育出版社,2020.

[8] 杨叔子. 机械加工工艺师手册[M].2版. 北京:机械工业出版社,2011.

[9] 杨继宏. 数控加工工艺手册[M]. 北京:化学工业出版社,2008.

[10] 范淇元,牛吉梅. 数控加工工艺实用教程[M]. 北京:中国轻工业出版社,2015.

[11] 徐峰,苏本杰. 数控加工实用手册[M]. 合肥:安徽科学技术出版社,2010.

[12] 李培根,高亮. 智能制造概论[M]. 北京:清华大学出版社,2021.

[13] 姜魏梁,招瑞丰. 基于扰动观测器的机床加工误差迭代学习控制[J]. 中国工程机械学报,2019,17(5):427-431.

[14] 李敏强,寇纪淞,林丹,等. 遗传算法的基本理论与应用[M]. 北京:科学出版社,2002.

[15] 陈龙灿,彭全,张钰柱,等. 智能制造加工技术[M]. 北京:机械工业出版社,2021.